深入浅出

Docker

[英]奈吉尔·波尔顿（Nigel Poulton）著

李瑞丰 刘康 译

人民邮电出版社

北京

图书在版编目（CIP）数据

深入浅出Docker / (英) 奈吉尔·波尔顿 (Nigel Poulton) 著 ; 李瑞丰, 刘康译. -- 北京 : 人民邮电出版社, 2019.4
ISBN 978-7-115-50489-0

Ⅰ. ①深… Ⅱ. ①奈… ②李… ③刘… Ⅲ. ①Linux操作系统—程序设计 Ⅳ. ①TP316.85

中国版本图书馆CIP数据核字(2018)第289139号

版 权 声 明

◆ 著　　[英] 奈吉尔·波尔顿（Nigel Poulton）
　译　　李瑞丰　刘　康
　责任编辑　陈聪聪
　责任印制　焦志炜
◆ 人民邮电出版社出版发行　　北京市丰台区成寿寺路 11 号
　邮编　100164　　电子邮件　315@ptpress.com.cn
　网址　http://www.ptpress.com.cn
　北京七彩京通数码快印有限公司印刷
◆ 开本：800×1000　1/16
　印张：18　　2019 年 4 月第 1 版
　字数：393 千字　　2024 年 11 月北京第 29 次印刷
　著作权合同登记号　图字：01-2018-5226 号

定价：69.00 元

读者服务热线：(010)81055410　印装质量热线：(010)81055316
反盗版热线：(010)81055315
广告经营许可证：京东市监广登字20170147号

内容提要

本书是一本 Docker 入门图书，全书分为 17 章，从 Docker 概览和 Docker 技术两部分进行全面解析，深入浅出地介绍了 Docker 的相关知识，清晰详细的操作步骤结合大量的实际代码帮助读者学以致用，将 Docker 知识应用到真实的项目开发当中。

本书适合对 Docker 感兴趣的入门新手、Docker 技术开发人员以及运维人员阅读，本书也可作为 Docker 认证工程师考试的参考图书。

教育激励并且创造机会。

我希望这本书，以及我所有的视频培训课程，能够启发您，创造新的机会!

非常感谢我的妻子和孩子们忍受了家里的一个极客——我认为自己是一群在中端生物硬件之上并运行在容器内的软件。和我生活在一起真的很不容易!

非常感谢每一个观看我的 Pluralsight 视频的人。我很乐意与你们交流，感谢这么多年来大家给我的反馈，这促使我决定写这本书！我希望它帮助你，从而推动你的事业发展。

如果你打算参加 DCA 考试——祝你好运！

@nigelpoulton

前言

这是一本关于 Docker 的图书。本书的宗旨是从零开始学习 Docker，因此读者无须任何前置知识储备。

本书非常适合对 Docker 感兴趣，希望了解 Docker 工作原理以及如何正确使用 Docker 的读者。

如果只是学习 Docker 的使用方法，而不关心其内部实现机制，则本书并不适合。

Docker 认证工程师（Docker Certified Associate）

Docker 于 2017 年秋发布了第 1 版专业资质认证，称为 Docker 认证工程师（Docker Certified Associate, DCA），面向想要评估自身 Docker 管理水平的人群。

本书覆盖了认证考试的所有知识点，但本书并非应试书，而是一本易于阅读的实用技术图书。

祝愿读者考试顺利！

纸质版本

虽然现如今电子书非常棒，但我依然钟情于油墨与纸张，当然这并无冒犯 Leanpub 和亚马逊 Kindle 之意。所以，本书的英文纸质版本在亚马逊有售（并非黑白版）。

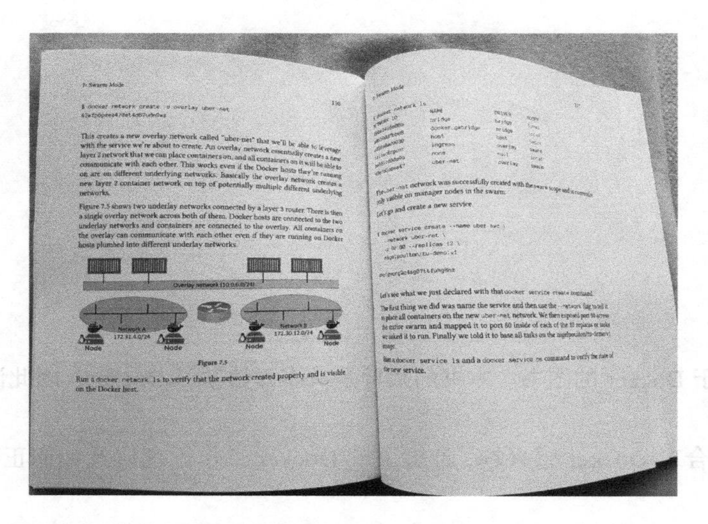

7: Swarm Mode

This creates a new overlay network called "uber-net" that we'll be able to leverage with the service we're about to create. An overlay network essentially creates a new layer 2 network that we can place containers on, and all containers on it will be able to communicate with each other. This works even if the Docker hosts they're running on are on different underlying networks. Basically the overlay network creates a new layer 2 container network on top of potentially multiple different underlying networks.

Figure 7.5 shows two underlay networks connected by a layer 3 router. There is then a single overlay network across both of them. Docker hosts are connected to the two underlay networks and containers are connected to the overlay. All containers on the overlay can communicate with each other even if they are running on Docker hosts plumbed into different underlay networks.

Figure 7.5

Run a docker network ls to verify that the network created properly and is visible on the Docker host.

Let's go and create a new service.

Let's see what we just declared with that docker service create command.

Run a docker service ls and a docker service ps command to verify the state of the new service.

说到亚马逊，我非常希望收到读者在亚马逊上对本书的评价，当然也包括在 Leanpub 上购买本书的读者的评价。感谢！

为什么要阅读本书，为什么要关注 Docker

如今 Docker 无处不在，这是不争的事实。开发人员都很喜欢它，运维工程师也需要它。他们都需要深入了解如何在关键业务环境中构建和维护符合生产级别要求的容器化应用，本书将帮助读者掌握它。

Docker 仅能供开发人员所用吗

对于认为 Docker 是开发人员专属工具的人来说，恐怕要准备好颠覆自己的认知了。

容器化应用需要有地方运行，也需要有人来管理。如果认为只是开发人员来管理它，那就大错特错了，事实上运维需要构建和运行高性能、生产级别的 Docker 基础架构。对于专注于运维工作却尚未掌握 Docker 的朋友来说，日子恐怕不太好过。不过不必焦虑，本书将帮你掌握 Docker。

内容组织

本书分为两部分。

- Docker 概览篇：本篇介绍 Docker 公司（Docker, Inc.）、Docker（Moby）项目、什么是 OCI、为什么需要容器等。如果读者想要对 Docker 和容器有一个全面的了解，则需要阅读这些内容。
- Docker 技术篇：本篇是全书的主要内容，包含了掌握 Docker 所需的所有知识。这部分会详细介绍镜像、容器，以及越来越重要的关于编排的知识。此外，本书甚至还介绍了企业应用中比较关心的技术，比如 TLS、RBAC、与 AD 的集成，以及备份。读者不仅能够了解相关的概念和原理，还能够参考本书给出的命令和例子进行练习。

Docker 技术篇的多数章节都可以分为 3 个部分——简介、详解和命令。

“简介”部分是大约两三段的简要介绍，用于概括性地阐述相应章节的内容，也能够方便读者在复习时快速回忆相关的内容。

“详解”部分会详细介绍工作原理，并配有示例的介绍。

“命令”部分会以一种易于阅读的方式列出所有相关命令及其简要说明。

希望读者能够喜欢这种方式。

资源与支持

本书由异步社区出品，社区（https://www.epubit.com/）为您提供相关资源和后续服务。

配套资源

本书提供如下资源：

- 本书配套资源请到异步社区本书购买页处下载。

要获得以上配套资源，请在异步社区本书页面中点击 配套资源 ，跳转到下载界面，按提示进行操作即可。注意：为保证购书读者的权益，该操作会给出相关提示，要求输入提取码进行验证。

提交勘误

作者和编辑尽最大努力来确保书中内容的准确性，但难免会存在疏漏。欢迎您将发现的问题反馈给我们，帮助我们提升图书的质量。

当您发现错误时，请登录异步社区，按书名搜索，进入本书页面，点击“提交勘误”，输入勘误信息，点击“提交”按钮即可。本书的作者和编辑会对您提交的勘误进行审核，确认并接受后，您将获赠异步社区的 100 积分。积分可用于在异步社区兑换优惠券、样书或奖品。

详细信息　写书评　提交勘误

页码：　页内位置（行数）：　勘误印次：

字数统计

提交

扫码关注本书

扫描下方二维码，您将会在异步社区微信服务号中看到本书信息及相关的服务提示。

与我们联系

我们的联系邮箱是 contact@epubit.com.cn。

如果您对本书有任何疑问或建议，请您发邮件给我们，并请在邮件标题中注明本书书名，以便我们更高效地做出反馈。

如果您有兴趣出版图书、录制教学视频，或者参与图书翻译、技术审校等工作，可以发邮件给我们；有意出版图书的作者也可以到异步社区在线提交投稿（直接访问 www.epubit.com/selfpublish/submission 即可）。

如果您是学校、培训机构或企业，想批量购买本书或异步社区出版的其他图书，也可以发邮件给我们。

如果您在网上发现有针对异步社区出品图书的各种形式的盗版行为，包括对图书全部或部分内容的非授权传播，请您将怀疑有侵权行为的链接发邮件给我们。您的这一举动是对作者权益的保护，也是我们持续为您提供有价值的内容的动力之源。

关于异步社区和异步图书

“异步社区”是人民邮电出版社旗下 IT 专业图书社区，致力于出版精品 IT 技术图书和相关学习产品，为作译者提供优质出版服务。异步社区创办于 2015 年 8 月，提供大量精品 IT 技术图书和电子书，以及高品质技术文章和视频课程。更多详情请访问异步社区官网 https://www.epubit.com。

“异步图书”是由异步社区编辑团队策划出版的精品 IT 专业图书的品牌，依托于人民邮电出版社近 30 年的计算机图书出版积累和专业编辑团队，相关图书在封面上印有异步图书的 LOGO。异步图书的出版领域包括软件开发、大数据、AI、测试、前端、网络技术等。

异步社区

微信服务号

目录

第一部分　Docker 概览

第二部分 Docker 技术

第一部分　Docker 概览

第 1 章　容器发展之路

现在容器无疑成为了一种潮流，为了让读者更加全面地了解 Docker，本书就从容器的发展之路开始娓娓道来。

本章主要向读者介绍如下内容。

- 容器为什么出现。
- 容器的作用。
- 容器的应用场景。

1.1　落后的旧时代

业务是基于应用（Application）运转的。如果应用出现故障，业务也就无法正常运行，甚至会导致商业公司的破产。这种情况是真实的，甚至每天都在发生。

大部分应用是运行在服务器之上的。曾经，每个服务器只能运行单一应用。Windows 和 Linux 操作系统都没有相应的技术手段来保证在一台服务器上稳定而安全地同时运行多个应用。

在那个时代，经常会出现这样一幕：每次业务部门想要增加一个新的应用时，IT 部门就需要去采购一个新的服务器。大部分情况下，没有人知道新增应用所需的服务器性能究竟是怎样的，这意味着 IT 部门需要凭借经验去猜测所购买的服务器型号和规格。

因此，IT 部门在采购的时候就不得不买那些性能大幅优于业务需求的服务器。毕竟无论是 IT 部门还是业务部门，都不想看到服务器性能不足的情况出现。因为服务器性能不足，可能会导致某些交易失败，而交易失败会使得公司客户流失、收益下降，所以 IT 部门通常采购的都是更大、更好的服务器。这种做法导致了大部分服务器长期运行在他们额定负载 5%～10%的水平区间之内。这对公司资产和资源是一种极大的浪费！

1.2　你好，VMware！

为了解决上面的问题，VMware 公司给全世界带来了一个礼物——虚拟机（VM）。然后几乎是一夜之间，世界就变得美好了！人们终于拥有了一种允许多应用能够稳定、安全地同时运行在一个服务器中的技术。

虚拟机是一种具有划时代意义的技术！每当业务部门需要增加应用的时候，IT 部门无须采购新的服务器。取而代之的是，IT 部门会尝试在现有的，并且有空闲性能的服务器上部署新的应用。

突然之间，人们发现这种技术能够让现有的资产（如服务器）拥有更大的价值，从而最终为公司节省大量的资金支出。

1.3 虚拟机的不足

但是……总有这么一个但是！就连 VM 这么伟大的技术，也远未做到十全十美！

实际上，虚拟机最大的缺点就是依赖其专用的操作系统（OS）。OS 会占用额外的 CPU、RAM 和存储，这些资源本可以用于运行更多的应用。每个 OS 都需要补丁和监控。另外在某些情况下，OS 需要许可证才能运行。这对运营成本（OPEX）和资金性支出（CAPEX）都是一种浪费。

虚拟机技术也面临着一些其他挑战。比如虚拟机启动通常比较慢，并且可移植性比较差——虚拟机在不同的虚拟机管理器（Hypervisor）或者云平台之间的迁移要远比想象中困难。

1.4 你好，容器！

长期以来，像谷歌（Google）这样的大规模 Web 服务（Big Web-Scale）玩家一直采用容器（Container）技术解决虚拟机模型的缺点。

容器模型其实跟虚拟机模型相似，其主要的区别在于，容器的运行不会独占操作系统。实际上，运行在相同宿主机上的容器是共享一个操作系统的，这样就能够节省大量的系统资源，如 CPU、RAM 以及存储。容器同时还能节省大量花费在许可证上的开销，以及为 OS 打补丁等运维成本。最终结果就是，容器节省了维护成本和资金成本。

同时容器还具有启动快和便于迁移等优势。将容器从笔记本电脑迁移到云上，之后再迁移到数据中心的虚拟机或者物理机之上，都是很简单的事情。

1.5 Linux 容器

现代的容器技术起源于 Linux，是很多人长期努力持续贡献的产物。举个例子，Google LLC 就贡献了很多容器相关的技术到 Linux 内核当中。没有大家的贡献，就没有现在的容器。

近几年来，对容器发展影响比较大的技术包括**内核命名空间（Kernel Namespace）**、**控制组（Control Group）**、**联合文件系统（Union File System）**，当然更少不了 **Docker**。再次强调一遍，当今的容器生态环境很大程度上受益于强大的基金会，而基金会是由很多独立开发者以及公司组织共同创建并维护的。感谢你们！

虽然容器技术已经如此出色，但对于大部分组织来说，容器技术的复杂度是阻止其实际应用的主要原因。直到 Docker 技术横空出世，容器才真正被大众所接受。

注：有很多跟容器类似的操作系统虚拟化技术要早于 Docker 和现代容器技术出现，有些甚至可以追溯到大型机上的 System/360 操作系统当中。BSD Jails 和 Solaris Zones 也是在类 UNIX 操作系统上众所周知的容器化技术。但本书讨论内容范围主要会限制在由 Docker 主导的现代容器技术之中。

1.6　你好，Docker！

本书会在第 2 章中讨论更多有关 Docker 的细节。但在这里，不得不感叹 Docker 确实是使 Linux 容器技术得到广泛应用的技术。换个角度来说，是 Docker 这家公司使容器变得简单。

1.7　Windows 容器

在过去的几年中，微软（Microsoft Corp.）致力于 Docker 和容器技术在 Windows 平台的发展。

在本书成稿之际，Windows 容器已经能在 Windows 10 和 Windows Server 2016 平台上使用了。为了实现这个目标，微软跟 Docker 公司、社区展开了深入合作。

实现容器所需的核心 Windows 内核技术被统称为 Windows 容器（Windows Container）。用户空间是通过 Docker 来完成与 Windows 容器之间交互的，这使得 Docker 在 Windows 平台上的使用体验跟在 Linux 上几乎一致。那些熟悉 Linux Docker 工具的研发人员和系统管理员，在切换到 Windows 容器之后也会很快适应。

本书修订版的大部分练习都包含了 Linux 和 Windows 的示例。

1.8　Windows 容器 vs Linux 容器

运行中的容器共享宿主机的内核，理解这一点是很重要的。这意味着一个基于 Windows 的容器化应用在 Linux 主机上是无法运行的。读者也可以简单地理解为 Windows 容器需要运行在 Windows 宿主机之上，Linux 容器（Linux Container）需要运行在 Linux 宿主机上。但是，实际场景要比这复杂得多……

在本书撰写过程中，在 Windows 机器上运行 Linux 容器已经成为可能。例如，Windows 版 Docker（由 Docker 公司提供的为 Windows 10 设计的产品）可以在 Windows 容器模式和 Linux 容器模式之间进行切换。这是一个正在快速发展的领域，如果读者想要了解，需要查阅 Docker 最新文档。

1.9 Mac 容器现状

迄今为止，还没有出现 Mac 容器（Mac Container）。

但是读者可以在 Mac 系统上使用 Docker for Mac 来运行 Linux 容器。这是通过在 Mac 上启动一个轻量级 Linux VM，然后在其中无缝地运行 Linux 容器来实现的。这种方式在开发人员中很流行，因为这样可以在 Mac 上很容易地开发和测试 Linux 容器。

1.10 Kubernetes

Kubernetes 是谷歌的一个开源项目，并且开源之后迅速成为容器编排领域的领头羊。有一种很流行的说法：Kubernetes 是保证容器部署和运行的软件体系中很重要的一部分。

在本书撰写时，Kubernetes 已经采用 Docker 作为其默认容器运行时（container runtime），包括 Kubernetes 启动和停止容器，以及镜像的拉取等。但是，Kubernetes 也提供了一个可插拔的容器运行时接口 CRI。CRI 能够帮助 Kubernetes 实现将运行时环境从 Docker 快速替换为其他容器运行时。在未来，Kubernetes 中的默认容器运行时可能由 Docker 替换为 `containerd`。关于 `containerd` 在本书后续部分有更详细的介绍。

关于 Kubernetes，读者现在需要了解的就是——Kubernetes 是 Docker 之上的一个平台，现在采用 Docker 实现其底层容器相关的操作。

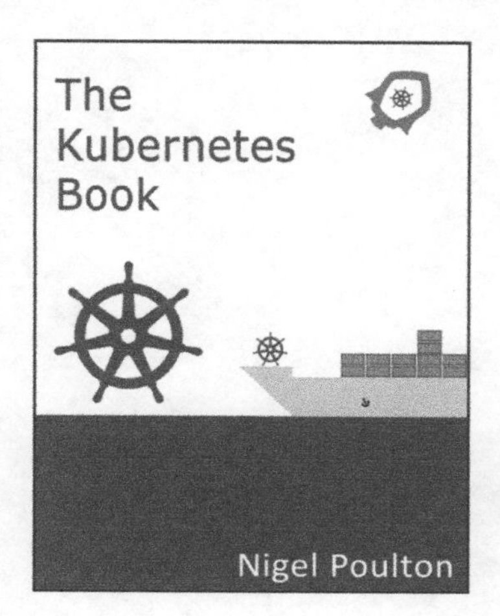

可以通过阅读我 Kubernetes 的图书，以及观看 **Getting Started with Kubernetes** 视频课程来进一步了解 Kubernetes 的相关内容。

1.11 本章小结

在过去，每当业务部门想运行新的应用时，IT 部门就需要购买新的服务器来满足需求。接下来 VMware 的出现终结了这个时代，使得 IT 部门可以更高效地利用现有的和新的机器资源，产生更大的价值。但即使 VMware 和虚拟机模型这么优秀的技术，也存在其缺点。在 VMware 和 Hypervisor 成功之后，出现了更高效并且更轻量级的虚拟化技术——容器。但容器技术在发展之初是很难应用于生产环境的，并且只在拥有 Linux 内核工程师的 Web 巨头的数据中心内才能看到实际应用。接下来 Docker 公司出现了，突然之间容器虚拟化技术开始被大众广泛使用。

说到 Docker，接下来就请读者跟随本书一起，来了解 Docker 是什么，以及为什么要使用 Docker 吧！

第 2 章　走进 Docker

关于容器技术的图书和探讨总是不可避免地涉及 Docker。但是当有人提到“Docker”时，可能是指如下 3 种概念之一。

- Docker 公司。
- Docker 的容器运行时和编排引擎。
- Docker 开源项目（Moby）。

如果读者希望在容器的世界中有所作为，那么需要对以上 3 个内容都有所了解。

2.1　Docker——简介

Docker 是一种运行于 Linux 和 Windows 上的软件，用于创建、管理和编排容器。Docker 是在 GitHub 上开发的 Moby 开源项目的一部分。Docker 公司，位于旧金山，是整个 Moby 开源项目的维护者。Docker 公司还提供包含支持服务的商业版本的 Docker。

以上是一个简要介绍。下面针对每个概念进行详细介绍。此外还包含对容器生态的探讨，以及对开放容器计划（Open Container Initiative, OCI）的介绍。

2.2　Docker 公司

Docker 公司位于旧金山，由法裔美籍开发者和企业家 Solumon Hykes 创立，其标志如图 2.1 所示。

有意思的是，Docker 公司起初是一家名为 dotCloud 的平台即服务（Platform-as-a-Service, PaaS）提供商。底层技术上，dotCloud 平台利用了 Linux 容器技术。为了方便创建和管理这些容器，dotCloud 开发了一套内部工具，之后被命名为“Docker”。Docker 就是这样诞生的！

2013 年，dotCloud 的 PaaS 业务并不景气，公司需要寻求新的突破。于是他们聘请了 Ben Golub 作为新的 CEO，将公司重命名为“Docker”，放弃 dotCloud PaaS 平台，怀揣着“将 Docker 和容器技术推向全世界”的使命，开启了一段新的征程。

如今 Docker 公司被普遍认为是一家创新型科技公司，据说其市场价值约为 10 亿美元。在本书撰写时，Docker 公司已经通过多轮融资，吸纳了来自硅谷的几家风投公司的累计超过 2.4 亿美元的投资。几乎所有的融资都发生在公司更名为“Docker”之后。

图 2.1 Docker 标志

公司更名为 Docker 之后，进行了几次小规模的未公开价格的收购，来丰富其产品和服务组合。

至本书撰写时，Docker 公司拥有约 300～400 名雇员，并举办名为 DockerCon 的年度会议。DockerCon 的目标是聚拢不断发展的容器生态，并促进 Docker 和容器技术的推广。

本书将始终使用“Docker 公司”来指代 Docker 这家公司，其他地方出现的“Docker”都是指容器技术或开源项目。

注：“Docker”一词来自英国口语，意为码头工人（Dock Worker），即从船上装卸货物的人。

2.3 Docker 运行时与编排引擎

多数技术人员在谈到 Docker 时，主要是指 Docker 引擎。

Docker 引擎是用于运行和编排容器的基础设施工具。有 VMware 管理经验的读者可以将其类比为 ESXi。ESXi 是运行虚拟机的核心管理程序，而 Docker 引擎是运行容器的核心容器运行时。

其他 Docker 公司或第三方的产品都是围绕 Docker 引擎进行开发和集成的。如图 2.2 所示，Docker 引擎位于中心，其他产品基于 Docker 引擎的核心功能进行集成。

Docker 引擎可以从 Docker 网站下载，也可以基于 GitHub 上的源码进行构建。无论是开源版本还是商业版本，都有 Linux 和 Windows 版本。

在本书撰写时，Docker 引擎主要有两个版本：企业版（EE）和社区版（CE）。

每个季度，企业版和社区版都会发布一个稳定版本。社区版本会提供 4 个月的支持，而企业版本会提供 12 个月的支持。

社区版还会通过 Edge 方式发布月度版。

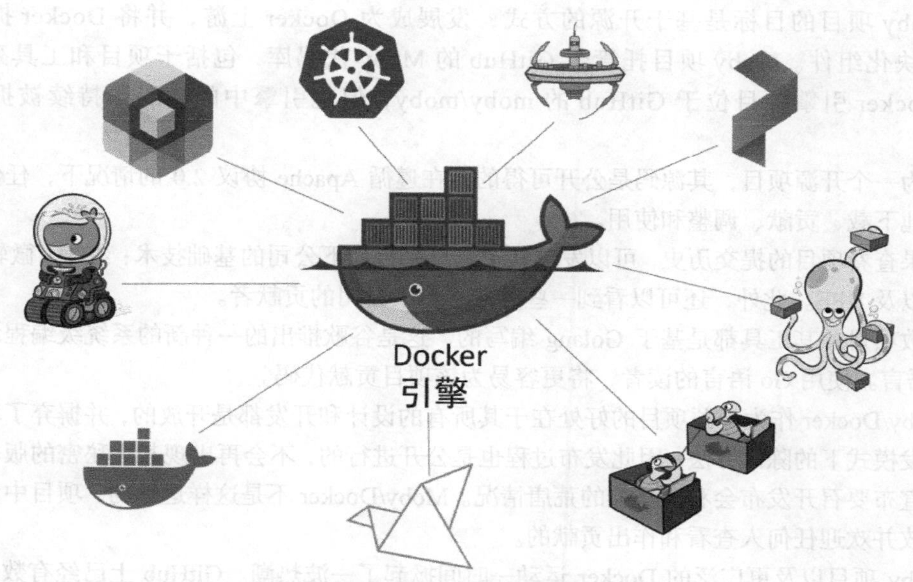

图 2.2　围绕 Docker 引擎进行开发和集成的产品

从 2017 年第一季度开始，Docker 版本号遵循 YY.MM-xx 格式，类似于 Ubuntu 等项目。例如，2018 年 6 月第一次发布的社区版本为 18.06.0-ce。

注：2017 年第一季度以前，Docker 版本号遵循大版本号.小版本号的格式。采用新格式前的最后一个版本是 Docker 1.13。

2.4　Docker 开源项目（Moby）

"Docker"一词也会用于指代开源 Docker 项目。其中包含一系列可以从 Docker 官网下载和安装的工具，比如 Docker 服务端和 Docker 客户端。不过，该项目在 2017 年于 Austin 举办的 DockerCon 上正式命名为 Moby 项目。由于这次改名，GitHub 上的 docker/docker 库也被转移到了 moby/moby，并且拥有了项目自己的 Logo，如图 2.3 所示。

图 2.3　Moby 的 Logo

Moby 项目的目标是基于开源的方式，发展成为 Docker 上游，并将 Docker 拆分为更多的模块化组件。Moby 项目托管于 GitHub 的 Moby 代码库，包括子项目和工具列表。核心的 Docker 引擎项目位于 GitHub 的 moby/moby，但是引擎中的代码正持续被拆分和模块化。

作为一个开源项目，其源码是公开可得的，在遵循 Apache 协议 2.0 的情况下，任何人都可以自由地下载、贡献、调整和使用。

如果查看项目的提交历史，可以发现其中包含来自如下公司的基础技术：红帽、微软、IBM、思科，以及 HPE。此外，还可以看到一些并非来自大公司的贡献者。

多数项目及其工具都是基于 Golang 编写的，这是谷歌推出的一种新的系统级编程语言，又叫 Go 语言。使用 Go 语言的读者，将更容易为该项目贡献代码。

Moby/Docker 作为开源项目的好处在于其所有的设计和开发都是开放的，并摒弃了私有代码闭源开发模式下的陈旧方法。因此发布过程也是公开进行的，不会再出现某个秘密的版本提前几个月就宣布要召开发布会和庆功会的荒唐情况。Moby/Docker 不是这样运作的，项目中多数内容都是开放并欢迎任何人查看和作出贡献的。

Moby 项目以及更广泛的 Docker 运动一时间掀起了一波热潮。GitHub 上已经有数以千计的提交请求（pull request），以及数以万计的基于容器化技术的项目了，更不用说 Docker Hub 上数十亿的镜像下载。Moby 项目已经给软件产业带来了翻天覆地的变化。

这并非妄想，Docker 已经得到了广泛的应用！

2.5 容器生态

Docker 公司的一个核心哲学通常被称为“含电池，但可拆卸”（Batteries included but removable）。

意思是许多 Docker 内置的组件都可以替换为第三方的组件，网络技术栈就是一个很好的例子。Docker 核心产品内置有网络解决方案。但是网络技术栈是可插拔的，这意味着 Docker 内置的网络方案可以被替换为第三方的方案。许多人都会这样使用。

早期的时候，经常出现第三方插件比 Docker 提供的内置组件更好的情况。然而这会对 Docker 公司的商业模式造成冲击。毕竟，Docker 公司需要依靠盈利来维持基业长青。因此，“内置的电池”变得越来越好用了。这也导致了生态内部的紧张关系和竞争的加剧。

简单来说，Docker 内置的“电池”仍然是可插拔的，然而越来越不需要将它们移除了。

尽管如此，容器生态在一种良性的合作与竞争的平衡中还是得以繁荣发展。在谈及容器生态时，人们经常使用到诸如“co-opetition”[①]与“frenemy”[②]这样的字眼。这是一个好现象！因为**良性的竞争是创新之母**。

① 意即合作与竞争，英文中 co-operation 与 competition 合并的词。——译者注

② 英文中朋友 friend 与敌人 enemy 合并的词。——译者注

2.6 开放容器计划

如果不谈及开放容器计划（The Open Container Initiative, OCI）的话，对 Docker 和容器生态的探讨总是不完整的。图 2.4 所示为 OCI 的 Logo。

图 2.4 OCI 的 Logo

OCI 是一个旨在对容器基础架构中的基础组件（如镜像格式与容器运行时，如果对这些概念不熟悉的话，不要担心，本书后续会介绍到它们）进行标准化的管理委员会。

同样，如果不谈历史的话，对 OCI 的探讨也是不完整的。和所有的历史记录一样，其版本取决于谁来讲述它。所以，以下是我眼中的容器历史。

我讲述的这段简短的历史是，一个名为 CoreOS 的公司不喜欢 Docker 的某些行事方式。因此它就创建了一个新的开源标准，称作“appc”，该标准涉及诸如镜像格式和容器运行时等方面。此外它还开发了一个名为 **rkt**（发音“rocket”）的实现。

两个处于竞争状态的标准将容器生态置于一种尴尬的境地。

这使容器生态陷入了分裂的危险中，同时也令用户和消费者陷入两难。虽然竞争是一件好事，但是标准的竞争通常不是。因为它会导致困扰，降低用户接受度，对谁都无益。

考虑到这一点，所有相关方都尽力用成熟的方式处理此事，共同成立了 OCI——一个旨在管理容器标准的轻量级的、敏捷型的委员会。

在本书写作时，OCI 已经发布了两份规范（标准）：镜像规范和运行时规范。

提到这两项标准时，经常用到的比喻就是铁轨。它们就像对铁轨的尺寸和相关属性达成一致，让所有人都能自由地建造更好的火车、更好的车厢、更好的信号系统、更好的车站等。只要各方都遵循标准就是安全的。没人会希望在铁轨尺寸问题上存在两个相互竞争的标准！

公平地说，这两个 OCI 规范对 Docker 的架构和核心产品设计产生了显著影响。Docker 1.11 版本中，Docker 引擎架构已经遵循 OCI 运行时规范了。

到目前为止，OCI 已经取得了不错的成效，将容器生态团结起来。然而，标准总是会减慢创新的步伐！尤其是对于超快速发展的新技术来说更是如此。这在容器社区引起了热烈的讨论。以我之见，这是好事！容器技术正在重塑世界，走在技术前列的人们有热情、有想法，这很正常。期待关于标准和创新有更加热烈的讨论！

OCI 在 Linux 基金会的支持下运作，Docker 公司和 CoreOS 公司都是主要贡献者。

2.7　本章小结

本章介绍了 Docker 公司，这是一家位于旧金山的立志于变更软件行业的科技创业公司。可以说他们是现今容器革命的先行者和推动者。但是现在已经形成了一个由作者和竞争者组成的大型生态。

Docker 项目是开源的，其上游源码位于 GitHub 的 `moby/moby` 库。

开放容器计划（OCI）在容器运行时格式和容器镜像格式的标准化方面发挥了重要作用。

第 3 章　Docker 安装

有很多种方式和场景可以安装 Docker。Docker 可以安装在 Windows、Mac，当然还有 Linux 之上。除此之外还可以在云上安装，也可以在个人笔记本电脑上安装，诸如此类的例子有很多。除了前面提到的各种安装场景之外，读者还可以选择不同方式完成 Docker 安装，包括手工安装、通过脚本方式安装和通过向导方式安装等。安装 Docker 的场景和方式简直是数不胜数。

但是不要害怕！上面提到的 Docker 的安装其实都很简单。

本章主要介绍了几种重要的安装方式。

- 桌面安装。
  - Windows 版 Docker（Docker for Windows）。
  - Mac 版 Docker（Docker for Mac）。
- 服务器安装。
  - Linux。
  - Windows Server 2016。
- Docker 引擎升级。
- Docker 存储驱动的选择。

本书也会涉及 Docker 引擎的升级以及如何选择合适的存储驱动等内容。

3.1　Windows 版 Docker（DfW）

在了解 Windows 版 Docker 之前，读者首先要知道这是由 Docker 公司提供的一个产品。这意味着它易于下载，并且有一个很灵活的安装器（installer）。Windows 版 Docker 需要运行在一个安装了 64 位 Windows 10 操作系统的计算机上，通过启动一个独立的引擎来提供 Docker 环境。

其次，读者需要知晓 Windows 版 Docker 是一个社区版本（Community Edition，CE）的应用，并不是为生产环境设计的。

最后，读者还需要知道 Windows 版 Docker 在某些版本特性上可能是延后支持的。这是因为 Docker 公司对该产品的定位是稳定性第一，新特性其次。

以上 3 点被添加到 Windows 版 Docker 这个安装快捷简单，但并不支持生产环境部署的产品当中。

闲话少说，接下来请读者跟随本书一起了解一下如何安装 Windows 版 Docker。

在安装之前，Windows 版 Docker 的环境有以下要求。

- Windows 10 Pro / Enterprise / Education（1607 Anniversary Update、Build 14393 或者更新的版本）。
- Windows 必须是 64 位的版本。
- 需要启用 Windows 操作系统中的 Hyper-V 和容器特性。

接下来的步骤会假设读者的计算机已经开启了 BIOS 设置中的硬件虚拟化支持。如果没有开启，读者需要在机器上执行下面的步骤。

首先，读者需要确认在 Windows 10 操作系统中，**Hyper-V** 和**容器**特性已安装并且开启。

（1）右键单击 Windows 开始按钮并选择“应用和功能”页面。

（2）单击“程序和功能”链接。

（3）单击“启用或关闭 Windows 功能”。

（4）确认 Hyper-V 和容器复选框已经被勾选，并单击确定按钮。

按上述步骤操作完成后，会安装并开启 Hyper-V 和容器特性，如图 3.1 所示。读者需要重启操作系统。

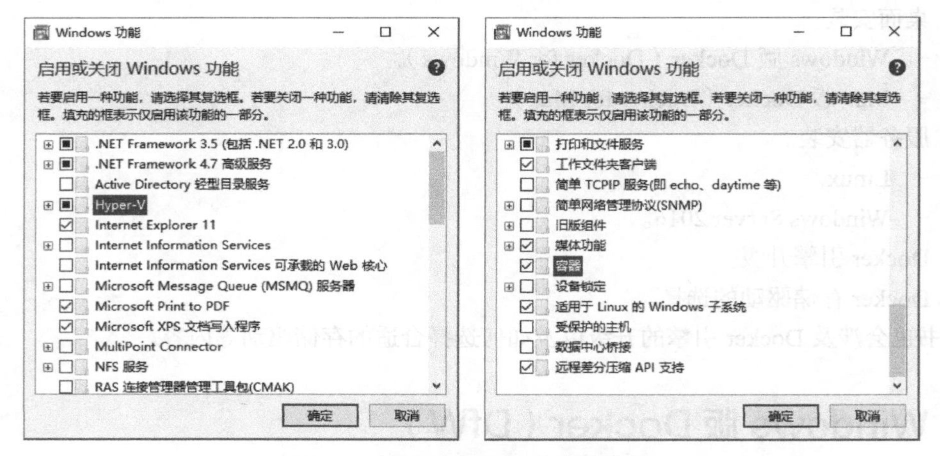

图 3.1　开启 Hyper-V 和容器特性

其中，容器特性只有在 summer 2016 Windows 10 Anniversary Update（build 14393）版本或更高版本上才能开启。

当读者完成 Hyper-V 和容器特性的安装并重启机器之后，就可以安装 Windows 版 Docker 了。

（1）访问 Docker 的下载页面，并单击其中的 `Download for Windows` 按钮。

（2）单击后会跳转到 Docker 商店，需要读者使用自己的 Docker ID 进行登录。

（3）单击任意 `Get Docker` 下载链接。Docker for Windows 分为稳定版（Stable）和抢鲜版（Edge）。抢鲜版当中包含一些新特性，但是可能不够稳定。单击下载链接后，会将名为 `Docker for Windows Installer.exe` 的安装包下载到默认下载目录。

（4）找到上一步下载的安装包并运行即可。

以管理员身份运行安装向导，并按照提示一步一步完成整个安装过程。安装完成后 Docker 会作为系统服务自动启动，并且在 Windows 的通知栏看到 Docker 的大鲸鱼图标。

恭喜！到目前为止已经成功完成 Windows 版 Docker 的安装。

打开命令行或者 PowerShell 界面，并尝试执行 `docker version` 命令，输出内容如下。

```
Client:
 Version:       18.01.0-ce
 API version:   1.35
 Go version:    go1.9.2
 Git commit:    03596f5
 Built: Wed Jan 10 20:05:55 2018
 OS/Arch:       windows/amd64
 Experimental:  false
 Orchestrator:  swarm

Server:
 Engine:
  Version:      18.01.0-ce
  API version:  1.35 (minimum version 1.12)
  Go version:   go1.9.2
  Git commit:   03596f5
  Built:        Wed Jan 10 20:13:12 2018
  OS/Arch:      linux/amd64
  Experimental: false
```

注意观察命令输出内容，其中 **Server** 部分中的 `OS/Arch` 属性展示了当前的操作系统是 `linux/amd64`。这是因为在默认安装方式中，Docker daemon 是运行在 Hyper-V 虚拟机中的一个轻量级 Linux 上的。这种情况下，读者只能在 Windows 版 Docker 上运行 Linux 容器。

如果读者想要运行原生 Windows 容器（Native Windows Container），可以右击 Windows 通知栏中的 Docker 鲸鱼图标，并选择切换到 Windows 容器。使用下面的命令也可以完成切换（进入 `\Program Files\Docker\Docker` 目录下执行）。

```
C:\Program Files\Docker\Docker> .\dockercli -SwitchDaemon
```

如果没有开启 Windows 容器特性，则会看到图 3.2 的提示。

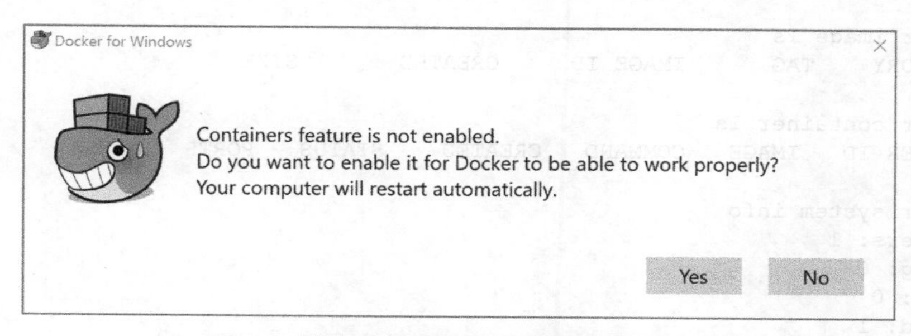

图 3.2　没有开启 Windows 容器特性的提示

如果已经开启了 Windows 容器特性，则只需要花费数秒就能完成切换。一旦切换完成，在命令行中执行 docker version 指令的输出内容如下。

```
C:\> docker version
Client:
 <Snip>

Server:
 Engine:
  Version:       18.01.0-ce
  API version:   1.35 (minimum version 1.24)
  Go version:    go1.9.2
  Git commit:    03596f5
  Built:         Wed Jan 10 20:20:36 2018
  OS/Arch:       windows/amd64
  Experimental:  true
```

可以看到，现在 Server 版本信息变成了 windows/amd64。这意味着 Docker daemon 运行在原生 Windows 内核上，并且只能运行 Windows 容器了。

同时也可以发现，Experimental 这个属性的值为 true。这表示当前运行的 Docker 版本是实验版本。本章前面提到，Docker for Windows 有两个版本：稳定版和抢鲜版。在本书编写的过程中，Windows 容器是抢鲜版中的一个实验特性。

读者可以通过运行 dockercli -Version 命令来查看当前的 Docker 版本。dockercli 命令在 C:\Program Files\Docker\Docker 目录下。

```
PS C:\Program Files\Docker\Docker> .\dockercli -Version

Docker for Windows
Version: 18.01.0-ce-win48 (15285)
Channel: edge
Sha1: ee2282129dec07b8c67890bd26865c8eccdea88e
OS Name: Windows 10 Pro
Windows Edition: Professional
Windows Build Number: 16299
```

下面展示了一些常用的能够正常执行的 Docker 命令。

```
> docker image ls
REPOSITORY    TAG      IMAGE ID     CREATED       SIZE

> docker container ls
CONTAINER ID   IMAGE   COMMAND   CREATED    STATUS   PORTS   NAMES

> docker system info
Containers: 1
 Running: 0
 Paused: 0
 Stopped: 1
Images: 6
Server Version: 17.12.0-ce
```

```
Storage Driver: windowsfilter
<Snip>
```

Windows 版 Docker 包括 Docker 引擎（客户端和 daemon）、Docker Compose、Docker Machine 以及 Docker Notary 命令行。通过下列命令确认各个模块已经成功安装。

```
C:\> docker --version
Docker version 18.01.0-ce, build 03596f5


C:\> docker-compose --version
docker-compose version 1.18.0, build 8dd22a96


C:\> docker-machine --version
docker-machine.exe version 0.13.0, build 9ba6da9


C:\> notary version
notary
 Version:     0.4.3
 Git commit: 9211198
```

3.2 Mac 版 Docker（DfM）

Mac 版 Docker 也是由 Docker 公司提供的一个产品。读者大可以放心使用 Docker，而无须先成为一个内核工程师，也不必通过很极客的方法将 Docker 安装到 Mac。DfM 的安装方式特别简单。

Mac 版 Docker 是由 Docker 公司基于社区版的 Docker 提供的一个产品。这意味着在笔记本上安装单引擎版本的 Docker 是非常简单的。但是同时，这也意味着 Mac 版 Docker 并不是为生产环境而设计的。如果读者听说过 **boot2docker**，那么 Mac 版 Docker 就是一个流畅、简单并且稳定版的 boot2docker。

对于 Mac 版 Docker 来说，提供基于 Mac 原生操作系统中 Darwin 内核的 Docker 引擎没有什么意义。所以在 Mac 版 Docker 当中，Docker daemon 是运行在一个轻量级的 Linux VM 之上的。Mac 版 Docker 通过对外提供 daemon 和 API 的方式与 Mac 环境实现无缝集成。这意味着读者可以在 Mac 上打开终端并直接使用 Docker 命令。

尽管在 Mac 上实现了无缝集成，还是要谨记 Mac 版 Docker 底层是基于 Linux VM 运行的，所以说 Mac 版 Docker 只能运行基于 Linux 的 Docker 容器。不过这样已经很好了，因为大部分容器实际上都是基于 Linux 的。

图 3.3 展示了 Mac 版 Docker 的抽象架构。

注：Mac 版 Docker 采用 HyperKit9 实现了一个极其轻量级的 Hypervisor。HyperKit 是基于 Xhyve Hypervisor 的。Mac 版 Docker 也利用了 DataKit 的某些特性，并运行了一个高度优化后的 Linux 发行版 Moby（基于 Alpine Linux）。

接下来开始安装 Mac 版 Docker。

（1）打开浏览器，访问 Docker 的下载页面，然后单击 `Download for Mac` 按钮。

（2）页面会跳转到 Docker 商店，需要读者使用自己的 Docker ID 和密码进行登录。

（3）单击下载链接 `Get Docker CE`。

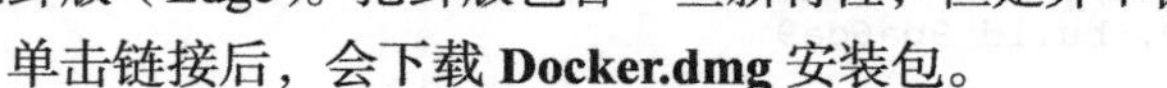

图 3.3 Mac 版 Docker 的抽象架构

Mac 版 Docker 分为两个版本：稳定版（Stable）和抢鲜版（Edge）。抢鲜版包含一些新特性，但是并不保证稳定运行。

单击链接后，会下载 **Docker.dmg** 安装包。

（4）运行上一步中下载的 Docker.dmg 文件。将代表 Docker 的鲸鱼图标拖拽到应用文件夹（Application folder）中。

（5）打开应用文件夹（可能会自动打开）并且双击 Docker 应用图标来启动 Docker。读者可能需要确认是否运行，因为这是从互联网下载的应用程序。

（6）输入 Mac 用户密码，这样安装程序可以获取到创建组件所需的权限。

（7）Docker daemon 进程启动。

一个活动的鲸鱼图标会在屏幕上方状态栏中出现。一旦 Docker 成功运行，鲸鱼图标就静止了。读者可以单击鲸鱼图标来管理 DfM。

DfM 现在已经安装完成，读者可以打开一个终端，并运行一些常用的 Docker 指令。尝试运行下面的命令。

```
$ docker version
Client:
 Version:      17.05.0-ce
 API version:  1.29
 Go version:   go1.7.5
 Git commit:   89658be
 Built:        Thu May 4 21:43:09 2017
 OS/Arch:      darwin/amd64

Server:
 Version:      17.05.0-ce
 API version:  1.29 (minimum version 1.12)
 Go version:   go1.7.5
 Git commit:   89658be
 Built:        Thu May 4 21:43:09 2017
 OS/Arch:      linux/amd64
 Experimental: true
```

注意，**Server** 的 `OS/Arch` 属性中显示的值是 `linux/amd64`。这是因为 daemon 是基于前

文提到过的 Linux VM 运行的。

Client 组件是原生的 Mac 应用，运行在 Mac 操作系统 Darwin 内核之上（`OS/Arch: darwin/amd64`）。

除此之外，还需要注意当前 Docker 版本是一个实验性质的版本（`Experimental: true`）。这是因为它是抢鲜版，抢鲜版中开启了一些实验特性。

运行其他 Docker 命令。

```
$ docker --version
Docker version 17.05.0-ce, build 89658be

$ docker image ls
REPOSITORY    TAG       IMAGE ID        CREATED      SIZE

$ docker container ls
CONTAINER ID   IMAGE   COMMAND   CREATED    STATUS    PORTS    NAMES
```

Mac 版 Docker 安装了 Docker 引擎（客户端以及服务端守护程序）、Docker Compose、Docker machine 以及 Notary 命令行。下面的 3 条命令向读者展示了如何确认这些组件是否成功安装，以及组件的版本信息。

```
$  docker --version
Docker version 17.05.0-ce, build 89658be


$  docker-compose --version
docker-compose version 1.13.0, build 1719ceb


$  docker-machine --version
docker-machine version 0.11.0, build 5b27455
$ notary version
notary
  Version:     0.4.3
  Git commit: 9211198
```

3.3 在 Linux 上安装 Docker

在 Linux 上安装 Docker 是常见的安装场景，并且安装过程非常简单。通常难点在于 Linux 不同发行版之间的轻微区别，比如 Ubuntu 和 CentOS 之间的差异。本书接下来的示例基于 Ubuntu 版本 Linux，同样适用于更低或者更高的版本。理论上，下面的示例在 CentOS 的各种版本上也是可以执行的。至于读者的 Linux 操作系统是安装在自己的数据中心，还是第三方公有云，或是笔记本的虚拟机上，都没有任何的区别。唯一需求就是这台机器是 Linux 操作系统，并且能够访问 https://get.docker.com。

首先读者需要选择安装的 Docker 版本。当前有两个版本可供选择：社区版（Community Edition，CE）和企业版（Enterprise Edition，EE）。

Docker CE 是免费的，并且是接下来示例中将要使用的版本。Docker EE 包含 Docker CE 中的全部功能，还包括了商业支持以及与其他 Docker 产品的集成，比如 Docker 可信镜像库和通用控制面板。

下面的例子使用 wget 命令来运行一个 Shell 脚本，完成 Docker CE 的安装。更多其他在 Linux 上安装 Docker 的方式，可以打开 Docker 主页面，单击页面中 Get Started 按钮来获取。

注： 在开始下面的步骤之前，要确认系统升级到最新的包，并且打了相应的安全补丁。

（1）在 Linux 机器上打开一个新的 Shell。

（2）使用 wget 从 https://get.docker.com 获取并运行 Docker 安装脚本，然后采用 Shell 中管道（pipe）的方式来执行这个脚本。

```
$ wget -qO- https://get.docker.com/ | sh

modprobe: FATAL: Module aufs not found /lib/modules/4.4.0-36-generic
+ sh -c 'sleep 3; yum -y -q install docker-engine'
<Snip>
If you would like to use Docker as a non-root user, you should
 now consider adding your user to the "docker" group with
 something like:

sudo usermod -aG docker your-user

Remember that you will have to log out and back in...
```

（3）最好通过非 root 用户来使用 Docker。这时需要添加非 root 用户到本地 Docker Unix 组当中。下面的命令展示了如何把名为 npoulton 的用户添加到 Docker 组中，以及如何确认操作是否执行成功。请读者自行使用系统中的有效用户。

```
$ sudo usermod -aG docker npoulton

$ cat /etc/group | grep docker
docker:x:999:npoulton
```

如果读者当前登录用户就是要添加到 Docker 组中的用户的话，则需要重新登录，组权限设置才会生效。

恭喜！Docker 已经在读者的 Linux 机器上安装成功。运行下面命令来确认安装结果。

```
$ docker --version
Docker version 18.01.0-ce, build 03596f5

$ docker system info
Containers: 0
 Running: 0
 Paused: 0
 Stopped: 0
```

```
Images: 0
Server Version: 18.01.0-ce
Storage Driver: overlay2
 Backing Filesystem: extfs
<Snip>
```

如果上述步骤在读者自己的 Linux 发行版中无法成功执行，可以访问 Docker Docs 网站并单击与自己的版本相关的那个链接。接下来页面会跳转到 Docker 官方提供的适合当前版本的安装指南页面，这个安装指南通常会保持更新。但是需要注意，Docker 网站上提供的指令使用了包管理器，相比本书前面的例子需要更多的步骤才能完成安装操作。实际上，如果读者使用浏览器打开网页 https://get.docker.com，会发现这其实就是一个 Shell 脚本，脚本中已经帮读者定义好了安装相关的指令，包括设置 Docker 为系统开启自启动。

警告： 如果读者未从官方 Docker 仓库下载源码，则最终安装的可能是 Docker 的一个复制版本。过去一些 Linux 发行商选择复制了 Docker 的代码，并基于此开发了一些定制化的版本。读者需要注意类似的情况，因为运行一个与 Docker 官方版本不同的复制版，可能遇到异常退出的情况。如果读者本意就是采用该版本运行，那这不是问题。但是如果读者本意并非如此，复制版本中发行商提交的一些改动可能导致其版本无法与 Docker 官方版本相兼容。这样就无法从 Docker 公司或者 Docker 公司授权的合作伙伴那里获得商业支持。

3.4 在 Windows Server 2016 上安装 Docker

本小节主要介绍在 Windows Servre 2016 上安装 Docker 的方法。主要包括以下步骤。

（1）安装 Windows 容器功能（Windows Container Feature）。

（2）安装 Docker。

（3）确认安装成功。

在开始安装之前，读者需要确保操作系统已经更新了最新版本的包以及安全补丁。读者可以通过运行 `sconfig` 命令，并选择选项 6 来快速完成更新的安装。安装更新可能需要重启系统。

接下来本书会在没有安装容器功能（Container Feature）或者已经安装了老版本 Docker 的 Windows Server 2016 上进行演示。

确保容器特性已经安装并且启用。

（1）鼠标右击 Windows 开始按钮，选择“应用和功能”，接下来会打开“应用和功能”面板。

（2）单击“启用或关闭 Windows 功能”，接下来会打开“服务器管理器”。

（3）确认面板处于选中状态，然后选择“添加角色和功能”。

（4）根据向导提示执行，直到进入“功能”页面。

（5）确保“容器”功能已经勾选，然后单击向导的“完成”按钮。完成之后需要重启操作系统。

现在已经完成 Windows 容器功能的安装，接下来可以安装 Docker 了。本书中采用 PowerShell 完成安装。

（1）以管理员身份运行 PowerShell。

（2）运行下面的命令来安装 Docker 包管理工具。

```
> Install-Module DockerProvider -Force
```

如果出现提示，单击允许（Accept）按钮完成 NuGet provider 的安装。

（3）安装 Docker。

```
> Install-Package Docker -ProviderName DockerProvider -Force
```

一旦安装完成，读者可以看到下面的内容。

```
Name      Version          Source    Summary
----      -------          ------    -------
Docker    17.06.2-ee-6     Docker    Docker for Windows Server 2016
```

现在 Docker 已经完成安装，并且设置为开机自启动。

（4）读者可能希望重启系统来确认 Docker 的安装没有对系统启动造成任何影响。此外在重启之后，可以检查 Docker 是否自动启动。

Docker 现在已经安装成功，读者可以开始部署容器了。下面的命令是确认 Docker 安装成功的方法。

```
> docker --version
Docker version 17.06.2-ee-6, build e75fdb8

> docker system info
Containers: 0
 Running: 0
 Paused: 0
 Stopped: 0
Images: 0
Server Version: 17.06.2-ee-6
Storage Driver: windowsfilter
<Snip>
```

Docker 现在已经完成安装，读者可以开始运行 Windows 容器了。

3.5 Docker 引擎（Engine）升级

升级 Docker 引擎（Engine）是一项重要的任务，尤其是生产环境。本节中会向读者介绍升级 Docker 引擎的关键步骤，以及一些相关的小建议和升级示例。

升级 Docker 引擎的关键步骤如下。

需要重视升级操作的每个前置条件，包括确保容器配置了正确的重启策略；在 Swarm Mode 模式下使用服务时，需要确保正确配置了 draining node。当完成了上述前置条件的检查之后，可以通过如下步骤完成升级操作。

（1）停止 Docker 守护程序。

（2）移除旧版本 Docker。

（3）安装新版本 Docker。

（4）配置新版本的 Docker 为开机自启动。

（5）确保容器重启成功。

上面就是全部的关键步骤。下面本书通过具体例子来进行介绍。

不同版本的 Linux 在升级 Docker 的时候，命令可能略有区别。本书中以 Ubuntu 16.04 和 Windows Server 2016 作为例子进行介绍。

3.5.1　在 Ubuntu 16.04 上升级 Docker CE

本书假设读者已经完成了全部的升级前置步骤并且 Docker 处于可以升级的状态，同时还可以用 root 用户身份运行升级命令。以 root 用户运行升级命令是**不推荐**的，但是可以简化本书中的示例。如果读者不采用 root 用户运行升级命令，那最好不过了！那么需要通过 sudo 来执行下列指令。

（1）更新 APT 包列表。

```
$ apt-get update
```

（2）卸载当前 Docker。

```
$ apt-get remove docker docker-engine docker-ce docker.io -y
```

在之前的版本中，Docker 引擎的包名可能有多个。这条命令能够确保已经安装的 Docker 包全部被删除。

（3）安装新版本 Docker。

有不同版本的 Docker 可供选择，并且有多种方式可以安装 Docker。无论是 Docker CE 还是 Docker EE，都有不止一种安装方式。例如，Docker CE 可以通过 apt 或者 deb 包管理方式进行安装，也可以使用 Docker 官网上的脚本。

接下来的命令会使用 get.docker.com 的脚本完成最新版本 Docker CE 的安装和配置。

```
$ wget -qO- https://get.docker.com/ | sh
```

（4）将 Docker 配置为开机自启动。

```
$ systemctl enable docker

Synchronizing state of docker.service...
Executing /lib/systemd/systemd-sysv-install enable docker

$ systemctl is-enabled docker
enabled
```

此时读者可能想重启自己的节点。这样可以确保刚安装的 Docker 不会对系统开机有任何的影响。

（5）检查并确保每一个容器和服务都已经重启成功。

```
$ docker container ls
CONTAINER ID    IMAGE     COMMAND        CREATED            STATUS

97e599aca9f5    alpine    "sleep 1d"     14 minutes ago     Up 1 minute

$ docker service ls
ID              NAME            MODE          REPLICAS    IMAGE
ibyotlt1ehjy    prod-equus1     replicated    1/1         alpine:latest
```

请注意，更新 Docker 还有其他的方法。本书只是介绍了基于 Ubuntu Linux 16.04 版本的方式。

3.5.2 在 Windows Server 2016 上升级 Docker EE

在本节中，会向读者一步一步介绍如何在 Windows 上将 Docker 1.12.2 版本升级到最新版本的 Docker EE。

假设读者已经完成了全部的准备工作，比如为容器配置了正确的重启策略，如果运行有 Swarm 服务，则需要将待升级 Swarm 节点设置为 drain 状态。

本例中全部命令都应当通过 PowerShell 终端执行。

（1）检查当前 Docker 版本。

```
> docker version
Client:
 Version:      1.12.2-cs2-ws-beta
<Snip>
Server:
 Version:      1.12.2-cs2-ws-beta
```

（2）卸载本机上可能存在的由微软公司提供的旧版本 Docker，并从 Docker 官方获取最新版本进行安装。

```
> Uninstall-Module DockerMsftProvider -Force

> Install-Module DockerProvider -Force
```

（3）更新 Docker 包。

下面的命令会强制更新（无须卸载操作）Docker，并设置为开机自启动。

```
> Install-Package -Name docker -ProviderName DockerProvider -Update -Force

Name      Version          Source     Summary
----      -------          ------     -------
Docker    17.06.2-ee-6     Docker     Docker for Windows Server 2016
```

现在读者可能想重启自己的节点，以确保刚安装的 Docker 不会对系统开机有任何的影响。

（4）检查并确保每一个容器和服务都已经重启成功。

3.6　Docker 存储驱动的选择

每个 Docker 容器都有一个本地存储空间，用于保存层叠的镜像层（Image Layer）以及挂载的容器文件系统。默认情况下，容器的所有读写操作都发生在其镜像层上或挂载的文件系统中，所以存储是每个容器的性能和稳定性不可或缺的一个环节。

以往，本地存储是通过存储驱动（Storage Driver）进行管理的，有时候也被称为 Graph Driver 或者 GraphDriver。虽然存储驱动在上层抽象设计中都采用了栈式镜像层存储和写时复制（Copy-on-Write）的设计思想，但是 Docker 在 Linux 底层支持几种不同的存储驱动的具体实现，每一种实现方式都采用不同方法实现了镜像层和写时复制。虽然底层实现的差异不影响用户与 Docker 之间的交互，但是对 Docker 的性能和稳定性至关重要。

在 Linux 上，Docker 可选择的一些存储驱动包括 AUFS（最原始也是最老的）、Overlay2（可能是未来的最佳选择）、Device Mapper、Btrfs 和 ZFS。

Docker 在 Windows 操作系统上只支持一种存储驱动，即 `Windows Filter`。

存储驱动的选择是节点级别的。这意味着每个 Docker 主机只能选择一种存储驱动，而不能为每个容器选择不同的存储驱动。在 Linux 上，读者可以通过修改 `/etc/docker/daemon.json` 文件来修改存储引擎配置，修改完成之后需要重启 Docker 才能够生效。下面的代码片段展示了如何将存储驱动设置为 `overlay2`。

```
{
  "storage-driver": "overlay2"
}
```

注：如果配置所在行不是文件的最后一行，则需要在行尾处增加逗号。

如果读者修改了正在运行 Docker 主机的存储引擎类型，则现有的镜像和容器在重启之后将不可用，这是因为每种存储驱动在主机上存储镜像层的位置是不同的（通常在 `/var/lib/docker/<storage-driver>/...` 目录下）。修改了存储驱动的类型，Docker 就无法找到原有的镜像和容器了。切换到原来的存储驱动，之前的镜像和容器就可以继续使用了。

如果读者希望在切换存储引擎之后还能够继续使用之前的镜像和容器，需要将镜像保存为 Docker 格式，上传到某个镜像仓库，修改本地 Docker 存储引擎并重启，之后从镜像仓库将镜像拉取到本地，最后重启容器。

通过下面的命令来检查 Docker 当前的存储驱动类型。

```
$ docker system info
<Snip>
Storage Driver: overlay2
  Backing Filesystem: xfs
  Supports d_type: true
  Native Overlay Diff: true
<Snip>
```

选择存储驱动并正确地配置在 Docker 环境中是一件重要的事情，特别是在生产环境中。下面的清单可以作为一个**参考指南**，帮助读者选择合适的存储驱动。但是，本书仍建议读者参阅 Docker 官网上由 Linux 发行商提供的最新文档来做出选择。

- Red Hat Enterprise Linux：4.x 版本内核或更高版本 + Docker 17.06 版本或更高版本，建议使用 Overlay2。
- Red Hat Enterprise Linux：低版本内核或低版本的 Docker，建议使用 Device Mapper。
- Ubuntu Linux：4.x 版本内核或更高版本，建议使用 Overlay2。
- Ubuntu Linux：更早的版本建议使用 AUFS。
- SUSE Linux Enterprise Server：Btrfs。

再次强调，上面的清单内容只是一个参考建议。读者需要时刻关注 Docker 文档中关于存储驱动的最新支持和版本兼容列表。尤其当读者正在使用 Docker 企业版（EE），并且有售后支持合同的情况下，更有必要查阅最新文档。

3.6.1 Device Mapper 配置

大部分 Linux 存储驱动不需要或需要很少的配置。但是，`Device Mapper` 通常需要合理配置之后才能表现出良好的性能。

默认情况下，`Device Mapper` 采用 loopback mounted sparse file 作为底层实现来为 Docker 提供存储支持。如果读者需要的是开箱即用并且对性能没什么要求，那么这种方式是可行的。但这并不适用于生产环境。实际上，默认方式的性能很差，并不支持生产环境。

为了达到 `Device Mapper` 在生产环境中的最佳性能，读者需要将底层实现修改为 `direct-lvm` 模式。这种模式下通过使用基于裸块设备（Raw Block Device）的 LVM 精简池（LVM thin pool）来获取更好的性能。

在 Docker 17.06 以及更高的版本中可以配置 `direct-lvm` 作为存储驱动。但是在本书撰写时，该方式存在某种限制。其中最主要的一点是，这种方式只能配置一个块设备，并且只有在第一次安装后才能设置生效。未来可能会有改进，但就目前情况来看配置单一块设备这种方式在性能和可靠性上都有一定的风险。

3.6.2 让 Docker 自动设置 direct-lvm

下面的步骤会将 Docker 配置存储驱动为 `Device Mapper`，并使用 `direct-lvm` 模式。

（1）将下面的存储驱动配置添加到 `/etc/docker/daemon.json` 当中。

```
{
"storage-driver": "devicemapper",
"storage-opts": [
  "dm.directlvm_device=/dev/xdf",
  "dm.thinp_percent=95",
```

```
    "dm.thinp_metapercent=1",
    "dm.thinp_autoextend_threshold=80",
    "dm.thinp_autoextend_percent=20",
    "dm.directlvm_device_force=false"
  ]
  }
```

Device Mapper 和 LVM 是很复杂的知识点，并不在本书的讨论范围之内。下面简单介绍一下各配置项的含义。

- dm.directlvm_device：设置了块设备的位置。为了存储的最佳性能以及可用性，块设备应当位于高性能存储设备（如本地 SSD）或者外部 RAID 存储阵列之上。
- dm.thinp_percent=95：设置了镜像和容器允许使用的最大存储空间占比，默认是 95%。
- dm.thinp_metapercent：设置了元数据存储（MetaData Storage）允许使用的存储空间大小。默认是 1%。
- dm.thinp_autoextend_threshold：设置了 LVM 自动扩展精简池的阈值，默认是 80%。
- dm.thinp_autoextend_percent：表示当触发精简池（thin pool）自动扩容机制的时候，扩容的大小应当占现有空间的比例。
- dm.directlvm_device_force：允许用户决定是否将块设备格式化为新的文件系统。

（2）重启 Docker。

（3）确认 Docker 已成功运行，并且块设备配置已被成功加载。

```
$ docker version
Client:
Version:        18.01.0-ce
<Snip>
Server:
Version:        18.01.0-ce
<Snip>

$ docker system info
<Snipped output only showing relevant data>
Storage Driver: devicemapper
Pool Name: docker-thinpool
Pool Blocksize: 524.3 kB
Base Device Size: 25 GB
Backing Filesystem: xfs
Data file:       << Would show a loop file if in loopback mode
Metadata file:   << Would show a loop file if in loopback mode
Data Space Used: 1.9 GB
Data Space Total: 23.75 GB
Data Space Available: 21.5 GB
Metadata Space Used: 180.5 kB
Metadata Space Total: 250 MB
Metadata Space Available: 250 MB
```

即使 Docker 在 direct-lvm 模式下只能设置单一块设备，其性能也会显著优于 loopback 模式。

3.6.3 手动配置 Device Mapper 的 direct-lvm

完整介绍如何进行 Device Mapper direct-lvm 的手动配置已经超越了本书的范畴，并且不同操作系统版本之下配置方式也不尽相同。但是，下面列出的内容是读者需要了解并在配置的时候仔细斟酌的。

- **块设备（Block Device）**：在使用 direct-lvm 模式的时候，读者需要有可用的块设备。这些块设备应该位于高性能的存储设备之上，比如本地 SSD 或者外部高性能 LUN 存储。如果 Docker 环境部署在企业私有云（On-Premise）之上，那么外部 LUN 存储可以使用 FC、iSCSI，或者其他支持块设备协议的存储阵列。如果 Docker 环境部署在公有云之上，那么可以采用公有云厂商提供的任何高性能的块设备（通常基于 SSD）。
- **LVM 配置**：Docker 的 Device Mapper 存储驱动底层利用 LVM（Logical Volume Manager）来实现，因此需要配置 LVM 所需的物理设备、卷组、逻辑卷和精简池。读者应当使用专用的物理卷并将其配置在相同的卷组当中。这个卷组不应当被 Docker 之外的工作负载所使用。此外还需要配置额外两个逻辑卷，分别用于存储数据和源数据信息。另外，要创建 LVM 配置文件、指定 LVM 自动扩容的触发阈值，以及自动扩容的大小，并且为自动扩容配置相应的监控，保证自动扩容会被触发。
- **Docker 配置**：修改 Docker 配置文件之前要先保存原始文件（`etc/docker/daemon.json`），然后再进行修改。读者环境中的 dm.thinpooldev 配置项对应值可能跟下面的示例内容有所不同，需要修改为合适的配置。

```
{
  "storage-driver": "devicemapper",
  "storage-opts": [
  "dm.thinpooldev=/dev/mapper/docker-thinpool",
  "dm.use_deferred_removal=true",
  "dm.use_deferred_deletion=true"
  ]
}
```

修改并保存配置后，读者可以重启 Docker daemon。

如果想获取更多细节信息，可以参考 Docker 文档，或者咨询 Docker 技术账户管理员。

3.7 本章小结

Docker 在 Linux 和 Windows 中都是可用的，并且分为社区版（CE）和企业版（EE）。在本章中，主要向读者介绍了在 Windows10、Mac OS X、Linux 以及 Windows Server 2016 下的几种安装 Docker 的方式。

本章还介绍了如何在 Ubuntu 16.04 和 Windows Server 2016 环境中升级 Docker 引擎，这也是两种常见的配置场景。

本章中读者还可以了解到选择正确的存储驱动对于在 Linux 生产环境中使用 Docker 非常重要。

第 4 章　纵观 Docker

本章的初衷是在继续深入研究 Docker 之前，对 Docker 进行一个整体介绍。

本章主要包含两部分内容。

- 运维（Ops）视角。
- 开发（Dev）视角。

在运维视角中，主要包括下载镜像、运行新的容器、登录新容器、在容器内运行命令，以及销毁容器。

在开发视角中，更多关注与应用相关的内容。本书会从 GitHub 拉取一些应用代码，解释其中的 Dockerfile，将应用容器化，并在容器中运行它们。

通过上面两部分内容，读者可以从整体上理解 Docker 究竟是什么，以及主要组件之间是如何相互配合的。**推荐读者对开发和运维两部分内容都要阅读。**

读者无须因为不了解本章部分内容而担心。本书并不准备通过本章的介绍让读者成为专家。本章主要目的是给读者一个宏观概念——这样在后续章节中介绍更细节的内容时，读者能明白各部分之间是如何交互的。

为了能完成本章节阅读，读者只需一个可连接到互联网的 Docker 主机。Docker 节点可以是 Linux 或者 Windows，并且无论这个节点是笔记本上的虚拟机，还是公有云上的一个实例，亦或是数据中心的物理机都没有关系。只需要这个节点能运行 Docker 并且连接到互联网即可。本书接下来的例子涵盖了 Linux 和 Windows！

此外还有一种快速启动 Docker 的方式，是 Play With Docker（PWD）。Play With Docker 是一个基于 Web 界面的 Docker 环境，并且可以免费使用。只需要浏览器就可以使用（可能需要读者用 Docker Hub 账户登录）。这也是我最喜欢的启动临时 Docker 环境的方式。

4.1　运维视角

当读者安装 Docker 的时候，会涉及两个主要组件：Docker 客户端和 Docker daemon（有时也被称为“服务端”或者“引擎”）。

daemon 实现了 Docker 引擎的 API。

使用 Linux 默认安装时，客户端与 daemon 之间的通信是通过本地 IPC/UNIX Socket 完成的

(/var/run/docker.sock);在 Windows 上是通过名为 npipe:////./pipe/docker_engine 的管道(pipe)完成的。读者可以使用 docker version 命令来检测客户端和服务端是否都已经成功运行,并且可以互相通信。

```
> docker version
Client:
 Version:        18.01.0-ce
 API version:    1.35
 Go version:     go1.9.2
 Git commit:     03596f5
 Built: Wed Jan 10 20:11:05 2018
 OS/Arch:        linux/amd64
 Experimental:   false
 Orchestrator:   swarm

Server:
 Engine:
  Version:       18.01.0-ce
  API version:   1.35 (minimum version 1.12)
  Go version:    go1.9.2
  Git commit:    03596f5
  Built:         Wed Jan 10 20:09:37 2018
  OS/Arch:       linux/amd64
  Experimental:  false
```

如果读者能成功获取来自客户端和服务端的响应,那么可以继续后面的操作。如果读者正在使用 Linux,并且服务端返回了异常响应,则可尝试在命令的前面加上 sudo——sudo docker version。如果加上 sudo 之后命令正常运行,那么读者需要将当前用户加入到 docker 用户组,或者给本书后面的命令都加上 sudo 前缀。

4.1.1　镜像

将 Docker 镜像理解为一个包含了 OS 文件系统和应用的对象会很有帮助。如果读者实际操作过,就会认为与虚拟机模板类似。虚拟机模板本质上是处于关机状态的虚拟机。在 Docker 世界中,镜像实际上等价于未运行的容器。如果读者是一名开发者,可以将镜像比作类(Class)。

在 Docker 主机上运行 docker image ls 命令。

```
$ docker image ls
REPOSITORY    TAG     IMAGE ID     CREATED     SIZE
```

如果读者运行命令环境是刚完成 Docker 安装的主机,或者是 Play With Docker,那么 Docker 主机中应当没有任何镜像,命令输出内容会如上所示。

在 Docker 主机上获取镜像的操作被称为拉取(pulling)。如果使用 Linux,那么会拉取 ubuntu:latest 镜像;如果使用 Windows,则会拉取 microsoft/powershell:nanoserver 镜像。

```
Linux: docker image pull ubuntu:latest
Windows: docker image pull microsoft/powershell:nanoserver

latest: Pulling from library/ubuntu
50aff78429b1: Pull complete
f6d82e297bce: Pull complete
275abb2c8a6f: Pull complete
9f15a39356d6: Pull complete
fc0342a94c89: Pull complete
Digest: sha256:fbaf303...c0ea5d1212
Status: Downloaded newer image for ubuntu:latest
```

再次运行 docker image ls 命令来查看刚刚拉取的镜像。

```
$ docker images
REPOSITORY        TAG        IMAGE ID        CREATED        SIZE
ubuntu            latest     00fd29ccc6f1    3 weeks ago    111MB
```

关于镜像的存储位置以及镜像内部构成，本书会在后续的章节中详细介绍。现在，读者只需知道镜像包含了基础操作系统，以及应用程序运行所需的代码和依赖包。刚才拉取的 ubuntu 镜像有一个精简版的 Ubuntu Linux 文件系统，其中包含部分 Ubuntu 常用工具。而 Windows 示例中拉取的 microsoft/powershell 镜像，则包含了带有 PowerShell 的 Windows Nano Server 操作系统。

如果拉取了如 nginx 或者 microsoft/iis 这样的应用容器，则读者会得到一个包含操作系统的镜像，并且在镜像中还包括了运行 Nginx 或 IIS 所需的代码。

重要的是，Docker 的每个镜像都有自己的唯一 ID。用户可以通过引用镜像的 ID 或名称来使用镜像。如果用户选择使用镜像 ID，通常只需要输入 ID 开头的几个字符即可——因为 ID 是唯一的，Docker 知道用户想引用的具体镜像是哪个。

4.1.2 容器

到目前为止，读者已经拥有一个拉取到本地的镜像，可以使用 docker container run 命令从镜像来启动容器。

在 Linux 中启动容器的命令如下。

```
$ docker container run -it ubuntu:latest /bin/bash
root@6dc20d508db0:/#
```

在 Windows 中启动容器的命令如下。

```
> docker container run -it microsoft/powershell:nanoserver pwsh.exe

Windows PowerShell
Copyright (C) 2016 Microsoft Corporation. All rights reserved.
PS C:\>
```

仔细观察上面命令的输出内容，会注意到每个实例中的提示符都发生了变化。这是因为-it 参数会将 Shell 切换到容器终端——现在已经位于容器内部了！

接下来分析一下 docker container run 命令。docker container run 告诉 Docker daemon

启动新的容器。其中`-it`参数告诉 Docker 开启容器的交互模式并将读者当前的 Shell 连接到容器终端（在容器章节中会详细介绍）。接下来，命令告诉 Docker，用户想基于`ubuntu:latest`镜像启动容器（如果用户使用 Windows，则是基于`microsoft/powershell:nanoserver`镜像）。最后,命令告诉 Docker,用户想要在容器内部运行哪个进程。对于 Linux 示例来说是运行 Bash Shell，对于 Windows 示例来说则是运行 PowerShell。

在容器内部运行`ps`命令查看当前正在运行的全部进程。

Linux 示例如下。

```
root@6dc20d508db0:/# ps -elf
F S UID     PID  PPID   NI ADDR SZ WCHAN  STIME TTY   TIME CMD
4 S root      1     0    0 -  4560 wait   13:38 ?     00:00:00 /bin/bash
0 R root      9     1    0 -  8606 -      13:38 ?     00:00:00 ps -elf
```

Windows 示例如下。

```
PS C:\> ps

Handles  NPM(K)    PM(K)    WS(K)   CPU(s)     Id   SI ProcessName
-------  ------    -----    -----   ------     --   -- -----------
      0       5      964     1292     0.00   4716    4 CExecSvc
      0       5      592      956     0.00   4524    4 csrss
      0       0        0        4               0    0 Idle
      0      18     3984     8624     0.13    700    4 lsass
      0      52    26624    19400     1.64   2100    4 powershell
      0      38    28324    49616     1.69   4464    4 powershell
      0       8     1488     3032     0.06   2488    4 services
      0       2      288      504     0.00   4508    0 smss
      0       8     1600     3004     0.03    908    4 svchost
      0      12     1492     3504     0.06   4572    4 svchost
      0      15    20284    23428     5.64   4628    4 svchost
      0      15     3704     7536     0.09   4688    4 svchost
      0      28     5708     6588     0.45   4712    4 svchost
      0      10     2028     4736     0.03   4840    4 svchost
      0      11     5364     4824     0.08   4928    4 svchost
      0       0      128      136    37.02      4    0 System
      0       7      920     1832     0.02   3752    4 wininit
      0       8     5472    11124     0.77   5568    4 WmiPrvSE
```

Linux 容器中仅包含两个进程。

- PID 1：代表`/bin/bash`进程，该进程是通过`docker container run`命令来通知容器运行的。
- PID 9：代表`ps -elf`进程，查看当前运行中进程所使用的命令/程序。

命令输出中展示的`ps -elf`进程存在一定的误导，因为这个程序在`ps`命令退出后就结束了。这意味着容器内长期运行的进程其实只有`/bin/bash`。

Windows 容器运行中的进程会更多，这是由 Windows 操作系统工作方式决定的。虽然 Windows 容器中的进程比 Linux 容器要多，但与常见的 Windows 服务器相比，其进程数量却是明显偏少的。

按 Ctrl-PQ 组合键，可以在退出容器的同时还保持容器运行。这样 Shell 就会返回到 Docker 主机终端。可以通过查看 Shell 提示符来确认。

现在读者已经返回到 Docker 主机的 Shell 提示符，再次运行 ps 命令。

Linux 示例如下。

```
$ ps -elf
F S UID        PID  PPID   NI ADDR SZ WCHAN  TIME CMD
4 S root         1     0    0 -  9407 -     00:00:03 /sbin/init
1 S root         2     0    0 -     0 -     00:00:00 [kthreadd]
1 S root         3     2    0 -     0 -     00:00:00 [ksoftirqd/0]
1 S root         5     2  -20 -     0 -     00:00:00 [kworker/0:0H]
1 S root         7     2   -0 -     0 -     00:00:00 [rcu_sched]
<Snip>
0 R ubuntu   22783 22475    0 -  9021 -     00:00:00 ps -elf
```

Windows 示例如下。

```
> ps
Handles   NPM(K)    PM(K)    WS(K)   CPU(s)     Id  SI ProcessName
-------   ------    -----    -----   ------     --  -- -----------
    220       11     7396     7872     0.33   1732   0 amazon-ssm-agen
     84        5      908     2096     0.00   2428   3 CExecSvc
     87        5      936     1336     0.00   4716   4 CExecSvc
    203       13     3600    13132     2.53   3192   2 conhost
    210       13     3768    22948     0.08   5260   2 conhost
    257       11     1808      992     0.64    524   0 csrss
    116        8     1348      580     0.08    592   1 csrss
     85        5      532     1136     0.23   2440   3 csrss
    242       11     1848      952     0.42   2708   2 csrss
     95        5      592      980     0.00   4524   4 csrss
    137        9     7784     6776     0.05   5080   2 docker
    401       17    22744    14016    28.59   1748   0 dockerd
    307       18    13344     1628     0.17    936   1 dwm
    <SNIP>
   1888        0      128      136    37.17      4   0 System
    272       15     3372     2452     0.23   3340   2 TabTip
     72        7     1184        8     0.00   3400   2 TabTip32
    244       16     2676     3148     0.06   1880   2 taskhostw
    142        7     6172     6680     0.78   4952   3 WmiPrvSE
    148        8     5620    11028     0.77   5568   4 WmiPrvSE
```

可以看到与容器相比，Docker 主机中运行的进程数要多很多。Windows 容器中运行的进程要远少于 Windows 主机，Linux 容器中的进程数也远少于 Linux 主机。

在之前的步骤当中，是使用 Ctrl-PQ 组合键来退出容器的。在容器内部使用该操作可以退出当前容器，但不会杀死容器进程。读者可以通过 docker container ls 命令查看系统内全部处于运行状态的容器。

```
$ docker container ls
CONTAINER ID   IMAGE           COMMAND       CREATED  STATUS     NAMES
e2b69eeb55cb   ubuntu:latest   "/bin/bash"   7 mins   Up 7 min   vigilant_borg
```

上述的输出显示只有一个运行中的容器。这就是前面示例中创建的那个容器。输出中有该容器，证明了容器在退出后依然是运行的。读者可以看到这个进程是 7min 之前创建的，并且一直在运行。

4.1.3 连接到运行中的容器

执行 docker container exec 命令，可以将 Shell 连接到一个运行中的容器终端。因为之前示例中的容器仍在运行，所以下面的示例会创建到该容器的新连接。

Linux 示例如下。

```
$ docker container exec -it vigilant_borg bash
root@e2b69eeb55cb:/#
```

示例中的容器名为“vigilant_brog”。读者环境中的容器名称会不同，所以请记得将“vigilant_brog”替换为自己 Docker 主机上运行中的容器名称或者 ID。

Windows 示例如下。

```
> docker container exec -it pensive_hamilton pwsh.exe

Windows PowerShell
Copyright (C) 2016 Microsoft Corporation. All rights reserved.
PS C:\>
```

本例中使用的容器为“pensive_hamilton”。同样，读者环境中的容器名称会不同，所以请记得将“pensive_hamilton”替换为自己 Docker 主机上运行中的容器名称或者 ID。

注意，Shell 提示符又发生了变化。此时已登录到了容器内部。

docker container exec 命令的格式是 docker container exec <options> <container-name or container-id> <command/app>。在示例中，将本地 Shell 连接到容器是通过-it 参数实现的。本例中使用名称引用容器，并且告诉 Docker 运行 Bash Shell（在 Windows 示例中是 PowerShell）。使用十六进制 ID 的方式也可以很容易地引用具体容器。

再次使用 Ctrl+PQ 组合键退出容器。

Shell 提示符应当退回到 Docker 主机中。

再次运行 docker container ls 命令来确认容器仍处于运行状态。

```
$ docker container ls
CONTAINER ID   IMAGE           COMMAND       CREATED  STATUS    NAMES
e2b69eeb55cb   ubuntu:latest   "/bin/bash"   9 mins   Up 9 min  vigilant_borg
```

通过 docker container stop 和 docker container rm 命令来停止并杀死容器。切记需要将示例中的名称/ID 替换为读者自己的容器对应的名称和 ID。

```
$ docker container stop vigilant_borg
vigilant_borg
```

```
$ docker container rm vigilant_borg
vigilant_borg
```

通过运行 `docker container ls` 命令，并指定`-a` 参数来确认容器已经被成功删除。添加`-a` 的作用是让 Docker 列出所有容器，甚至包括那些处于停止状态的。

```
$ docker container ls -a
CONTAINER ID  IMAGE  COMMAND  CREATED  STATUS  PORTS  NAMES
```

4.2 开发视角

容器即应用！

在本节中，会分析一份应用代码中的 Dockerfile 并将其容器化，最终以容器的方式运行。相关代码可从本书配套资源或我的 GitHub 主页中获取。

本节接下来的内容会基于 Linux 示例进行演示。但其实两个示例中都容器化了相同的 Web 应用代码，所以步骤也是一样的。

进入到仓库文件目录之下，查看其内容。

```
$ cd psweb
$ ls -l
total 28
-rw-rw-r-- 1 ubuntu ubuntu  341 Sep 29 12:15 app.js
-rw-rw-r-- 1 ubuntu ubuntu  216 Sep 29 12:15 circle.yml
-rw-rw-r-- 1 ubuntu ubuntu  338 Sep 29 12:15 Dockerfile
-rw-rw-r-- 1 ubuntu ubuntu  421 Sep 29 12:15 package.json
-rw-rw-r-- 1 ubuntu ubuntu  370 Sep 29 12:15 README.md
drwxrwxr-x 2 ubuntu ubuntu 4096 Sep 29 12:15 test
drwxrwxr-x 2 ubuntu ubuntu 4096 Sep 29 12:15 views
```

对于 Windows 示例，读者需要 cd 到 `dotnet-docker-samples\aspnetapp` 目录当中。

Linux 的示例是一个简单的 Node.js Web 应用。Windows 示例是一个简单的 ASP.NET Web 应用。

每个仓库中都包含一个名为 `Dockerfile` 的文件。Dockerfile 是一个纯文本文件，其中描述了如何将应用构建到 Docker 镜像当中。

查看 Dockerfile 的全部内容。

```
$ cat Dockerfile

FROM alpine
LABEL maintainer="nigelpoulton@hotmail.com"
RUN apk add --update nodejs nodejs-npm
COPY . /src
WORKDIR /src
RUN  npm install
```

```
EXPOSE  8080
ENTRYPOINT ["node", "./app.js"]
```

Windows 示例中的 Dockerfile 内容会有所不同。但是，这些区别在现阶段并不重要。关于 Dockerfile 的更多细节本书会在接下来的章节中进行详细介绍。现在，只需要知道 Dockerfile 的每一行都代表一个用于构建镜像的指令即可。

使用 `docker image build` 命令，根据 Dockerfile 中的指令来创建新的镜像。示例中新建的 Docker 镜像名为 `test:latest`。

一定要在包含应用代码和 Dockerfile 的目录下执行这些命令。

```
$ docker image build -t test:latest .

Sending build context to Docker daemon 74.75kB
Step 1/8 : FROM alpine
latest: Pulling from library/alpine
88286f41530e: Pull complete
Digest: sha256:f006ecbb824...0c103f4820a417d
Status: Downloaded newer image for alpine:latest
 ---> 76da55c8019d
<Snip>
Successfully built f154cb3ddbd4
Successfully tagged test:latest
```

注： Windows 示例构建可能花费比较长的时间。构建时间长短是由构建过程中要拉取的镜像大小和复杂度决定的。

一旦构建完成，就可以确认主机上是否存在 `test:latest` 镜像。

```
$ docker image ls
REPO      TAG       IMAGE ID        CREATED         SIZE
Test      latest    f154cb3ddbd4    1 minute ago    55.6MB
...
```

读者现在已经拥有一个新的 Docker 镜像，其中包含了应用程序。

从镜像启动容器，并测试应用。

Linux 代码如下。

```
$ docker container run -d \
  --name web1 \
  --publish 8080:8080 \
  test:latest
```

打开 Web 浏览器，在地址栏中输入容器运行所在的 Docker 主机的 DNS 名称或者 IP 地址，并在后面加上端口号 `8080`。然后就能看到图 4.1 的 Web 页面。

如果读者使用的是 Windows 示例或者 Mac 版 Docker，则需要将地址替换为 `localhost:8080` 或者 `127.0.0.1:8080`；如果读者使用的是 Play with Docker，需要单击终端界面上的 `8080` 超链接。

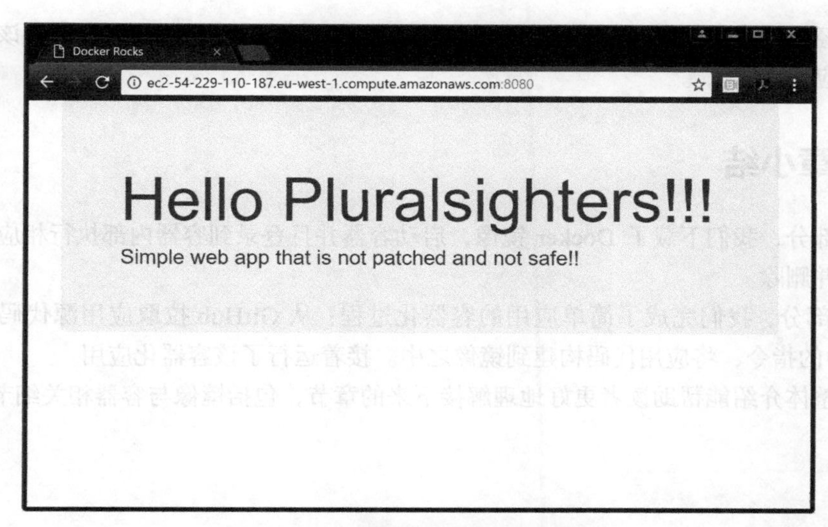

图 4.1　Linux 系统测试应用 Web 界面

Windows 代码如下。

```
> docker container run -d --name web1 --publish 8080:8080 test:latest
```

打开 Web 浏览器，在地址栏中输入容器运行所在的 Docker 主机的 DNS 名称或者 IP 地址，并在后面加上端口号 8080，然后就能看到图 4.2 的 Web 页面。

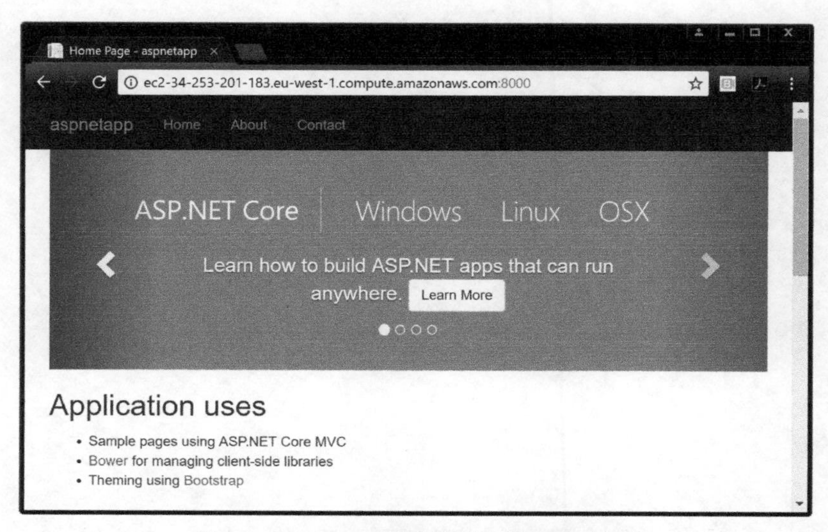

图 4.2　Windows 系统测试应用 Web 界面

如果读者使用的是 Windows 示例或者 Mac 版 Docker，则可参考上面的规则。

读者已经成功将应用代码构建到了 Docker 镜像当中，然后以容器的方式启动该镜像，这个过程叫作“应用容器化”。

4.3 本章小结

在运维部分，我们下载了 Docker 镜像，启动容器并且登录到容器内部执行相应的命令，最后停止容器并删除。

在开发部分，我们完成了简单应用的容器化过程：从 GitHub 拉取应用源代码，并且通过 Dockerfile 中的指令，将应用代码构建到镜像之中。接着运行了该容器化应用。

本章的整体介绍能帮助读者更好地理解接下来的章节，包括镜像与容器相关细节。

第二部分　Docker 技术

第 5 章　Docker 引擎

在本章，我们将快速了解 Docker 引擎的内部原理。

即便不了解本章的内容，也不影响使用 Docker。因此，读者可自行跳过本章。然而，只有理解了某项技术的底层原理，才能算作真正掌握了它。所以，为了成为真正的 Docker 大师，建议阅读本章内容。

本章将仅介绍理论，而不涉及相关练习。

本章属于本书技术篇的一部分，因此按照惯例仍然采用“三步法”，分为 3 个小节来介绍。

- 简介：在排队购买咖啡的时候就能够读完的，两到三段的概述。
- 详解：详细介绍本章知识的细节。
- 命令：快速回顾本章中了解到的相关命令。

下面进入 Docker 引擎的学习吧！

5.1　Docker 引擎——简介

Docker 引擎是用来运行和管理容器的核心软件。通常人们会简单地将其代指为 Docker 或 Docker 平台。如果有读者对 VMware 略知一二，那么可以将 Docker 引擎理解为 ESXi 的角色。

基于开放容器计划（OCI）相关标准的要求，Docker 引擎采用了模块化的设计原则，其组件是可替换的。

从多个角度来看，Docker 引擎就像汽车引擎——二者都是模块化的，并且由许多可交换的部件组成。

- 汽车引擎由许多专用的部件协同工作，从而使汽车可以行驶，例如进气管、节气门、气缸、火花塞、排气管等。
- Docker 引擎由许多专用的工具协同工作，从而可以创建和运行容器，例如 API、执行驱动、运行时、shim 进程等。

至本书撰写时，Docker 引擎由如下主要的组件构成：Docker 客户端（Docker Client）、Docker 守护进程（Docker daemon）、containerd 以及 runc。它们共同负责容器的创建和运行。

总体逻辑如图 5.1 所示。

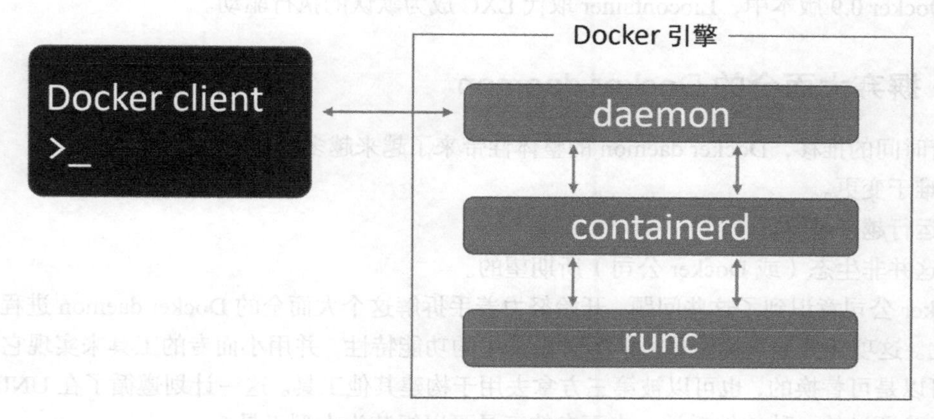

图 5.1 Docker 总体逻辑

本书中，当提到 runc 和 containerd 时，将一律使用小写的“r”和“c”。

5.2 Docker 引擎——详解

Docker 首次发布时，Docker 引擎由两个核心组件构成：LXC 和 Docker daemon。

Docker daemon 是单一的二进制文件，包含诸如 Docker 客户端、Docker API、容器运行时、镜像构建等。

LXC 提供了对诸如命名空间（Namespace）和控制组（CGroup）等基础工具的操作能力，它们是基于 Linux 内核的容器虚拟化技术。

图 5.2 阐释了在 Docker 旧版本中，Docker daemon、LXC 和操作系统之间的交互关系。

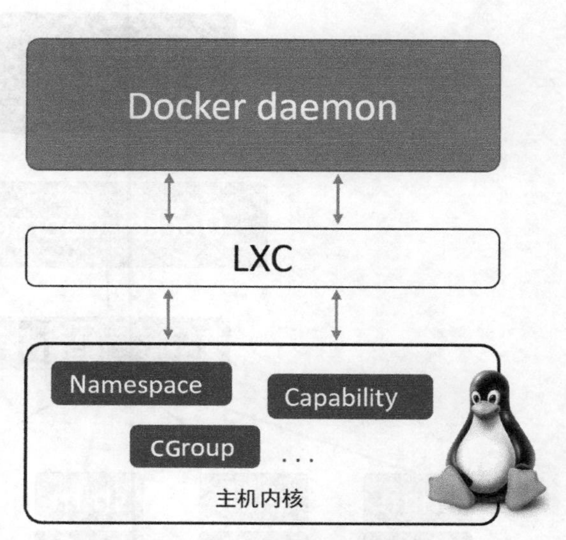

图 5.2 先前的 Docker 架构

5.2.1 摆脱 LXC

对 LXC 的依赖自始至终都是个问题。

首先，LXC 是基于 Linux 的。这对于一个立志于跨平台的项目来说是个问题。

其次，如此核心的组件依赖于外部工具，这会给项目带来巨大风险，甚至影响其发展。

因此，Docker 公司开发了名为 Libcontainer 的自研工具，用于替代 LXC。Libcontainer 的目

标是成为与平台无关的工具，可基于不同内核为 Docker 上层提供必要的容器交互功能。

在 Docker 0.9 版本中，Libcontainer 取代 LXC 成为默认的执行驱动。

5.2.2　摒弃大而全的 Docker daemon

随着时间的推移，Docker daemon 的整体性带来了越来越多的问题。

- 难于变更。
- 运行越来越慢。
- 这并非生态（或 Docker 公司）所期望的。

Docker 公司意识到了这些问题，开始努力着手拆解这个大而全的 Docker daemon 进程，并将其模块化。这项任务的目标是尽可能拆解出其中的功能特性，并用小而专的工具来实现它。这些小工具可以是可替换的，也可以被第三方拿去用于构建其他工具。这一计划遵循了在 UNIX 中得以实践并验证过的一种软件哲学：小而专的工具可以组装为大型工具。

这项拆解和重构 Docker 引擎的工作仍在进行中。不过，所有容器执行和容器运行时的代码已经完全从 daemon 中移除，并重构为小而专的工具。

目前 Docker 引擎的架构示意图如图 5.3 所示，图中有简要的描述。

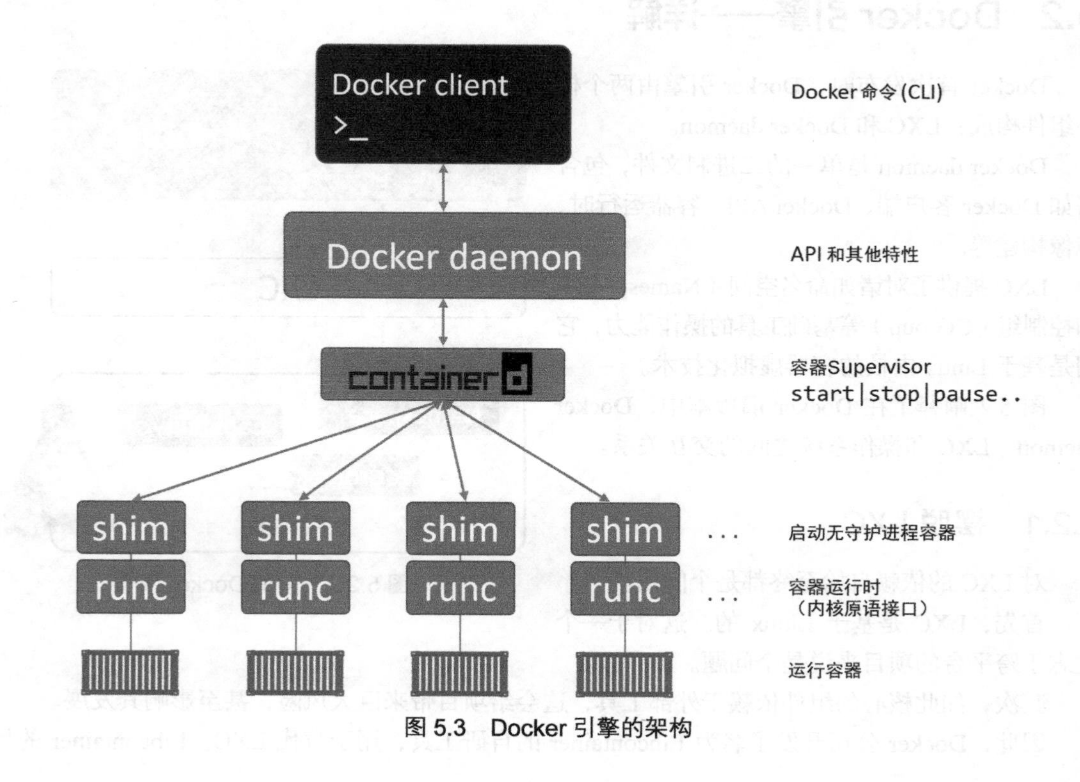

图 5.3　Docker 引擎的架构

5.2.3 开放容器计划（OCI）的影响

当 Docker 公司正在进行 Docker daemon 进程的拆解和重构的时候，OCI 也正在着手定义两个容器相关的规范（或者说标准）。

- 镜像规范。
- 容器运行时规范。

两个规范均于 2017 年 7 月发布了 1.0 版。

Docker 公司参与了这些规范的制定工作，并贡献了许多的代码。

从 Docker 1.11 版本（2016 年初）开始，Docker 引擎尽可能实现了 OCI 的规范。例如，Docker daemon 不再包含任何容器运行时的代码——所有的容器运行代码在一个单独的 OCI 兼容层中实现。默认情况下，Docker 使用 runc 来实现这一点。runc 是 OCI 容器运行时标准的参考实现。如图 5.3 中的 `runc` 容器运行时层。runc 项目的目标之一就是与 OCI 规范保持一致。目前 OCI 规范均为 1.0 版本，我们不希望它们频繁地迭代，毕竟稳定胜于一切。

除此之外，Docker 引擎中的 containerd 组件确保了 Docker 镜像能够以正确的 OCI Bundle 的格式传递给 runc。

注：在 OCI 规范以 1.0 版本正式发布之前，Docker 引擎就已经遵循该规范实现了部分功能。

5.2.4 runc

如前所述，runc 是 OCI 容器运行时规范的参考实现。Docker 公司参与了规范的制定以及 runc 的开发。

去粗取精，会发现 runc 实质上是一个轻量级的、针对 Libcontainer 进行了包装的命令行交互工具（Libcontainer 取代了早期 Docker 架构中的 LXC）。

runc 生来只有一个作用——创建容器，这一点它非常拿手，速度很快！不过它是一个 CLI 包装器，实质上就是一个独立的容器运行时工具。因此直接下载它或基于源码编译二进制文件，即可拥有一个全功能的 runc。但它只是一个基础工具，并不提供类似 Docker 引擎所拥有的丰富功能。

有时也将 runc 所在的那一层称为“OCI 层”，如图 5.3 所示。关于 runc 的发布信息见 GitHub 中 opencontainers/runc 库的 release。

5.2.5 containerd

在对 Docker daemon 的功能进行拆解后，所有的容器执行逻辑被重构到一个新的名为 containerd（发音为 container-dee）的工具中。它的主要任务是容器的生命周期管理——`start | stop | pause | rm`....

containerd在Linux和Windows中以daemon的方式运行，从1.11版本之后Docker就开始在Linux上使用它。Docker引擎技术栈中，containerd位于daemon和runc所在的OCI层之间。Kubernetes也可以通过cri-containerd使用containerd。

如前所述，containerd最初被设计为轻量级的小型工具，仅用于容器的生命周期管理。然而，随着时间的推移，它被赋予了更多的功能，比如镜像管理。

其原因之一在于，这样便于在其他项目中使用它。比如，在Kubernetes中，containerd就是一个很受欢迎的容器运行时。然而在Kubernetes这样的项目中，如果containerd能够完成一些诸如push和pull镜像这样的操作就更好了。因此，如今containerd还能够完成一些除容器生命周期管理之外的操作。不过，所有的额外功能都是模块化的、可选的，便于自行选择所需功能。所以，Kubernetes这样的项目在使用containerd时，可以仅包含所需的功能。

containerd是由Docker公司开发的，并捐献给了云原生计算基金会（Cloud Native Computing Foundation，CNCF）。2017年12月发布了1.0版本，具体的发布信息见GitHub中的containerd/containerd库的releases。

5.2.6 启动一个新的容器（示例）

现在我们对Docker引擎已经有了一个总体认识，也了解了一些历史，下面介绍一下创建新容器的过程。

常用的启动容器的方法就是使用Docker命令行工具。下面的`docker container run`命令会基于`alpine:latest`镜像启动一个新容器。

```
$ docker container run --name ctr1 -it alpine:latest sh
```

当使用Docker命令行工具执行如上命令时，Docker客户端会将其转换为合适的API格式，并发送到正确的API端点。

API是在daemon中实现的。这套功能丰富、基于版本的REST API已经成为Docker的标志，并且被行业接受成为事实上的容器API。

一旦daemon接收到创建新容器的命令，它就会向containerd发出调用。daemon已经不再包含任何创建容器的代码了！

daemon使用一种CRUD风格的API，通过gRPC与containerd进行通信。

虽然名叫containerd，但是它并不负责创建容器，而是指挥runc去做。containerd将Docker镜像转换为OCI bundle，并让runc基于此创建一个新的容器。

然后，runc与操作系统内核接口进行通信，基于所有必要的工具（Namespace、CGroup等）来创建容器。容器进程作为runc的子进程启动，启动完毕后，runc将会退出。

现在，容器启动完毕了。整个过程如图5.4所示。

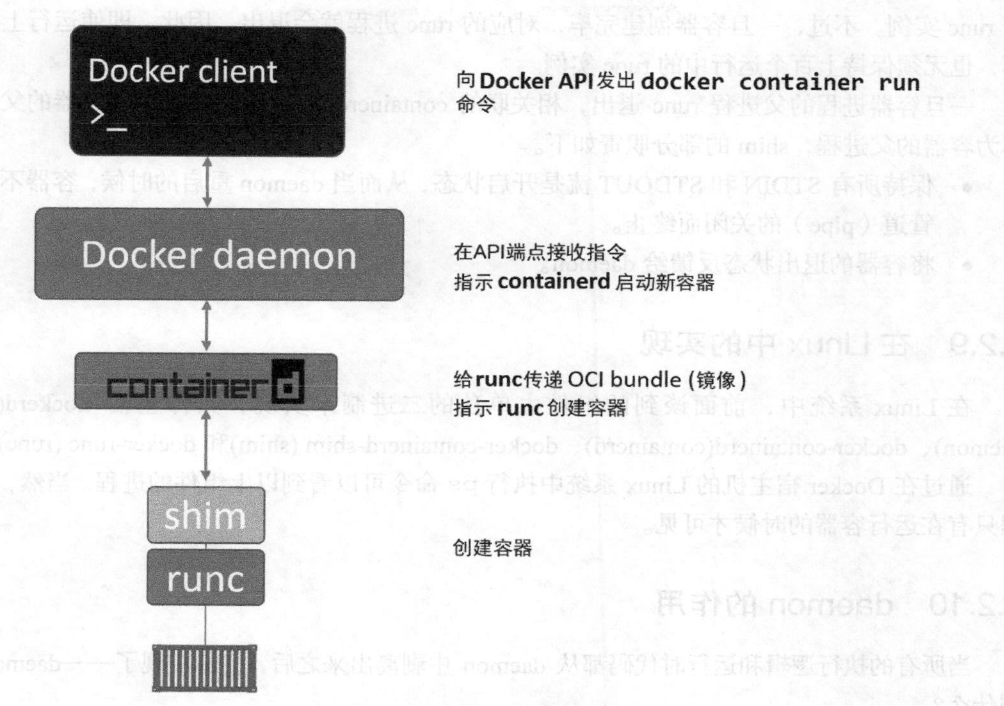

图 5.4　启动新容器的过程

5.2.7　该模型的显著优势

将所有的用于启动、管理容器的逻辑和代码从 daemon 中移除，意味着容器运行时与 Docker daemon 是解耦的，有时称之为“无守护进程的容器（daemonless container）”，如此，对 Docker daemon 的维护和升级工作不会影响到运行中的容器。

在旧模型中，所有容器运行时的逻辑都在 daemon 中实现，启动和停止 daemon 会导致宿主机上所有运行中的容器被杀掉。这在生产环境中是一个大问题——想一想新版 Docker 的发布频次吧！每次 daemon 的升级都会杀掉宿主机上所有的容器，这太糟了！

幸运的是，这已经不再是个问题。

5.2.8　shim

本章中的部分图片展示了 shim 组件。

shim 是实现无 daemon 的容器（如 5.2.7 节所述，用于将运行中的容器与 daemon 解耦，以便进行 daemon 升级等操作）不可或缺的工具。

前面提到，containerd 指挥 runc 来创建新容器。事实上，每次创建容器时它都会 fork 一个新的 runc 实例。不过，一旦容器创建完毕，对应的 runc 进程就会退出。因此，即使运行上百个容器，也无须保持上百个运行中的 runc 实例。

一旦容器进程的父进程 runc 退出，相关联的 containerd-shim 进程就会成为容器的父进程。作为容器的父进程，shim 的部分职责如下。

- 保持所有 STDIN 和 STDOUT 流是开启状态，从而当 daemon 重启的时候，容器不会因为管道（pipe）的关闭而终止。
- 将容器的退出状态反馈给 daemon。

5.2.9　在 Linux 中的实现

在 Linux 系统中，前面谈到的组件由单独的二进制来实现，具体包括 dockerd(Docker daemon)、docker-containerd(containerd)、docker-containerd-shim (shim)和 docker-runc (runc)。

通过在 Docker 宿主机的 Linux 系统中执行 `ps` 命令可以看到以上组件的进程。当然，有些进程只有在运行容器的时候才可见。

5.2.10　daemon 的作用

当所有的执行逻辑和运行时代码都从 daemon 中剥离出来之后，问题出现了——daemon 中还剩什么？

显然，随着越来越多的功能从 daemon 中拆解出来并被模块化，这一问题的答案也会发生变化。不过，当本书撰写时，daemon 的主要功能包括镜像管理、镜像构建、REST API、身份验证、安全、核心网络以及编排。

5.3　本章小结

基于 OCI 的开放标准，Docker 引擎目前采用模块化设计。

Docker daemon 实现了 Docker API，该 API 是一套功能丰富、基于版本的 HTTP API，并且随着其他 Docker 项目的开发而演化。

对容器的操作由 containerd 完成。containerd 由 Docker 公司开发，并贡献给了 CNCF。它可以被看作是负责容器生命周期相关操作的容器管理器。它小巧而轻量，可被其他项目或第三方工具使用。例如，它已成为 Kubernetes 中默认的、常见的容器运行时。

containerd 需要指挥与 OCI 兼容的容器运行时来创建容器。默认情况下，Docker 使用 runc 作为其默认的容器运行时。runc 已经是 OCI 容器运行时规范的事实上的实现了，它使用与 OCI 兼容的 bundle 来启动容器。containerd 调用 runc，并确保 Docker 镜像以 OCI bundle 的格式交给 runc。

runc 可以作为独立的 CLI 工具来创建容器。它基于 Libcontainer，也可被其他项目或第三方工具使用。

仍然有许多的功能是在 Docker daemon 中实现的。其中的多数功能可能会随着时间的推移被拆解掉。目前 Docker daemon 中依然存在的功能包括但不限于 API、镜像管理、身份认证、安全特性、核心网络以及卷。

Docker 引擎的模块化工作仍在进行中。

第 6 章　Docker 镜像

在本章中会深入介绍 Docker 镜像的相关内容。本章的目标是能帮助读者建立 Docker 镜像的**整体认知**，并且了解镜像的相关基础操作。在接下来的章节中，本书会向读者展示如何构建一个包含应用的镜像（应用容器化）。

按照惯例，本章节分为如下 3 个部分。

- 简介。
- 详解。
- 命令。

接下来开始关于镜像的学习吧！

6.1　Docker 镜像——简介

如果读者之前曾经是 VM 管理员，则可以把 Docker 镜像理解为 VM 模板，VM 模板就像停止运行的 VM，而 Docker 镜像就像停止运行的容器；如果读者是一名研发人员，可以将镜像理解为类（Class）。

读者需要先从镜像仓库服务中拉取镜像。常见的镜像仓库服务是 Docker Hub，但是也存在其他镜像仓库服务。拉取操作会将镜像下载到本地 Docker 主机，读者可以使用该镜像启动一个或者多个容器。

镜像由多个层组成，每层叠加之后，从外部看来就如一个独立的对象。镜像内部是一个精简的操作系统（OS），同时还包含应用运行所必须的文件和依赖包。因为容器的设计初衷就是快速和小巧，所以镜像通常都比较小。

恭喜，读者已经对 Docker 镜像有了大致了解，现在是时候介绍更多细节了！

6.2　Docker 镜像——详解

前面多次提到镜像就像停止运行的容器（类）。实际上，读者可以停止某个容器的运行，并从中创建新的镜像。在该前提下，镜像可以理解为一种构建时（build-time）结构，而容器可以理解为一种运行时（run-time）结构，如图 6.1 所示。

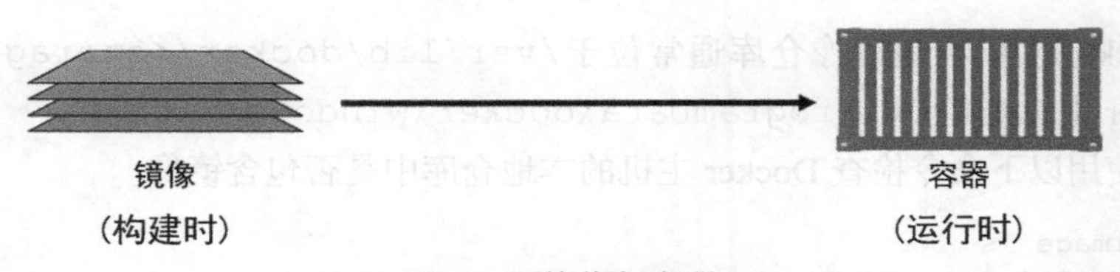

图 6.1 镜像与容器

6.2.1 镜像和容器

图 6.1 从顶层设计层面展示了镜像和容器间的关系。通常使用 docker container run 和 docker service create 命令从某个镜像启动一个或多个容器。一旦容器从镜像启动后，二者之间就变成了互相依赖的关系，并且在镜像上启动的容器全部停止之前，镜像是无法被删除的。尝试删除镜像而不停止或销毁使用它的容器，会导致下面的错误。

```
$ docker image rm <image-name>
Error response from daemon: conflict: unable to remove repository reference \
"<image-name>" (must force) - container <container-id> is using its referenc\
ed image <image-id>
```

6.2.2 镜像通常比较小

容器目的就是运行应用或者服务，这意味着容器的镜像中必须包含应用/服务运行所必需的操作系统和应用文件。但是，容器又追求快速和小巧，这意味着构建镜像的时候通常需要裁剪掉不必要的部分，保持较小的体积。

例如，Docker 镜像通常不会包含 6 个不同的 Shell 让读者选择——通常 Docker 镜像中只有一个精简的 Shell，甚至没有 Shell。镜像中还不包含内核——容器都是共享所在 Docker 主机的内核。所以有时会说容器仅包含必要的操作系统（通常只有操作系统文件和文件系统对象）。

注：Hyper-V 容器运行在专用的轻量级 VM 上，同时利用 VM 内部的操作系统内核。

Docker 官方镜像 Alpine Linux 大约只有 4MB，可以说是 Docker 镜像小巧这一特点的比较典型的例子。这可不是写错了！确实只有大约 4MB！但是，镜像更常见的状态是如 Ubuntu 官方的 Docker 镜像一般，大约有 110MB。这些镜像中都已裁剪掉大部分的无用内容。

Windows 镜像要比 Linux 镜像大一些，这与 Windows OS 工作原理相关。比如，未压缩的最新 Microsoft .NET 镜像（microsoft/dotnet:latest）超过 1.7GB。Windows Server 2016 Nano Server 镜像（microsoft/nanoserver:latest）在拉取并解压后，其体积略大于 1GB。

6.2.3 拉取镜像

Docker 主机安装之后，本地并没有镜像。

Linux Docker主机本地镜像仓库通常位于/var/lib/docker/<storage-driver>，Windows Docker主机则是C:\ProgramData\docker\windowsfilter。

读者可以使用以下命令检查Docker主机的本地仓库中是否包含镜像。

```
$ docker image ls
REPOSITORY  TAG      IMAGE ID     CREATED      SIZE
```

将镜像取到Docker主机本地的操作是拉取。所以，如果读者想在Docker主机使用最新的Ubuntu镜像，需要拉取它。通过下面的命令可以将镜像拉取到本地，并观察其大小。

注：如果读者参考Linux示例，并且还没有将当前用户加入到本地Docker UNIX组中，则需要在下面的命令前面添加sudo。

Linux示例如下。

```
$ docker image pull ubuntu:latest

latest: Pulling from library/ubuntu
b6f892c0043b: Pull  complete
55010f332b04: Pull  complete
2955fb827c94: Pull  complete
3deef3fcbd30: Pull  complete
cf9722e506aa: Pull  complete
Digest: sha256:38245....44463c62a9848133ecb1aa8
Status: Downloaded newer image for ubuntu:latest

$ docker image pull alpine:latest

latest: Pulling from library/alpine cfc728c1c558:
Pull complete
Digest: sha256:c0537...497c0a7726c88e2bb7584dc96
Status: Downloaded newer image for alpine:latest

$ docker image ls

REPOSITORY  TAG     IMAGE ID      CREATED      SIZE
ubuntu      latest  ebcd9d4fca80  3 days ago   118MB
alpine      latest  02674b9cb179  8 days ago   3.99MB
```

Windows示例如下。

```
> docker image pull microsoft/powershell:nanoserver

nanoserver: Pulling from microsoft/powershell
bce2fbc256ea: Pull complete
58f68fa0ceda: Pull complete
04083aac0446: Pull complete
e42e2e34b3c8: Pull complete
0c10d79c24d4: Pull complete
715cb214dca4: Pull complete
a4837c9c9af3: Pull complete
```

```
2c79a32d92ed: Pull complete
11a9edd5694f: Pull complete
d223b37dbed9: Pull complete
aee0b4393afb: Pull complete
0288d4577536: Pull complete
8055826c4f25: Pull complete
Digest: sha256:090fe875...fdd9a8779592ea50c9d4524842
Status: Downloaded newer image for microsoft/powershell:nanoserver
>
> docker image pull microsoft/dotnet:latest

latest: Pulling from microsoft/dotnet
bce2fbc256ea: Already exists
4a8c367fd46d: Pull complete
9f49060f1112: Pull complete
0334ad7e5880: Pull complete
ea8546db77c6: Pull complete
710880d5cbd5: Pull complete
d665d26d9a25: Pull complete
caa8d44fb0b1: Pull complete
cfd178ff221e: Pull complete
Digest: sha256:530343cd483dc3e1...6f0378e24310bd67d2a
Status: Downloaded newer image for microsoft/dotnet:latest
>
> docker image ls
REPOSITORY             TAG          IMAGE ID    CREATED      SIZE
microsoft/dotnet       latest       831..686d   7 hrs ago    1.65 GB
microsoft/powershell   nanoserver   d06..5427   8 days ago   1.21 GB
```

就像读者看到的一样，刚才拉取的镜像已经存在于 Docker 主机本地仓库中。同时可以看到 Windows 镜像要远大于 Linux 镜像，镜像中分层也更多。

6.2.4 镜像命名

在上面的每条命令中，都需要指定所拉取的具体镜像。所以本书在这里花几分钟介绍一下镜像命名。在此之前，要先了解一些镜像存储相关的背景知识。

6.2.5 镜像仓库服务

Docker 镜像存储在镜像仓库服务（Image Registry）当中。Docker 客户端的镜像仓库服务是可配置的，默认使用 Docker Hub。本书接下来的内容中也是采用 Docker Hub。

镜像仓库服务包含多个镜像仓库（Image Repository）。同样，一个镜像仓库中可以包含多个镜像。可能这听起来让人有些迷惑，所以图 6.2 展示了包含 3 个镜像仓库的镜像仓库服务，其中每个镜像仓库都包含一个或多个镜像。

官方和非官方镜像仓库

Docker Hub 也分为官方仓库（Official Repository）和非官方仓库（Unofficial Repository）。

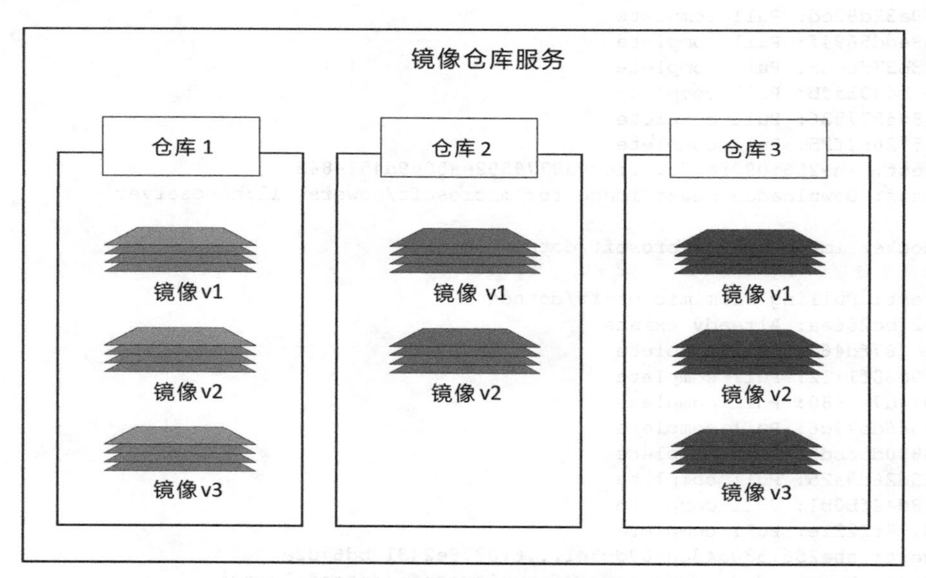

图 6.2 包含 3 个镜像仓库的镜像仓库服务

顾名思义，官方仓库中的镜像是由 Docker 公司审查的。这意味着其中的镜像会及时更新，由高质量的代码构成，这些代码是安全的，有完善的文档和最佳实践（请原谅本书连续使用了 5 个形容词）。

非官方仓库更像江湖侠客，其中的镜像不一定具备官方仓库的优点，但这并不意味着所有非官方仓库都是不好的！非官方仓库中也有一些很优秀的镜像。读者需要做的是在信任非官方仓库镜像代码之前保持谨慎。说实话，读者在使用任何从互联网上下载的软件之前，都要小心，甚至是使用那些来自官方仓库的镜像时也应如此。

大部分流行的操作系统和应用在 Docker Hub 的官方仓库中都有其对应镜像。这些镜像很容易找到，基本都在 Docker Hub 命名空间的顶层。

我的仓库中的镜像不仅未审查，也未及时更新，不安全且不包含完善文档，读者还应当注意到这些镜像并未在 Docker Hub 命名空间中顶层的位置展示。这些镜像仓库都在一个二级命名空间 nigelpoultion 之中。

读者可能还注意到了本书中使用的 Microsoft 镜像也没有在 Docker Hub 命名空间之中。在本书编写的时候，这些镜像都在 `microsoft` 二级空间之下。

基于上面讨论的内容，本书接下来解释一下 Docker 命令行中是如何定位镜像的。

6.2.6 镜像命名和标签

只需要给出镜像的名字和标签，就能在官方仓库中定位一个镜像（采用“:”分隔）。从官方仓库拉取镜像时，docker image pull 命令的格式如下。

```
docker image pull <repository>:<tag>
```

在之前的 Linux 示例中，通过下面的两条命令完成 Alpine 和 Ubuntu 镜像的拉取。

```
docker image pull alpine:latest
docker image pull ubuntu:latest
```

这两条命令从 alpine 和 ubuntu 仓库拉取了标有“latest”标签的镜像。

下面的示例展示了如何从官方仓库拉取不同的镜像。

```
$ docker image pull mongo:3.3.11
//该命令会从官方 Mongo 库拉取标签为 3.3.11 的镜像

$ docker image pull redis:latest
//该命令会从官方 Redis 库拉取标签为 latest 的镜像

$ docker image pull alpine
//该命令会从官方 Alpine 库拉取标签为 latest 的镜像
```

关于上述命令，需要注意以下几点。

首先，如果没有在仓库名称后指定具体的镜像标签，则 Docker 会假设用户希望拉取标签为 latest 的镜像。

其次，标签为 latest 的镜像没有什么特殊魔力！标有 latest 标签的镜像不保证这是仓库中最新的镜像！例如，Alpine 仓库中最新的镜像通常标签是 edge。通常来讲，使用 latest 标签时需要谨慎！

从非官方仓库拉取镜像也是类似的，读者只需要在仓库名称面前加上 Docker Hub 的用户名或者组织名称。下面的示例展示了如何从 tu-demo 仓库中拉取 v2 这个镜像，其中镜像的拥有者是 Docker Hub 账户 nigelpoulton，一个不应该被信任的账户。

```
$ docker image pull nigelpoulton/tu-demo:v2
//该命令会从以我自己的 Docker Hub 账号为命名空间的 tu-demo 库中下载标签为 v2 的镜像
```

在之前的 Windows 示例中，使用下面的两条命令拉取了 PowerShell 和.NET 镜像。

```
> docker image pull microsoft/powershell:nanoserver

> docker image pull microsoft/dotnet:latest
```

第一条命令从 microsoft/powershell 仓库中拉取了标签为 nanoserver 的镜像，第二条命令从 microsoft/dotnet 仓库中拉取了标签为 latest 的镜像。

如果读者希望从第三方镜像仓库服务获取镜像（非 Docker Hub），则需要在镜像仓库名称前加上第三方镜像仓库服务的 DNS 名称。假设上面的示例中的镜像位于 Google 容器镜像仓库服务（GCR）中，则需要在仓库名称前面加上 gcr.io，如 docker pull gcr.io/nigelpoulton/tu-demo:v2（这个仓库和镜像并不存在）。

读者可能需要拥有第三方镜像仓库服务的账户，并在拉取镜像前完成登录。

6.2.7 为镜像打多个标签

关于镜像有一点不得不提，一个镜像可以根据用户需要设置多个标签。这是因为标签是存放在镜像元数据中的任意数字或字符串。一起来看下面的示例。

在 docker image pull 命令中指定-a 参数来拉取仓库中的全部镜像。接下来可以通过运行 docker image ls 查看已经拉取的镜像。如果读者使用 Windows 示例，则可以将 Linux 示例中的镜像仓库 nigelpoulton/tu-demo 替换为 microsoft/nanoserver。

> **注：** 如果拉取的镜像仓库中包含用于多个平台或者架构的镜像，比如同时包含 Linux 和 Windows 的镜像，那么命令可能会失败。

```
$ docker image pull -a nigelpoulton/tu-demo

latest: Pulling from nigelpoulton/tu-demo
237d5fcd25cf: Pull complete
a3ed95caeb02: Pull complete
<Snip>
Digest: sha256:42e34e546cee61adb1...3a0c5b53f324a9e1c1aae451e9
v1: Pulling from nigelpoulton/tu-demo
237d5fcd25cf: Already exists
a3ed95caeb02: Already exists
<Snip>
Digest: sha256:9ccc0c67e5c5eaae4b...624c1d5c80f2c9623cbcc9b59a
v2: Pulling from nigelpoulton/tu-demo
237d5fcd25cf: Already exists
a3ed95caeb02: Already exists
<Snip>
Digest: sha256:d3c0d8c9d5719d31b7...9fef58a7e038cf0ef2ba5eb74c
Status: Downloaded newer image for nigelpoulton/tu-demo

$ docker image ls
REPOSITORY               TAG     IMAGE ID       CREATED    SIZE
nigelpoulton/tu-demo     v2      6ac21e..bead   1 yr ago   211.6 MB
nigelpoulton/tu-demo     latest  9b915a..1e29   1 yr ago   211.6 MB
nigelpoulton/tu-demo     v1      9b915a..1e29   1 yr ago   211.6 MB
```

刚才发生了如下几件事情。

首先，该命令从 nigelpoulton/tu-demo 仓库拉取了 3 个镜像：latest、v1 以及 v2。

其次，注意看 docker image ls 命令输出中的 IMAGE ID 这一列。读者会发现只有两个不同的 Image ID。这是因为实际只下载了两个镜像，其中有两个标签指向了相同的镜像。换句话说，其中一个镜像拥有两个标签。如果读者仔细观察会发现 v1 和 latest 标签指向了相同的 IMAGE ID，这意味着这两个标签属于相同的镜像。

这个示例也完美证明了前文中关于 latest 标签使用的警告。在本例中，latest 标签指向了 v1 标签的镜像。这意味着 latest 实际指向了两个镜像中较早的那个版本，而不是最新的版本！latest是一个非强制标签，不保证指向仓库中最新的镜像！

6.2.8 过滤docker image ls的输出内容

Docker提供--filter参数来过滤docker image ls命令返回的镜像列表内容。

下面的示例只会返回悬虚（dangling）镜像。

```
$ docker image ls --filter dangling=true
REPOSITORY    TAG       IMAGE ID       CREATED      SIZE
<none>        <none>    4fd34165afe0   7 days ago   14.5MB
```

那些没有标签的镜像被称为悬虚镜像，在列表中展示为<none>:<none>。通常出现这种情况，是因为构建了一个新镜像，然后为该镜像打了一个已经存在的标签。当此情况出现，Docker会构建新的镜像，然后发现已经有镜像包含相同的标签，接着Docker会移除旧镜像上面的标签，将该标签标在新的镜像之上。例如，首先基于alpine:3.4构建一个新的镜像，并打上dodge:challenger标签。然后更新Dockerfile，将alpine:3.4替换为alpine:3.5，并且再次执行docker image build命令。该命令会构建一个新的镜像，并且标签为dodge:challenger，同时移除了旧镜像上面对应的标签，旧镜像就变成了悬虚镜像。

可以通过docker image prune命令移除全部的悬虚镜像。如果添加了-a参数，Docker会额外移除没有被使用的镜像（那些没有被任何容器使用的镜像）。

Docker目前支持如下的过滤器。

- dangling：可以指定true或者false，仅返回悬虚镜像（true），或者非悬虚镜像（false）。
- before：需要镜像名称或者ID作为参数，返回在指定镜像之前被创建的全部镜像。
- since：与before类似，不过返回的是指定镜像之后创建的全部镜像。
- label：根据标注（label）的名称或者值，对镜像进行过滤。docker image ls命令输出中不显示标注内容。

其他的过滤方式可以使用reference。

下面就是使用reference完成过滤并且仅显示标签为latest的示例。

```
$ docker image ls --filter reference="*:latest"
REPOSITORY   TAG      IMAGE ID       CREATED      SIZE
alpine       latest   3fd9065eaf02   8 days ago   4.15MB
test         latest   8426e7efb777   3 days ago   122MB
```

读者也可以使用--format参数来通过Go模板对输出内容进行格式化。例如，下面的指令将只返回Docker主机上镜像的大小属性。

```
$ docker image ls --format "{{.Size}}"
99.3MB
111MB
82.6MB
88.8MB
```

```
4.15MB
108MB
```

使用下面命令返回全部镜像，但是只显示仓库、标签和大小信息。

```
$ docker image ls --format "{{.Repository}}: {{.Tag}}: {{.Size}}"
dodge:  challenger: 99.3MB
ubuntu: latest:     111MB
python: 3.4-alpine: 82.6MB
python: 3.5-alpine: 88.8MB
alpine: latest:     4.15MB
nginx:  latest:     108MB
```

如果读者需要更复杂的过滤，可以使用 OS 或者 Shell 自带的工具，比如 Grep 或者 AWK 。

6.2.9 通过 CLI 方式搜索 Docker Hub

docker search 命令允许通过 CLI 的方式搜索 Docker Hub。读者可以通过“NAME”字段的内容进行匹配，并且基于返回内容中任意列的值进行过滤。

简单模式下，该命令会搜索所有“NAME”字段中包含特定字符串的仓库。例如，下面的命令会查找所有“NAME”包含“nigelpoulton”的仓库。

```
$ docker search nigelpoulton
NAME                          DESCRIPTION                 STARS   AUTOMATED
nigelpoulton/pluralsight..    Web app used in...          8       [OK]
nigelpoulton/tu-demo                                      7
nigelpoulton/k8sbook          Kubernetes Book web app     1
nigelpoulton/web-fe1          Web front end example       0
nigelpoulton/hello-cloud      Quick hello-world image     0
```

“NAME”字段是仓库名称，包含了 Docker ID，或者非官方仓库的组织名称。例如，下面的命令会列出所有仓库名称中包含“alpine”的镜像。

```
$ docker search alpine
NAME                     DESCRIPTION            STARS    OFFICIAL    AUTOMATED
alpine                   A minimal Docker..     2988     [OK]
mhart/alpine-node        Minimal Node.js..      332
anapsix/alpine-java      Oracle Java 8...       270                  [OK]
<Snip>
```

需要注意，上面返回的镜像中既有官方的也有非官方的。读者可以使用--filter "is-official=true"，使命令返回内容只显示官方镜像。

```
$ docker search alpine --filter "is-official=true"
NAME                     DESCRIPTION            STARS    OFFICIAL    AUTOMATED
alpine                   A minimal Docker..     2988     [OK]
```

重复前面的操作，但这次只显示自动创建的仓库。

```
$ docker search alpine --filter "is-automated=true"
NAME                         DESCRIPTION                     OFFICIAL    AUTOMATED
```

```
anapsix/alpine-java           Oracle Java 8 (and 7)..              [OK]
frolvlad/alpine-glibc         Alpine Docker image..                [OK]
kiasaki/alpine-postgres       PostgreSQL docker..                  [OK]
zzrot/alpine-caddy            Caddy Server Docker..                [OK]
<Snip>
```

关于 docker search 需要注意的最后一点是，默认情况下，Docker 只返回 25 行结果。但是，读者可以指定--limit 参数来增加返回内容行数，最多为 100 行。

6.2.10 镜像和分层

Docker 镜像由一些松耦合的只读镜像层组成。如图 6.3 所示。

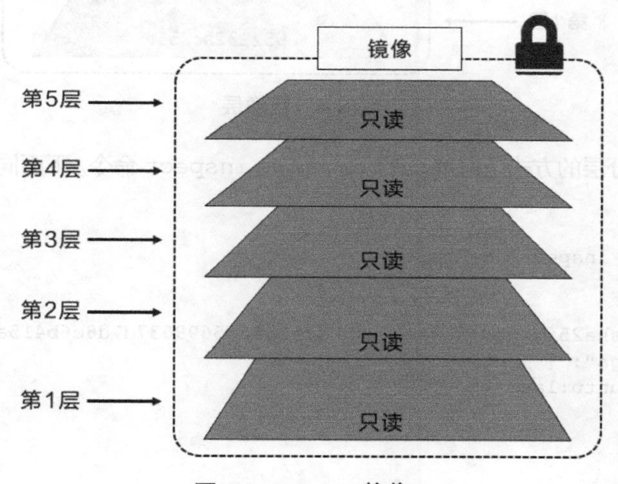

图 6.3 Docker 镜像

Docker 负责堆叠这些镜像层，并且将它们表示为单个统一的对象。

有多种方式可以查看和检查构成某个镜像的分层，本书在前面已经展示了其中一种。接下来再回顾一下 docker image pull ubuntu:latest 命令的输出内容。

```
$ docker image pull ubuntu:latest
latest: Pulling from library/ubuntu
952132ac251a: Pull  complete
82659f8f1b76: Pull  complete
c19118ca682d: Pull  complete
8296858250fe: Pull  complete
24e0251a0e2c: Pull complete
Digest: sha256:f4691c96e6bbaa99d...28ae95a60369c506dd6e6f6ab
Status: Downloaded newer image for ubuntu:latest
```

在上面输出内容中，以 Pull complete 结尾的每一行都代表了镜像中某个被拉取的镜像层。可以看到，这个镜像包含 5 个镜像层。图 6.4 以图片形式将镜像层 ID 作为标识展示了这些分层。

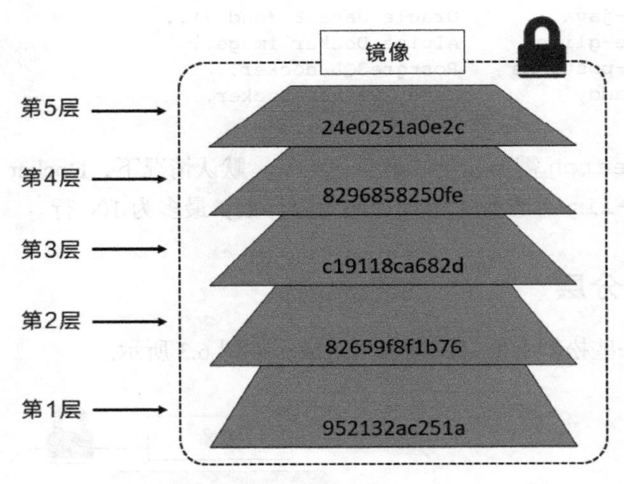

图 6.4 镜像层

另一种查看镜像分层的方式是通过 docker image inspect 命令。下面同样以 ubuntu:latest 镜像为例。

```
$ docker image inspect ubuntu:latest
[
    {
        "Id": "sha256:bd3d4369ae.......fa2645f5699037d7d8c6b415a10",
        "RepoTags": [
            "ubuntu:latest"

        <Snip>

        "RootFS": {
            "Type": "layers",
            "Layers": [
                "sha256:c8a75145fc...894129005e461a43875a094b93412",
                "sha256:c6f2b330b6...7214ed6aac305dd03f70b95cdc610",
                "sha256:055757a193...3a9565d78962c7f368d5ac5984998",
                "sha256:4837348061...12695f548406ea77feb5074e195e3",
                "sha256:0cad5e07ba...4bae4cfc66b376265e16c32a0aae9"
            ]
        }
    }
]
```

缩减之后的输出也显示该镜像包含 5 个镜像层。只不过这次的输出内容中使用了镜像的 SHA256 散列值来标识镜像层。不过，两种命令都显示了镜像包含 5 个镜像层。

注： docker history 命令显示了镜像的构建历史记录，但其并不是严格意义上的镜像分层。例如，有些 Dockerfile 中的指令并不会创建新的镜像层。比如 ENV、EXPOSE、CMD 以及 ENTRYPOINT。不过，这些命令会在镜像中添加元数据。

所有的 Docker 镜像都起始于一个基础镜像层，当进行修改或增加新的内容时，就会在当前镜像层之上，创建新的镜像层。

举一个简单的例子，假如基于 Ubuntu Linux 16.04 创建一个新的镜像，这就是新镜像的第一层；如果在该镜像中添加 Python 包，就会在基础镜像层之上创建第二个镜像层；如果继续添加一个安全补丁，就会创建第三个镜像层。该镜像当前已经包含 3 个镜像层，如图 6.5 所示（这只是一个用于演示的很简单的例子）。

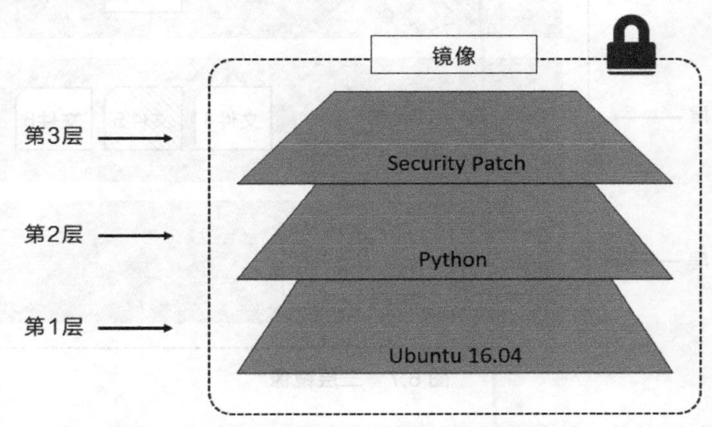

图 6.5 基于 Ubuntu Linux 16.04 创建镜像

在添加额外的镜像层的同时，镜像始终保持是当前所有镜像层的组合，理解这一点非常重要。图 6.6 中举了一个简单的例子，每个镜像层包含 3 个文件，而镜像包含了来自两个镜像层的 6 个文件。

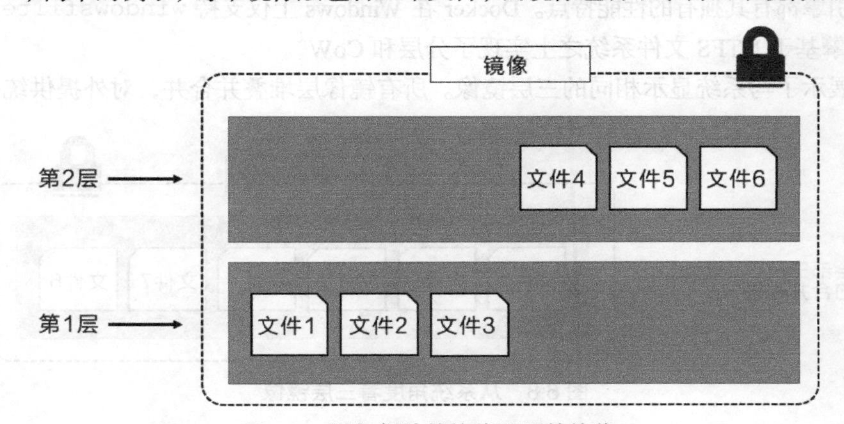

图 6.6 添加额外的镜像层后的镜像

注：图 6.6 中的镜像层跟之前图中的略有区别，主要目的是便于展示文件。

图 6.7 中展示了一个稍微复杂的三层镜像，在外部看来整个镜像只有 6 个文件，这是因为最上层中的文件 7 是文件 5 的一个更新版本。这种情况下，上层镜像层中的文件覆盖了底层镜像层

中的文件。这样就使得文件的更新版本作为一个新镜像层添加到镜像当中。

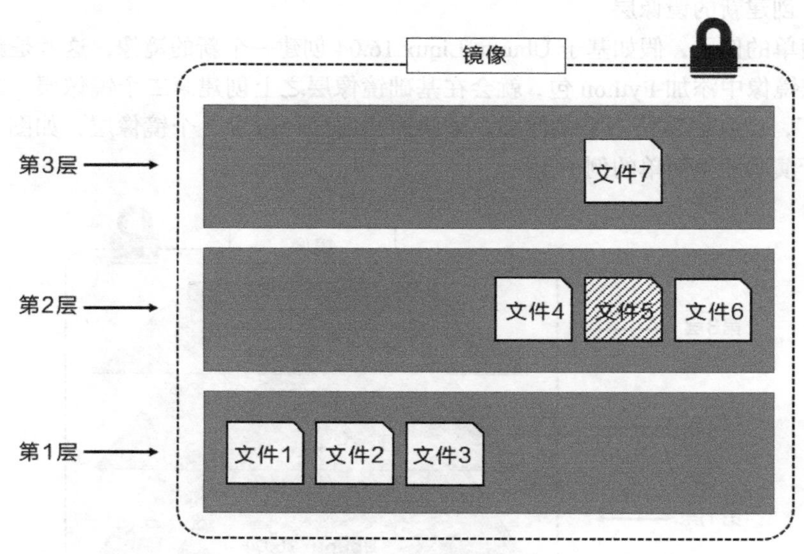

图 6.7　三层镜像

Docker 通过存储引擎（新版本采用快照机制）的方式来实现镜像层堆栈，并保证多镜像层对外展示为统一的文件系统。Linux 上可用的存储引擎有 `AUFS`、`Overlay2`、`Device Mapper`、`Btrfs` 以及 `ZFS`。顾名思义，每种存储引擎都基于 Linux 中对应的文件系统或者块设备技术，并且每种存储引擎都有其独有的性能特点。Docker 在 Windows 上仅支持 `windowsfilter` 一种存储引擎，该引擎基于 NTFS 文件系统之上实现了分层和 CoW[①]。

图 6.8 展示了与系统显示相同的三层镜像。所有镜像层堆叠并合并，对外提供统一的视图。

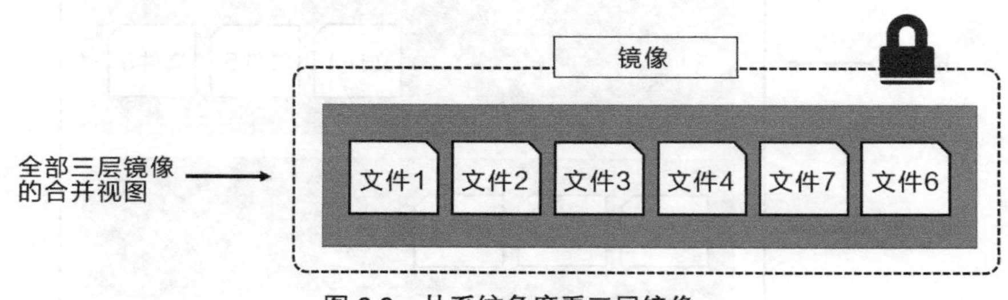

图 6.8　从系统角度看三层镜像

6.2.11　共享镜像层

多个镜像之间可以并且确实会共享镜像层。这样可以有效节省空间并提升性能。

① 写时复制。——译者注

请再回顾一下之前用于拉取 nigelpoulton/tu-demo 仓库下全部包含标签的 docker image pull 命令（包含-a 参数）。

```
$ docker image pull -a nigelpoulton/tu-demo
latest: Pulling from nigelpoulton/tu-demo
237d5fcd25cf: Pull complete
a3ed95caeb02: Pull complete
<Snip>
Digest: sha256:42e34e546cee61adb100...a0c5b53f324a9e1c1aae451e9

v1: Pulling from nigelpoulton/tu-demo
237d5fcd25cf: Already exists
a3ed95caeb02: Already exists
<Snip>
Digest: sha256:9ccc0c67e5c5eaae4beb...24c1d5c80f2c9623cbcc9b59a

v2: Pulling from nigelpoulton/tu-demo
237d5fcd25cf: Already exists
a3ed95caeb02: Already exists
<Snip>
eab5aaac65de: Pull complete
Digest: sha256:d3c0d8c9d5719d31b79c...fef58a7e038cf0ef2ba5eb74c

Status: Downloaded newer image for nigelpoulton/tu-demo

$ docker image ls
REPOSITORY              TAG      IMAGE ID    CREATED       SIZE
nigelpoulton/tu-demo    v2       6ac...ead   4 months ago  211.6 MB
nigelpoulton/tu-demo    latest   9b9...e29   4 months ago  211.6 MB
nigelpoulton/tu-demo    v1       9b9...e29   4 months ago  211.6 MB
```

注意那些以 Already exists 结尾的行。

由这几行可见，Docker 很聪明，可以识别出要拉取的镜像中，哪几层已经在本地存在。在本例中，Docker 首先尝试拉取标签为 latest 的镜像。然后，当拉取标签为 v1 和 v2 的镜像时，Docker 注意到组成这两个镜像的镜像层，有一部分已经存在了。出现这种情况的原因是前面 3 个镜像相似度很高，所以共享了很多镜像层。

如前所述，Docker 在 Linux 上支持很多存储引擎（Snapshotter）。每个存储引擎都有自己的镜像分层、镜像层共享以及写时复制（CoW）技术的具体实现。但是，其最终效果和用户体验是完全一致的。尽管 Windows 只支持一种存储引擎，还是可以提供与 Linux 相同的功能体验。

6.2.12 根据摘要拉取镜像

到目前为止，本书向读者介绍了如何通过标签来拉取镜像，这也是常见的方式。但问题是，标签是可变的！这意味着可能偶尔出现给镜像打错标签的情况，有时甚至会给新镜像打一个已经存在的标签。这些都可能导致问题！

假设镜像 golftrack:1.5 存在一个已知的 Bug。因此可以拉取该镜像后修复它，并使用相同的标签将更新的镜像重新推送回仓库。

一起来思考下刚才发生了什么。镜像 golftrack:1.5 存在 Bug，这个镜像已经应用于生产环境。如果创建一个新版本的镜像，并修复了这个 Bug。那么问题来了，构建新镜像并将其推送回仓库时使用了与问题镜像相同的标签！原镜像被覆盖，但在生产环境中遗留了大量运行中的容器，没有什么好办法区分正在使用的镜像版本是修复前还是修复后的，因为两个镜像的标签是相同的！

是时候轮到镜像摘要（Image Digest）出马了。

Docker 1.10 中引入了新的内容寻址存储模型。作为模型的一部分，每一个镜像现在都有一个基于其内容的密码散列值。为了讨论方便，本书用摘要代指这个散列值。因为摘要是镜像内容的一个散列值，所以镜像内容的变更一定会导致散列值的改变。这意味着摘要是不可变的。这种方式可以解决前面讨论的问题。

每次拉取镜像，摘要都会作为 docker image pull 命令返回代码的一部分。只需要在 docker image ls 命令之后添加--digests 参数即可在本地查看镜像摘要。接下来的示例中也会进行相关演示。

```
$ docker image pull alpine
Using default tag: latest
latest: Pulling from library/alpine
e110a4a17941: Pull complete
Digest: sha256:3dcdb92d7432d56604d...6d99b889d0626de158f73a
Status: Downloaded newer image for alpine:latest

$ docker image ls --digests alpine
REPOSITORY TAG     DIGEST            IMAGE ID       CREATED        SIZE
alpine     latest  sha256:3dcd...f73a 4e38e38c8ce0  10 weeks ago   4.8 MB
```

从上面的代码片段中可知，Alpine 镜像的签名值如下。

sha256:3dcdb92d7432d56604d... 6d99b889d0626de158f73a。

现在已知镜像的摘要，那么可以使用摘要值再次拉取这个镜像。这种方式可以确保**准确拉取想要的镜像**。

在撰写本书时，已经没有原生 Docker 命令支持从远端镜像仓库服务（如 Docker Hub）中获取镜像签名了。这意味着只能先通过标签方式拉取镜像到本地，然后自己维护镜像的摘要列表。镜像摘要在未来绝对不会发生变化。

下面的例子首先在 Docker 主机上删除 alpine:latest 镜像，然后显示如何通过摘要（而不是标签）来再次拉取该镜像。

```
$ docker image rm alpine:latest
Untagged: alpine:latest
Untagged: alpine@sha256:c0537...7c0a7726c88e2bb7584dc96
Deleted: sha256:02674b9cb179d...abff0c2bf5ceca5bad72cd9
Deleted: sha256:e154057080f40...3823bab1be5b86926c6f860

$ docker image pull alpine@sha256:c0537...7c0a7726c88e2bb7584dc96
sha256:c0537...7726c88e2bb7584dc96: Pulling from library/alpine
```

```
cfc728c1c558: Pull complete
Digest: sha256:c0537ff6a5218...7c0a7726c88e2bb7584dc96
Status: Downloaded newer image for alpine@sha256:c0537...bb7584dc96
```

6.2.13 镜像散列值（摘要）

从 Docker 1.10 版本开始，镜像就是一系列松耦合的独立层的集合。

镜像本身就是一个配置对象，其中包含了镜像层的列表以及一些元数据信息。

镜像层才是实际数据存储的地方（比如文件等，镜像层之间是完全独立的，并没有从属于某个镜像集合的概念）。

镜像的唯一标识是一个加密 ID，即配置对象本身的散列值。每个镜像层也由一个加密 ID 区分，其值为镜像层本身内容的散列值。

这意味着修改镜像的内容或其中任意的镜像层，都会导致加密散列值的变化。所以，镜像和其镜像层都是不可变的，任何改动都能很轻松地被辨别。

这就是所谓的**内容散列（Content Hash）**。

到目前为止，事情都很简单。但是接下来的内容就有点儿复杂了。

在推送和拉取镜像的时候，都会对镜像层进行压缩来节省网络带宽以及仓库二进制存储空间。

但是压缩会改变镜像内容，这意味着镜像的内容散列值在推送或者拉取操作之后，会与镜像内容不相符！这显然是个问题。

例如，在推送镜像层到 Docker Hub 的时候，Docker Hub 会尝试确认接收到的镜像没有在传输过程中被篡改。为了完成校验，Docker Hub 会根据镜像层重新计算散列值，并与原散列值进行比较。因为镜像在传输过程中被压缩（发生了改变），所以散列值的校验也会失败。

为避免该问题，每个镜像层同时会包含一个分发散列值（Distribution Hash）。这是一个压缩版镜像的散列值，当从镜像仓库服务拉取或者推送镜像的时候，其中就包含了分发散列值，该散列值会用于校验拉取的镜像是否被篡改过。

这个内容寻址存储模型极大地提升了镜像的安全性，因为在拉取和推送操作后提供了一种方式来确保镜像和镜像层数据是一致的。该模型也解决了随机生成镜像和镜像层 ID 这种方式可能导致的 ID 冲突问题。

6.2.14 多架构的镜像

Docker 最值得称赞的一点就是使用方便。例如，运行一个应用就像拉取镜像并运行容器这么简单。无须担心安装、依赖或者配置的问题。开箱即用。

但是，随着 Docker 的发展，事情开始变得复杂——尤其是在添加了新平台和架构之后，例如 Windows、ARM 以及 s390x。读者会突然发现，在拉取镜像并运行之前，需要考虑镜像是否与当前运行环境的架构匹配，这破坏了 Docker 的流畅体验。

多架构镜像（Multi-architecture Image）的出现解决了这个问题！

Docker（镜像和镜像仓库服务）规范目前支持多架构镜像。这意味着某个镜像仓库标签（repository:tag）下的镜像可以同时支持 64 位 Linux、PowerPC Linux、64 位 Windows 和 ARM 等多种架构。简单地说，就是一个镜像标签之下可以支持多个平台和架构。下面通过实操演示该特性。

为了实现这个特性，镜像仓库服务 API 支持两种重要的结构：Manifest 列表（新）和 Manifest。

Manifest 列表是指某个镜像标签支持的架构列表。其支持的每种架构，都有自己的 Mainfest 定义，其中列举了该镜像的构成。

图 6.9 使用 `Golang` 官方镜像作为示例。图左侧是 Manifest 列表，其中包含了该镜像支持的每种架构。Manifest 列表的每一项都有一个箭头，指向具体的 Manifest，其中包含了镜像配置和镜像层数据。

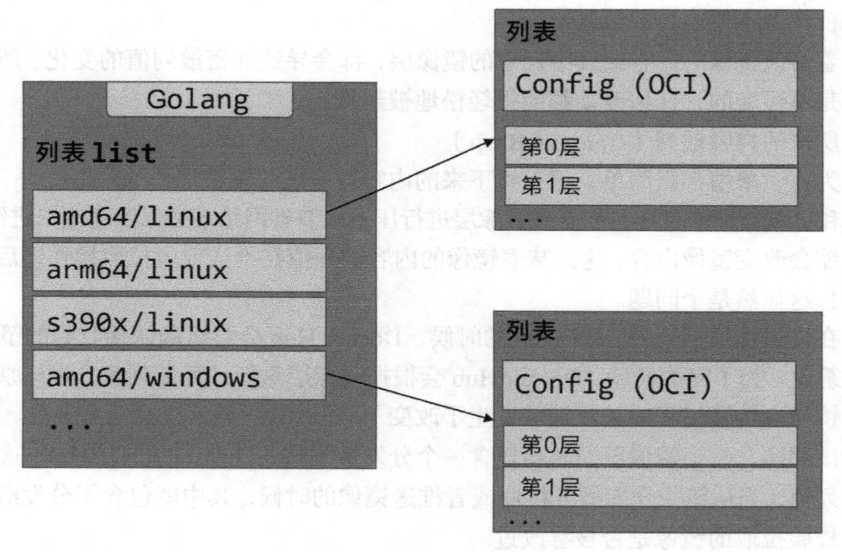

图 6.9 `Golang` 官方镜像

在具体操作之前，先来了解一下原理。

假设要在 Raspberry Pi（基于 ARM 架构的 Linux）上运行 Docker。在拉取镜像的时候，Docker 客户端会调用 Docker Hub 镜像仓库服务相应的 API 完成拉取。如果该镜像有 Manifest 列表，并且存在 Linux on ARM 这一项，则 Docker Client 就会找到 ARM 架构对应的 Manifest 并解析出组成该镜像的镜像层加密 ID。然后从 Docker Hub 二进制存储中拉取每个镜像层。

下面的示例就展示了多架构镜像是如何在拉取官方 Golang 镜像（支持多架构）时工作的，并且通过一个简单的命令展示了 Go 的版本和所在主机的 CPU 架构。需要注意的是，两个例子都使用相同的命令 `docker container run`。不需要告知 Docker 具体的镜像版本是 64 位 Linux 还是 64 位 Windows。示例中只运行了普通的命令，选择当前平台和架构所需的正确镜像版本是由 Docker 完成的。

64 位 Linux 示例如下。

```
$ docker container run --rm golang go version

Unable to find image 'golang:latest' locally
latest: Pulling from library/golang
723254a2c089: Pull complete
<Snip>
39cd5f38ffb8: Pull complete
Digest: sha256:947826b5b6bc4...
Status: Downloaded newer image for golang:latest
go version go1.9.2 linux/amd64
```

64 位 Windows 示例如下。

```
PS> docker container run --rm golang go version

Using default tag: latest
latest: Pulling from library/golang
3889bb8d808b: Pull complete
8df8e568af76: Pull complete
9604659e3e8d: Pull complete
9f4a4a55f0a7: Pull complete
6d6da81fc3fd: Pull complete
72f53bd57f2f: Pull complete
6464e79d41fe: Pull complete
dca61726a3b4: Pull complete
9150276e2b90: Pull complete
cd47365a14fb: Pull complete
1783777af4bb: Pull complete
3b8d1834f1d7: Pull complete
7258d77b22dd: Pull complete
Digest: sha256:e2be086d86eeb789...e1b2195d6f40edc4
Status: Downloaded newer image for golang:latest
go version go1.9.2 windows/amd64
```

前面的操作包括从 Docker Hub 拉取 Golang 镜像，以容器方式启动，执行 `go version` 命令，并且输出 Go 的版本和主机 OS / CPU 架构信息。每个示例的最后一行都展示了 `go version` 命令的输出内容。可以看到两个示例使用了完全相同的命令，但是 Linux 示例中拉取的是 `linux/amd64` 镜像，而 Windows 示例中拉取的是 `windows/amd64` 镜像。

在编写本书的时候，所有官方镜像都支持 **Manifest 列表**。但是，全面支持各种架构的工作仍在推进当中。

创建支持多架构的镜像需要镜像的发布者做更多的工作。同时，某些软件也并非跨平台的。在这个前提下，**Manifest 列表**是可选的——在没有 **Manifest 列表**的情况下，镜像仓库服务会返回普通的 **Manifest**。

6.2.15 删除镜像

当读者不再需要某个镜像的时候，可以通过 `docker image rm` 命令从 Docker 主机删除该镜像。其中，rm 是 remove 的缩写。

删除操作会在当前主机上删除该镜像以及相关的镜像层。这意味着无法通过 docker image ls 命令看到删除后的镜像，并且对应的包含镜像层数据的目录会被删除。但是，如果某个镜像层被多个镜像共享，那只有当全部依赖该镜像层的镜像都被删除后，该镜像层才会被删除。

下面的示例中通过镜像 ID 来删除镜像，可能跟读者机器上镜像 ID 有所不同。

```
$ docker image rm 02674b9cb179
Untagged: alpine@sha256:c0537ff6a5218...c0a7726c88e2bb7584dc96
Deleted: sha256:02674b9cb179d57...31ba0abff0c2bf5ceca5bad72cd9
Deleted: sha256:e154057080f4063...2a0d13823bab1be5b86926c6f860
```

如果被删除的镜像上存在运行状态的容器，那么删除操作不会被允许。再次执行删除镜像命令之前，需要停止并删除该镜像相关的全部容器。

一种删除某 Docker 主机上全部镜像的快捷方式是在 docker image rm 命令中传入当前系统的全部镜像 ID，可以通过 docker image ls 获取全部镜像 ID（使用-q 参数）。该操作在下面会进行演示。

如果是在 Windows 环境中，那么只有在 PowerShell 终端中执行才会生效。在 CMD 中执行并不会生效。

```
$ docker image rm $(docker image ls -q) -f
```

为了理解具体工作原理，首先下载一组镜像，然后通过运行 docker image ls -q。

```
$ docker image pull alpine
Using default tag: latest
latest: Pulling from library/alpine
e110a4a17941: Pull complete
Digest: sha256:3dcdb92d7432d5...3626d99b889d0626de158f73a
Status: Downloaded newer image for alpine:latest

$ docker image pull ubuntu
Using default tag: latest
latest: Pulling from library/ubuntu
952132ac251a: Pull complete
82659f8f1b76:  Pull complete
c19118ca682d:  Pull complete
8296858250fe:  Pull complete
24e0251a0e2c:  Pull complete
Digest: sha256:f4691c96e6bba...128ae95a60369c506dd6e6f6ab
Status: Downloaded newer image for ubuntu:latest

$ docker image ls -q
bd3d4369aebc
4e38e38c8ce0
```

可以看到 docker image ls -q 命令只返回了系统中本地拉取的全部镜像的 ID 列表。将这个列表作为参数传给 docker image rm 会删除本地系统中的全部镜像。

```
$ docker image rm $(docker image ls -q) -f
```

```
Untagged: ubuntu:latest
Untagged: ubuntu@sha256:f4691c9...2128ae95a60369c506dd6e6f6ab
Deleted: sha256:bd3d4369aebc494...fa2645f5699037d7d8c6b415a10
Deleted: sha256:cd10a3b73e247dd...c3a71fcf5b6c2bb28d4f2e5360b
Deleted: sha256:4d4de39110cd250...28bfe816393d0f2e0dae82c363a
Deleted: sha256:6a89826eba8d895...cb0d7dba1ef62409f037c6e608b
Deleted: sha256:33efada9158c32d...195aa12859239d35e7fe9566056
Deleted: sha256:c8a75145fcc4e1a...4129005e461a43875a094b93412
Untagged: alpine:latest
Untagged: alpine@sha256:3dcdb92...313626d99b889d0626de158f73a
Deleted: sha256:4e38e38c8ce0b8d...6225e13b0bfe8cfa2321aec4bba
Deleted: sha256:4fe15f8d0ae69e1...eeeeebb265cd2e328e15c6a869f

$ docker image ls
REPOSITORY     TAG     IMAGE ID     CREATED     SIZE
```

请读者跟本书一起，回顾一下刚才操作 Docker 镜像用到的命令。

6.3 镜像——命令

- `docker image pull` 是下载镜像的命令。镜像从远程镜像仓库服务的仓库中下载。默认情况下，镜像会从 Docker Hub 的仓库中拉取。`docker image pull alpine:latest` 命令会从 Docker Hub 的 `alpine` 仓库中拉取标签为 `latest` 的镜像。
- `docker image ls` 列出了本地 Docker 主机上存储的镜像。可以通过`--digests` 参数来查看镜像的 SHA256 签名。
- `docker image inspect` 命令非常有用！该命令完美展示了镜像的细节，包括镜像层数据和元数据。
- `docker image rm` 用于删除镜像。`docker image rm alpine:latest` 命令的含义是删除 `alpine:latest` 镜像。当镜像存在关联的容器，并且容器处于运行（Up）或者停止（Exited）状态时，不允许删除该镜像。

6.4 本章小结

在本章中，读者学习了 Docker 镜像的相关内容，包括镜像与虚拟机模板很类似，可用于启动容器；镜像由一个或多个只读镜像层构成，当多个镜像层堆叠在一起，就构成了一个完整镜像。

本书使用 `docker image pull` 命令拉取镜像到 Docker 主机本地仓库。

本章还涵盖了镜像命名、官方和非官方仓库、镜像分层、镜像层共享，以及加密 ID。

本章还介绍了 Docker 是如何支持多架构和多平台镜像的，并且在本章最后重新梳理了常见的镜像操作命令。

在接下来的章节中，会对容器进行简单介绍——运行状态的镜像。

第 7 章　Docker 容器

现在读者已经对镜像有所了解，是时候开始学习容器了。因为本书主要介绍 Docker，所以这里容器特指 Docker 容器。但是，Docker 已经基本实现由 OCI 发布的镜像和容器标准。这意味着读者在 Docker 容器这里学习的内容，同样可以在其他实现了 OCI 标准的容器运行时上应用。

本章内容依旧分为 3 个部分。

- 简介。
- 详解。
- 命令。

接下来就开始学习容器吧！

7.1　Docker 容器——简介

容器是镜像的运行时实例。正如从虚拟机模板上启动 VM 一样，用户也同样可以从单个镜像上启动一个或多个容器。虚拟机和容器最大的区别是容器更快并且更轻量级——与虚拟机运行在完整的操作系统之上相比，容器会共享其所在主机的操作系统/内核。

图 7.1 为使用单个 Docker 镜像启动多个容器的示意图。

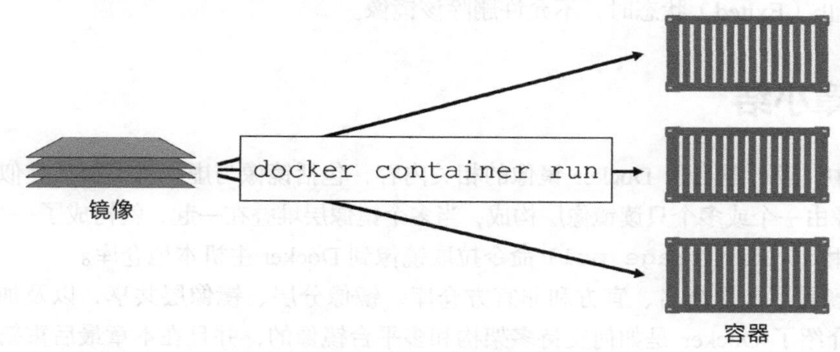

图 7.1　使用单个 Docker 镜像启动多个容器

启动容器的简便方式是使用 docker container run 命令。该命令可以携带很多参数，在其基础的格式 docker container run <image> <app>中，指定了启动所需的镜像以及要运行的应用。docker container run -it ubuntu /bin/bash 则会启动某个 Ubuntu Linux 容器，并运行 Bash Shell 作为其应用；如果想启动 PowerShell 并运行一个应用，则可以使用命令 docker container run -it microsoft-/powershell:nanoserver pwsh.exe。

-it 参数可以将当前终端连接到容器的 Shell 终端之上。

容器随着其中运行应用的退出而终止。在上面两个示例中，Linux 容器会在 Bash Shell 退出后终止，而 Windows 容器会在 PowerShell 进程终止后退出。

一个简单的验证方法就是启动新的容器，并运行 sleep 命令休眠 10s。容器会启动，然后运行休眠命令，在 10s 后退出。如果读者在 Linux 主机（或者在 Linux 容器模式下的 Windows 主机上）运行 docker container run alpine:latest sleep 10 命令，Shell 会连接到容器 Shell 10s 的时间，然后退出；读者可以在 Windows 容器上运行 docker container run microsoft/powershell:nanoserver Start-Sleep -s 10 来验证这一点。

读者可以使用 docker container stop 命令手动停止容器运行，并且使用 docker container start 再次启动该容器。如果再也不需要该容器，则使用 docker container rm 命令来删除容器。

以上仅仅是“电梯游说”！接下来一起了解更多细节。

7.2　Docker 容器——详解

首先要介绍一下容器和虚拟机的根本性区别。本阶段以理论为主，但是这也很重要。在这个过程中，本书会指出容器模型相比于虚拟机模型的潜在优势。

> **写在前面：**作为作者，我需要提前澄清一点，很多人对自己所从事的工作以及所拥有的技能充满热爱。犹记得很多 UNIX 的支持者都抵制 Linux 的崛起，读者可能也有类似的情怀；读者可能还记得有人也试图抵制 VMware 和虚拟机为当前主流。在这两种场景中，“坚持无效”。本章会着重介绍容器模型优于虚拟机模型的一些优点。也许很多读者都是虚拟机专家，在相关生态环境中投入很多，同时也许有一两个人想对我的观点发起挑战。要知道，我也是个名人，会在辩论中将挑战者正面击败（开个玩笑）。但是我本意并不是想诋毁或者推翻什么！而是试图为读者提供帮助。写作本书的全部目的就是帮助读者了解 Docker 以及容器！

现在开始吧。

7.2.1　容器 vs 虚拟机

容器和虚拟机都依赖于宿主机才能运行。宿主机可以是笔记本，是数据中心的物理服务器，也可以是公有云的某个实例。在下面的示例中，假设宿主机是一台需要运行 4 个业务应用的物理服务器。

在虚拟机模型中，首先要开启物理机并启动 Hypervisor 引导程序（本书跳过了 BIOS 和

Bootloader 代码等）。一旦 Hypervisor 启动，就会占有机器上的全部物理资源，如 CPU、RAM、存储和 NIC。Hypervisor 接下来就会将这些物理资源划分为虚拟资源，并且看起来与真实物理资源完全一致。然后 Hypervisor 会将这些资源打包进一个叫作虚拟机（VM）的软件结构当中。这样用户就可以使用这些虚拟机，并在其中安装操作系统和应用。前面提到需要在物理机上运行 4 个应用，所以在 Hypervisor 之上需要创建 4 个虚拟机并安装 4 个操作系统，然后安装 4 个应用。当操作完成后，结构如图 7.2 所示。

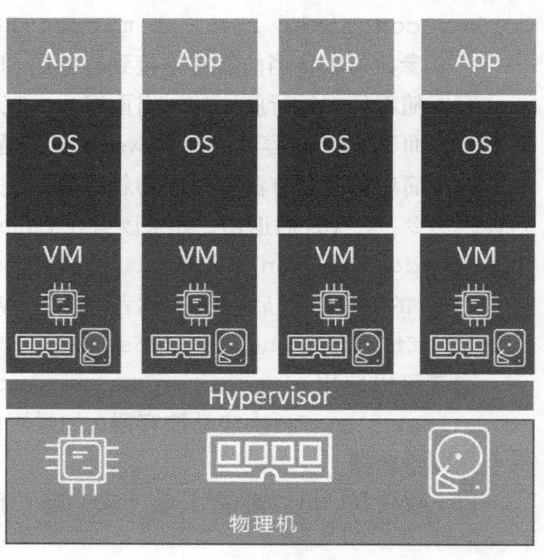

图 7.2 运行 4 个业务应用的物理服务器

而容器模型则略有不同。

服务器启动之后，所选择的操作系统会启动。在 Docker 世界中可以选择 Linux，或者内核支持内核中的容器原语的新版本 Windows。与虚拟机模型相同，OS 也占用了全部硬件资源。在 OS 层之上，需要安装容器引擎（如 Docker）。容器引擎可以获取**系统资源**，比如进程树、文件系统以及网络栈，接着将资源分割为安全的互相隔离的资源结构，称之为容器。每个容器看起来就像一个真实的操作系统，在其内部可以运行应用。按照前面的假设，需要在物理机上运行 4 个应用。因此，需要划分出 4 个容器并在每个容器中运行一个应用，如图 7.3 所示。

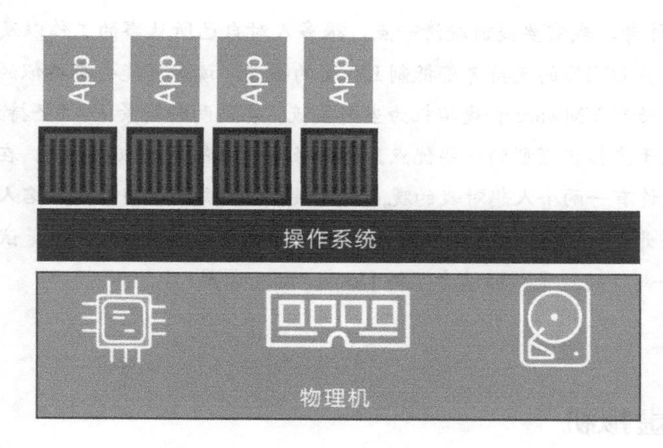

图 7.3 划分 4 个容器

从更高层面上来讲，Hypervisor 是**硬件虚拟化（Hardware Virtualization）**——Hypervisor 将硬件物理资源划分为虚拟资源；另外，容器是**操作系统虚拟化（OS Virtualization）**——容器将系统资源划分为虚拟资源。

7.2.2 虚拟机的额外开销

基于前文所述内容，接下来会着重探讨 Hypervisor 模型的一个主要问题。

首先我们的目标是在一台物理机上运行 4 个业务相关应用。每种模型示例中都安装了一个操作系统或者 Hypervisor（一种针对虚拟机高度优化后的操作系统）。截至目前，两个模型还很相似，但是也就到此为止了。

虚拟机模型将**底层硬件资源**划分到虚拟机当中。每个虚拟机都是包含了虚拟 CPU、虚拟 RAM、虚拟磁盘等资源的一种软件结构。因此，每个虚拟机都需要有自己的操作系统来声明、初始化并管理这些虚拟资源。但不幸的是，操作系统本身是有其额外开销的。例如，每个操作系统都消耗一点 CPU、一点 RAM、一点存储空间等。每个操作系统都需要独立的许可证，并且都需要打补丁升级，每个操作系统也都面临被攻击的风险。通常将这种现象称作 **OS Tax** 或者 **VM Tax**，每个操作系统都占用一定的资源。

容器模型具有在宿主机操作系统中运行的单个内核。在一台主机上运行数十个甚至数百个容器都是可能的——容器共享一个操作系统/内核。这意味着只有一个操作系统消耗 CPU、RAM 和存储资源，只有一个操作系统需要授权，只有一个操作系统需要升级和打补丁。同时，只有一个操作系统面临被攻击的风险。简言之，就是只有一份 OS 损耗！

在上述单台机器上只需要运行 4 个业务应用的场景中，也许问题尚不明显。但当需要运行成百上千应用的时候，就会引起质的变化。

另一个值得考虑的事情是启动时间。因为容器并不是完整的操作系统，所以其启动要远比虚拟机快。切记，在容器内部并不需要内核，也就没有定位、解压以及初始化的过程——更不用提在内核启动过程中对硬件的遍历和初始化了。这些在容器启动的过程中统统都不需要！唯一需要的是位于下层操作系统的共享内核是启动了的！最终结果就是，容器可以在 1s 内启动。唯一对容器启动时间有影响的就是容器内应用启动所花费的时间。

这就是容器模型要比虚拟机模型简洁并且高效的原因了。使用容器可以在更少的资源上运行更多的应用，启动更快，并且支付更少的授权和管理费用，同时面对未知攻击的风险也更小。还有什么理由不喜欢容器呢！

除了上述的理论基础之外，接下来请跟随本书一起使用容器完成一些实战。

7.2.3 运行的容器

为了完成下面的示例，读者需要一个运行 Docker 的主机。对于大多数命令来说，无论是 Linux 还是 Windows 都没有差别。

7.2.4 检查 Docker daemon

通常登录 Docker 主机后的第一件事情是检查 Docker 是否正在运行。

```
$ docker version
Client:
 Version: API  17.05.0-ce
 version: Go   1.29
 version: Git  go1.7.5
 commit:       89658be
 Built:        Thu May 4 22:10:54 2017
 OS/Arch:      linux/amd64

Server:
 Version:      17.05.0-ce
 API version:  1.29 (minimum version 1.12)
 Go version:   go1.7.5
 Git commit:   89658be
 Built:        Thu May 4 22:10:54 2017
 OS/Arch:      linux/amd64
 Experimental: false
```

当命令输出中包含 Client 和 Server 的内容时，可以继续下面的示例。如果在 Server 部分中包含了错误码，这表示 Docker daemon 很可能没有运行，或者当前用户没有权限访问。

如果在 Linux 中遇到无权限访问的问题，需要确认当前用户是否属于本地 Docker UNIX 组。如果不是，可以通过 usermod -aG docker <user>来添加，然后退出并重新登录 Shell，改动即可生效。

如果当前用户已经属于本地 docker 用户组，那么问题可能是 Docker daemon 没有运行导致。根据 Docker 主机的操作系统在下面的内容中选择一条合适的命令，来检查 Docker daemon 的状态。

```
//使用 System V 在 Linux 系统中执行该命令
$ service docker status
docker start/running, process 29393

//使用 Systemd 在 Linux 系统中执行该命令
$ systemctl is-active docker
active

//在 Windows Server 2016 的 PowerShell 窗口中运行该命令
> Get-Service docker

Status    Name     DisplayName
------    ----     -----------
Running   Docker   docker
```

如果 Docker daemon 正在运行中，则可以继续下面的步骤。

7.2.5 启动一个简单容器

启动容器的一个简单的方式是通过 docker container run 命令。

下面的命令启动了一个简单的容器，其中运行了容器化版本的 Ubuntu Linux。

```
$ docker container run -it ubuntu:latest /bin/bash
Unable to find image 'ubuntu:latest' locally
latest: Pulling from library/ubuntu
952132ac251a: Pull complete
82659f8f1b76:  Pull complete
c19118ca682d:  Pull complete
8296858250fe:  Pull complete
24e0251a0e2c:  Pull complete
Digest: sha256:f4691c96e6bbaa99d9...e95a60369c506dd6e6f6ab
Status: Downloaded newer image for ubuntu:latest
root@3027eb644874:/#
```

Windows 示例。

```
docker container run -it microsoft/powershell:nanoserver pwsh.exe
```

命令的基础格式为 docker container run <options> <image>:<tag> <app>。

示例中使用 docker container run 来启动容器，这也是启动新容器的标准命令。命令中使用了-it 参数使容器具备交互性并与终端进行连接。接下来，命令中指定了具体镜像 ubuntu:latest 或者 microsoft/powershell:nanoserver。最终，在命令中指定了运行在容器中的程序，Linux 示例中是 Bash Shell，Windows 示例中为 PowerShell。

当敲击回车键之后，Docker 客户端选择合适的 API 来调用 Docker daemon。Docker daemon 接收到命令并搜索 Docker 本地缓存，观察是否有命令所请求的镜像。在上面引用的示例中，本地缓存并未包含该镜像，所以 Docker 接下来查询在 Docker Hub 中是否存在对应镜像。找到该镜像后，Docker 将镜像拉取到本地，存储在本地缓存当中。

注： 在标准的、开箱即用的 Linux 安装版中，Docker daemon 通过位于/var/run/docker.sock 的本地 IPC/Unix socket 来实现 Docker 远程 API；在 Windows 中，Docker daemon 通过监听名为 npipe:////./pipe/docker_engine 的管道来实现。通过配置，也可以借助网络来实现 Docker Client 和 daemon 之间的通信。Docker 默认非 TLS 网络端口为 2375，TLS 默认端口为 2376。

一旦镜像拉取到本地，daemon 就创建容器并在其中运行指定的应用。

如果仔细观察，就会发现 Shell 提示符发生了变化，说明目前已经位于容器内部了。在上面的示例中，Shell 提示符已经变为 root@3027eb644874:/#。@之后的一长串数字就是容器唯一 ID 的前 12 个字符。

若尝试在容器内执行一些基础命令，可能会发现某些指令无法正常工作。这是因为大部分容器镜像都是经过高度优化的。这意味着某些命令或者包可能没有安装。下面的示例展示了两个命令——一条执行成功，一条执行失败。

```
root@3027eb644874:/# ls -l
total 64
drwxr-xr-x   2 root root 4096 Aug 19 00:50 bin
drwxr-xr-x   2 root root 4096 Apr 12 20:14 boot
```

```
drwxr-xr-x   5 root root  380 Sep 13 00:47 dev
drwxr-xr-x  45 root root 4096 Sep 13 00:47 etc
drwxr-xr-x   2 root root 4096 Apr 12 20:14 home
drwxr-xr-x   8 root root 4096 Sep 13  2015 lib
drwxr-xr-x   2 root root 4096 Aug 19 00:50 lib64
drwxr-xr-x   2 root root 4096 Aug 19 00:50 media
drwxr-xr-x   2 root root 4096 Aug 19 00:50 mnt
drwxr-xr-x   2 root root 4096 Aug 19 00:50 opt
dr-xr-xr-x 129 root root    0 Sep 13 00:47 proc
drwx------   2 root root 4096 Aug 19 00:50 root
drwxr-xr-x   6 root root 4096 Aug 26 18:50 run
drwxr-xr-x   2 root root 4096 Aug 26 18:50 sbin
drwxr-xr-x   2 root root 4096 Aug 19 00:50 srv
dr-xr-xr-x  13 root root    0 Sep 13 00:47 sys
drwxrwxrwt   2 root root 4096 Aug 19 00:50 tmp
drwxr-xr-x  11 root root 4096 Aug 26 18:50 usr
drwxr-xr-x  13 root root 4096 Aug 26 18:50 var

root@3027eb644874:/# ping www.docker.com
bash: ping: command not found
```

从上面的输出中可以看出，ping 工具包并不是官方 Ubuntu 镜像的一部分。

7.2.6 容器进程

7.2.5 节中启动 Ubuntu 容器之时，让容器运行 Bash Shell（/bin/bash）。这使得 Bash Shell **成为容器中运行的且唯一运行的进程**。读者可以通过 ps -elf 命令在容器内部查看。

```
root@3027eb644874:/# ps -elf
F S UID 4 PID PPID      NI ADDR SZ WCHAN  STIME TTY     TIME     CMD
 S root 0  1    0       0 - 4558  wait    00:47 ?      00:00:00  /bin/bash
  R root  11    1       0 - 8604  -       00:52 ?      00:00:00  ps -elf
```

上面的输出中看起来好像有两个正在运行的进程，其实并非如此。列表中 PID 为 1 的进程，是容器被告知要运行的 Bash Shell；第二个进程是 ps -elf 命令产生的，这是个临时进程，并且在输出后就已经退出了。也就是说，这个容器当前只运行了一个进程——/bin/bash。

注： Windows 容器有所不同，通常会运行相当多的进程。

这意味着如果通过输入 exit 退出 Bash Shell，那么容器也会退出（终止）。原因是容器如果不运行任何进程则无法存在——杀死 Bash Shell 即杀死了容器唯一运行的进程，导致这个容器也被杀死。这对于 Windows 容器来说也是一样的——**杀死容器中的主进程，则容器也会被杀死**。

按下 Ctrl-PQ 组合键则会退出容器但并不终止容器运行。这样做会切回到 Docker 主机的 Shell，并保持容器在后台运行。可以使用 docker container ls 命令来观察当前系统正在运行的容器列表。

```
$ docker container ls
CNTNR ID  IMAGE          COMMAND    CREATED   STATUS    NAMES
302...74  ubuntu:latest  /bin/bash  6 mins    Up 6mins  sick_montalcini
```

当前容器仍然在运行，并且可以通过 docker container exec 命令将终端重新连接到 Docker，理解这一点很重要。

```
$ docker container exec -it 3027eb644874 bash
root@3027eb644874:/#
```

用于重连 Windows Nano Server PowerShell 容器的命令是 docker container exec -it <container-name-or-ID> pwsh.exe。

正如读者所见，Shell 提示符切换到了容器。如果读者再次运行 ps 命令，会看到两个 Bash 或者 PowerShell 进程，这是因为 docker container exec 命令创建了新的 Bash 或者 PowerShell 进程并且连接到容器。这意味着在当前 Shell 输入 exit 并不会导致容器终止，因为原 Bash 或者 PowerShell 进程还在运行当中。

输入 exit 退出容器，并通过命令 docker container ps 来确认容器依然在运行中。果然容器还在运行。

如果在自己的 Docker 主机上运行示例，则需要使用下面两个命令来停止并删除容器（读者需要将 ID 替换为自己容器的 ID）。

```
$ docker container stop 3027eb64487
3027eb64487

$ docker container rm 3027eb64487
3027eb64487
```

7.2.7 容器生命周期

坊间流传容器不能持久化数据。其实容器可以做到！

人们认为容器不擅长持久化工作或者持久化数据，很大程度上是因为容器在非持久化领域上表现得太出色。但是在一个领域做得很好并不意味着不擅长其他的领域。很多虚拟机管理员会记得微软或者 Oracle 告诉他们不能在虚拟机中运行他们的应用，至少他们不会支持这么做。有时会想到容器身上是否也在发生类似的事情——一些人为了保护他们的持久化业务帝国避免受到容器的威胁才这么说？

本节主要关注容器的生命周期——从创建、运行、休眠，直至销毁的整个过程。

前面介绍了如何使用 docker container run 命令来启动容器。接下来会重新启动一个新的容器，这样就可以观察其完整的生命周期。下面的示例中会采用 Linux Docker 主机来运行 Ubuntu 容器。但同时，示例内容在前面例子中使用过的 Windows PowerShell 容器中也是生效的——尽管读者需要将 Linux 命令替换为对应的 Windows 命令。

```
$ docker container run --name percy -it ubuntu:latest /bin/bash
root@9cb2d2fd1d65:/#
```

这就是新建的容器，名称为“percy”，意指持久化（persistent）。

接下来把该容器投入使用，将一部分数据写入其中。

在新容器内部Shell中，执行下面的步骤来将部分数据写入到tmp目录下的某个文件中，并确认数据是否写入成功。

```
root@9cb2d2fd1d65:/# cd tmp
root@9cb2d2fd1d65:/tmp# ls -l
total 0

root@9cb2d2fd1d65:/tmp# echo "DevOps FTW" > newfile
root@9cb2d2fd1d65:/tmp# ls -l
total 4
-rw-r--r-- 1 root root 14 May 23 11:22 newfile

root@9cb2d2fd1d65:/tmp# cat newfile
DevOps FTW
```

按Ctrl-PQ组合键退出当前容器。

现在使用docker container stop命令来停止容器运行，切换到暂停（vacation）状态。

```
$ docker container stop percy
percy
```

读者可以在docker container stop命令中指定容器的名称或者ID。具体格式为docker container stop <container-id or container-name>。

现在运行docker container ls命令列出全部处于运行中状态的容器。

```
$ docker container ls
CONTAINER ID   IMAGE   COMMAND   CREATED  STATUS  PORTS   NAMES
```

新建的容器没有在上面的列表中出现，原因是读者通过docker container stop命令使该容器停止运行。加上-a参数再次运行前面的命令，就会显示出全部的容器，包括处于停止状态的。

```
$ docker container ls -a
CNTNR ID  IMAGE          COMMAND    CREATED  STATUS      NAMES
9cb...65  ubuntu:latest  /bin/bash  4 mins   Exited (0)  percy
```

现在可以看到该容器显示当前状态为Exited(0)。停止容器就像停止虚拟机一样。尽管已经停止运行，容器的全部配置和内容仍然保存在Docker主机的文件系统之中，并且随时可以重新启动。

使用docker container start命令可以将容器重新启动。

```
$ docker container start percy
percy

$ docker container ls
```

```
CONTAINER ID  IMAGE          COMMAND      CREATED  STATUS      NAMES
9cb2d2fd1d65  ubuntu:latest  "/bin/bash"  4 mins   Up 3 secs   percy
```

现在停止的容器已经重新启动了，此时可以确认之前创建的文件是否还存在。使用 docker container exec 命令连接到重启后的容器。

```
$ docker container exec -it percy bash
root@9cb2d2fd1d65:/#
```

Shell 提示符发生变化，提示正在容器内部空间进行操作。

确认之前创建的文件依然存在，并且文件中仍包含之前写入的数据。

```
root@9cb2d2fd1d65:/# cd tmp
root@9cb2d2fd1d65:/# ls -l
-rw-r--r-- 1 root root 14 Sep 13 04:22 newfile
root@9cb2d2fd1d65:/#
root@9cb2d2fd1d65:/# cat newfile
DevOps FTW
```

像是魔术一般，之前创建的文件依然存在，并且文件中包含的数据正如上次退出时一样，这证明停止容器运行并不会损毁容器或者其中的数据。

尽管上面的示例阐明了容器的持久化特性，还是需要指出卷（volume）才是在容器中存储持久化数据的首选方式。但是在当前阶段，这个示例用于说明容器的持久化特性已经足够了。

到目前为止，读者应该对容器和虚拟机之间的主要区别有了深刻的印象。

现在停止该容器并从系统中删除它。

通过在 docker container rm 命令后面添加-f 参数来一次性删除运行中的容器是可行的。但是，删除容器的最佳方式还是分两步，先停止容器然后删除。这样可以给容器中运行的应用/进程一个停止运行并清理残留数据的机会。

在下一个示例中会停止 percy 容器，删除它并确认操作成功。如果读者终端仍连接到 percy 容器，则需要按下 Ctrl-PQ 组合键先返回 Docker 主机终端。

```
$ docker container stop percy
percy

$ docker container rm percy
percy

$ docker container ls -a
CONTAINER ID   IMAGE   COMMAND   CREATED   STATUS   PORTS   NAMES
```

现在容器已经删除了——在系统中消失。如果这是一个有用的容器，那么之后可以作为无服务的工具使用；如果没有用处，则充其量也就是一个蹩脚的终端。

总结一下容器的生命周期。可以根据需要多次停止、启动、暂停以及重启容器，并且这些操作执行得很快。但是容器及其数据是安全的。直至明确删除容器前，容器都不会丢弃其中的数据。就算容器被删除了，如果将容器数据存储在卷中，数据也会被保存下来。

下面简单说明一下为什么推荐两阶段方式来停止并删除容器。

7.2.8 优雅地停止容器

Linux 世界中，大部分容器都会运行单一进程；在 Windows 中可能运行若干个，但是下面的原则对于两者都适用。

前面的示例中容器正在运行 /bin/bash 应用。当使用 docker container rm <container> -f 来销毁运行中的容器时，不会发出任何告警。这个过程相当暴力——有点像悄悄接近容器后在脑后突施冷枪。毫无征兆地被销毁，会令容器和应用猝不及防，来不及“处理后事”。

但是，docker container stop 命令就有礼貌多了（就像用枪指着容器的脑袋然后说“你有 10s 时间说出你的遗言”）。该命令给容器内进程发送将要停止的警告信息，给进程机会来有序处理停止前要做的事情。一旦 docker stop 命令返回后，就可以使用 docker container rm 命令删除容器了。

这背后的原理可以通过 Linux/POSIX 信号来解释。docker container stop 命令向容器内的 PID 1 进程发送了 **SIGTERM** 这样的信号。就像前文提到的一样，会为进程预留一个清理并优雅停止的机会。如果 10s 内进程没有终止，那么就会收到 **SIGKILL** 信号。这是致命一击。但是，进程起码有 10s 的时间来“解决”自己。

docker container rm <container> -f 命令不会先友好地发送 **SIGTERM**，这条命令会直接发出 **SIGKILL**。就像刚刚所打的比方一样，该命令悄悄接近并对容器发起致命一击。顺便说明，我可没有暴力倾向！

7.2.9 利用重启策略进行容器的自我修复

通常建议在运行容器时配置好重启策略。这是容器的一种自我修复能力，可以在指定事件或者错误后重启来完成自我修复。

重启策略应用于每个容器，可以作为参数被强制传入 docker-container run 命令中，或者在 Compose 文件中声明（在使用 Docker Compose 以及 Docker Stacks 的情况下）。

截至本书撰写时，容器支持的重启策略包括 always、unless-stopped 和 on-failed。

always 策略是一种简单的方式。除非容器被明确停止，比如通过 docker container stop 命令，否则该策略会一直尝试重启处于停止状态的容器。一种简单的证明方式是启动一个新的交互式容器，并在命令后面指定--restart always 策略，同时在命令中指定运行 Shell 进程。当容器启动的时候，会登录到该 Shell。退出 Shell 时会杀死容器中 PID 为 1 的进程，并且杀死这个容器。但是因为指定了--restart always 策略，所以容器会自动重启。如果运行 docker container ls 命令，就会看到容器的启动时间小于创建时间。下面请看示例。

```
$ docker container run --name neversaydie -it --restart always alpine sh
```

```
//等待几秒后输入 exit

/# exit

$ docker container ls
CONTAINER ID    IMAGE    COMMAND    CREATED           STATUS
0901afb84439    alpine   "sh"       35 seconds ago    Up 1 second
```

注意，容器于 35s 前被创建，但却在 1s 前才启动。这是因为在容器中输入退出命令的时候，容器被杀死，然后 Docker 又重新启动了该容器。

--restart always 策略有一个很有意思的特性，当 daemon 重启的时候，停止的容器也会被重启。例如，新创建一个容器并指定--restart always 策略，然后通过 docker container stop 命令停止该容器。现在容器处于 Stopped (Exited)状态。但是，如果重启 Docker daemon，当 daemon 启动完成时，该容器也会重新启动。

always 和 unless-stopped 的最大区别，就是那些指定了--restart unless-stopped 并处于 Stopped (Exited)状态的容器，不会在 Docker daemon 重启的时候被重启。这个说法可能令人有点迷惑，接下来通过示例进行演示。

下面创建两个新容器，其中"always"容器指定--restart always 策略，另一个"unless-stopped"容器指定了--restart unless-stopped 策略。两个容器均通过 docker container stop 命令停止，接着重启 Docker。结果"always"容器会重启，但是"unless-stopped"容器不会。

（1）创建两个新容器。

```
$ docker container run -d --name always \
  --restart always \
  alpine sleep 1d

$ docker container run -d --name unless-stopped \
  --restart unless-stopped \
  alpine sleep 1d

$ docker container ls
CONTAINER ID    IMAGE    COMMAND        STATUS        NAMES
3142bd91ecc4    alpine   "sleep 1d"     Up 2 secs     unless-stopped
4f1b431ac729    alpine   "sleep 1d"     Up 17 secs    always
```

现在有两个运行的容器了。一个叫作"always"，另一个叫作"unless-stopped"。

（2）停止两个容器。

```
$ docker container stop always unless-stopped

$ docker container ls -a
CONTAINER ID    IMAGE    STATUS                        NAMES
3142bd91ecc4    alpine   Exited (137) 3 seconds ago    unless-stopped
4f1b431ac729    alpine   Exited (137) 3 seconds ago    always
```

（3）重启 Docker。

重启 Docker 的过程在不同的操作系统上可能不同。下面的示例中展示了如何在 Linux 上使用 systemd 重启 Docker，在 Windows Server 2016 上可以使用 restart-service 重启。

```
$ systemctl restart docker
```

（4）一旦 Docker 重启成功，检查两个容器的状态。

```
$ docker container ls -a
CONTAINER   CREATED         STATUS                        NAMES
314..cc4    2 minutes ago   Exited (137) 2 minutes ago    unless-stopped
4f1..729    2 minutes ago   Up 9 seconds                  always
```

注意到“always”容器（启动时指定了`--restart always`策略）已经重启了，但是“unless-stopped”容器（启动时指定了`--restart unless-stopped`策略）并没有重启。

on-failure 策略会在退出容器并且返回值不是 0 的时候，重启容器。就算容器处于 stopped 状态，在 Docker daemon 重启的时候，容器也会被重启。

如果读者使用 Docker Compose 或者 Docker Stack，可以在 service 对象中配置重启策略，示例如下。

```
version: "3.5"
services:
  myservice:
    <Snip>
    restart_policy:
      condition: always | unless-stopped | on-failure
```

7.2.10 Web 服务器示例

到目前为止，已经介绍了如何启动一个简单的容器，并与其进行交互。同时也知道了如何停止、重启以及删除一个容器。现在来看一个 Linux Web 服务器示例。

在该示例中，会使用到我用于 Pluralsight 视频教程网站中的一个镜像。这个镜像会在 8080 端口启动一个相当简单的 Web 服务。

使用`docker container stop`以及`docker container rm`命令清理当前系统中的全部容器，然后运行下面的`docker container run`命令。

```
$ docker container run -d --name webserver -p 80:8080 \
  nigelpoulton/pluralsight-docker-ci

Unable to find image 'nigelpoulton/pluralsight-docker-ci:latest' locally
latest: Pulling from nigelpoulton/pluralsight-docker-ci
a3ed95caeb02: Pull complete
3b231ed5aa2f:  Pull complete
7e4f9cd54d46:  Pull complete
929432235e51:  Pull complete
6899ef41c594:  Pull complete
0b38fccd0dab:  Pull complete
Digest: sha256:7a6b0125fe7893e70dc63b2...9b12a28e2c38bd8d3d
Status: Downloaded newer image for nigelpoulton/plur...docker-ci:latest
6efa1838cd51b92a4817e0e7483d103bf72a7ba7ffb5855080128d85043fef21
```

注意，当前 Shell 提示符并未发生变化。这是因为使用了-d 参数启动容器，并在后台运行。这种后台启动的方式不会将当前终端连接到容器当中。

该示例在 docker container run 命令中抛出了一些额外的参数，一起来快速了解一下。

已经知道 docker container run 会启动一个新容器，但是这次使用-d 参数替换了-it。-d 表示后台模式，告知容器在后台运行。

然后为容器命名，并且指定了-p 80:8080。-p 参数将 Docker 主机的端口映射到容器内。本例中，将 Docker 主机的 80 端口映射到了容器内的 8080 端口。这意味着当有流量访问主机的 80 端口的时候，流量会直接映射到容器内的 8080 端口。之所以如此是因为当前使用的镜像，其 Web 服务监听了 8080 端口。这意味着容器启动时会运行一个 Web 服务，监听 8080 端口。

最终，命令中还指定 Docker 所使用的镜像：nigelpoulton/pluralsight-docker-ci。这个镜像不一定保持更新，并且可能存在缺陷。

使用 docker container ls 命令可以查看当前运行的容器以及端口的映射情况。端口信息按照 host-port:container-port 的格式显示，明确这一点很重要。

```
$ docker container ls
CONTAINER ID   COMMAND           STATUS       PORTS                    NAMES
6efa1838cd51   /bin/sh -c...     Up 2 mins  0.0.0.0:80->8080/tcp   webserver
```

注：为了提高可读性，上面输出中的部分列并未展示。

现在容器已经运行，端口也映射成功，可以通过浏览器来访问该容器，需要在浏览器中指定 Docker 主机的 IP 地址或 DNS 名称，端口号是 80。图 7.4 展示了由容器服务提供的网页。

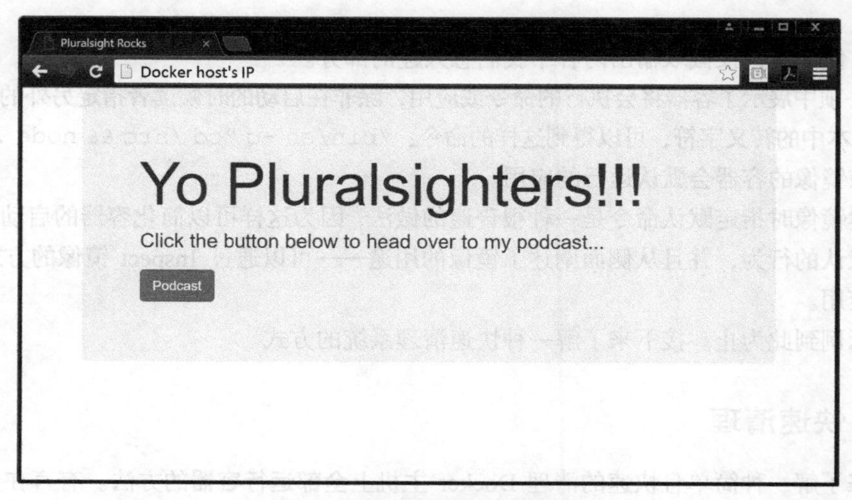

图 7.4　由容器服务提供的网页

docker container stop、docker container pause、docker container start 和 docker container rm 命令同样适用于容器。同时，持久性的规则也适用于容器——停止

或暂停容器并不会导致容器销毁，或者内部存储的数据丢失。

7.2.11 查看容器详情

在前面的示例当中，读者可能发现当运行 docker container run 命令的时候，并没有指定容器中的具体应用。但是容器却启动了一个简单的 Web 服务。这是如何发生的？

当构建 Docker 镜像的时候，可以通过嵌入指令来列出希望容器运行时启动的默认应用。如果运行 docker image inspect 命令来查看运行容器时使用的镜像，就能看到容器启动时将要运行的应用列表了。

```
$ docker image inspect nigelpoulton/pluralsight-docker-ci
[
    {
        "Id": "sha256:07e574331ce3768f30305519...49214bf3020ee69bba1",
        "RepoTags": [
            "nigelpoulton/pluralsight-docker-ci:latest"

            <Snip>

        ],
        "Cmd": [
            "/bin/sh",
            "-c",
            "#(nop) CMD [\"/bin/sh\" \"-c\" \"cd /src \u0026\u0026 node \
              .app.js\"]"
        ],
<Snip>
```

为了方便阅读，仅截取输出内容中我们感兴趣的部分。

Cmd 一项中展示了容器将会执行的命令或应用，除非在启动的时候读者指定另外的应用。如果去掉示例脚本中的转义字符，可以得到这样的命令：/bin/sh -c "cd /src && node ./app.js。这是基于该镜像的容器会默认运行的应用。

在构建镜像时指定默认命令是一种很普遍的做法，因为这样可以简化容器的启动。这也为镜像指定了默认的行为，并且从侧面阐述了镜像的用途——可以通过 Inspect 镜像的方式来了解所要运行的应用。

本章示例到此为止。接下来了解一种快速清理系统的方式。

7.2.12 快速清理

接下来了解一种简单且快速的清理 Docker 主机上**全部运行容器**的方法。有言在先，这种处理方式会强制删除所有的容器，并且不会给容器完成清理的机会。**这种操作一定不能在生产环境系统或者运行着重要容器的系统上执行。**

在 Docker 主机的 Shell 中运行下面的命令，可以删除全部容器。

```
$ docker container rm $(docker container ls -aq) -f
6efa1838cd51
```

在本例中，因为只有一个运行中的容器，所以只有一个容器被删除（6efa1838cd51）。但是该命令的工作方式，就跟前面章节中用于删除某台 Docker 主机上全部容器的命令 rm $(docker image ls -q)一样，docker container rm 命令会删除容器。如果将$(docker container ls -aq)作为参数传递给 docker container rm 命令，等价于将系统中每个容器的 ID 传给该命令。-f 标识表示强制执行，所以即使是处于运行状态的容器也会被删除。接下来，无论是运行中还是停止的容器，都会被删除并从系统中移除。

上面的命令在 Windows Docker 主机的 PowerShell 终端内同样生效。

7.3 容器——命令

- docker container run 是启动新容器的命令。该命令的最简形式接收镜像和命令作为参数。镜像用于创建容器，而命令则是希望容器运行的应用。docker container run -it ubuntu /bin/bash 命令会在前台启动一个 Ubuntu 容器，并运行 Bash Shell。
- Ctrl-PQ 会断开 Shell 和容器终端之间的链接，并在退出后保持容器在后台处于运行（UP）状态。
- docker container ls 用于列出所有在运行（UP）状态的容器。如果使用-a 标记，还可以看到处于停止（Exited）状态的容器。
- docker container exec 允许用户在运行状态的容器中，启动一个新进程。该命令在将 Docker 主机 Shell 连接到一个运行中容器终端时非常有用。docker container exec -it <container-name or container-id> bash 命令会在容器内部启动一个 Bash Shell 进程，并连接到该 Shell。为了使该命令生效，用于创建容器的镜像必须包含 Bash Shell。
- docker container stop 命令会停止运行中的容器，并将状态置为 Exited(0)。该命令通过发送 SIGTERM 信号给容器内 PID 为 1 的进程达到目的。如果进程没有在 10s 之内得到清理并停止运行，那么会接着发送 SIGKILL 信号来强制停止该容器。docker container stop 可以接收容器 ID 以及容器名称作为参数。
- docker container start 会重启处于停止（Exited）状态的容器。可以在 docker container start 命令中指定容器的名称或者 ID。
- docker container rm 会删除停止运行的容器。可以通过容器名称或者 ID 来指定要删除的容器。推荐首先使用 docker container stop 命令停止容器，然后使用 docker container rm 来完成删除。
- docker container inspect 命令会显示容器的配置细节和运行时信息。该命令接收容器名称和容器 ID 作为主要参数。

7.4 本章小结

在本章中，对容器和虚拟机两种模型进行了比较。其中重点关注了虚拟机模型的 OS tax 问题，并且分析了虚拟机模型相对于物理机模型的巨大优势，以及容器模型如何能够带来更加显著的提升。

本章中还介绍了如何使用 docker container run 命令启动一组简单的容器，并且对比了前台和后台运行容器在交互方面的差异性。

此外还了解了杀死容器中 PID 为 1 的进程会杀死容器。同时还了解了如何启动、停止以及删除容器。

在本章最后介绍了 docker container inspect 命令，该命令可以查看容器元数据的细节信息。

目前看起来还不错!

第 8 章　应用的容器化

Docker 的核心思想就是如何将应用整合到容器中，并且能在容器中实际运行。

将应用整合到容器中并且运行起来的这个过程，称为“容器化”（Containerizing），有时也叫作“Docker 化”（Dockerizing）。

本章将逐步介绍容器化一个简单的 Linux Web 应用的过程。如果读者没有一个 Linux 的 Docker 环境来跟进练习，那么可以免费使用 Play With Docker。只需使用浏览器打开 Play With Docker 的页面，并启动若干 Linux Docker 节点即可。这是我最喜欢的启动和练习 Docker 的方式。

本章的内容主要分为 3 个部分。

- 简介。
- 详解。
- 命令。

下面就开始本章的内容吧！

8.1　应用的容器化——简介

容器是为应用而生！具体来说，容器能够简化应用的构建、部署和运行过程。

完整的应用容器化过程主要分为以下几个步骤。

（1）编写应用代码。

（2）创建一个 Dockerfile，其中包括当前应用的描述、依赖以及该如何运行这个应用。

（3）对该 Dockerfile 执行 `docker image build` 命令。

（4）等待 Docker 将应用程序构建到 Docker 镜像中。

一旦应用容器化完成（即应用被打包为一个 Docker 镜像），就能以镜像的形式交付并以容器的方式运行了。

图 8.1 展示了上述步骤。

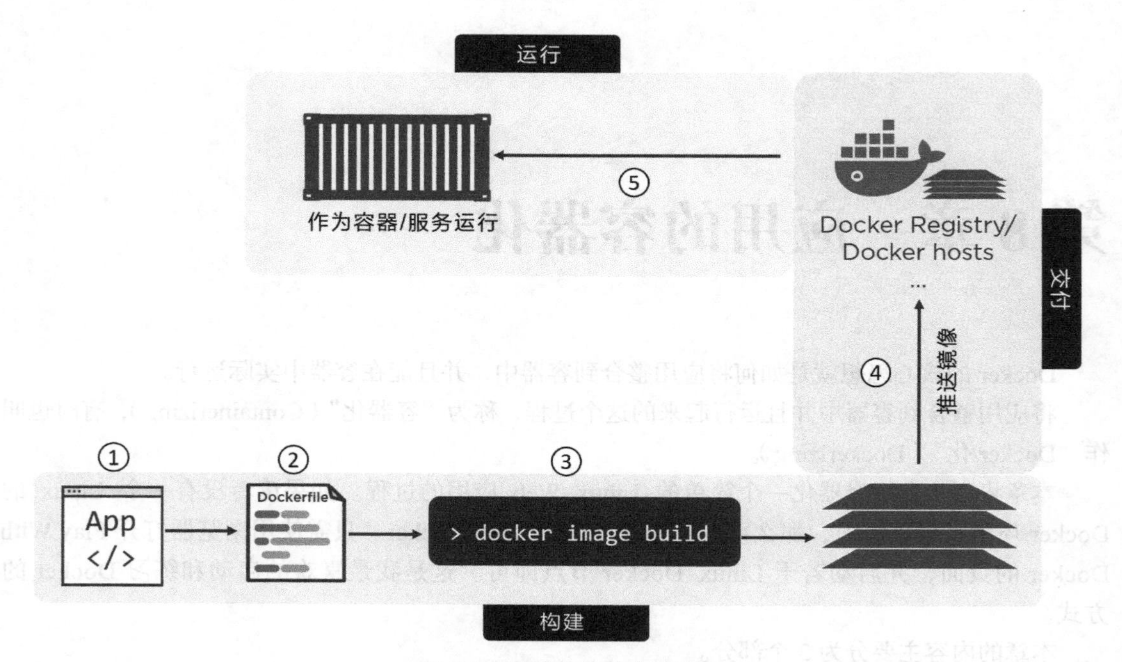

图 8.1　容器化的基本过程

8.2　应用的容器化——详解

本小节内容主要分为以下几点。

- 单体应用容器化。
- 生产环境中的多阶段构建。
- 最佳实践。

8.2.1　单体应用容器化

在接下来的内容中，本书会向读者逐步展示如何将一个简单的单节点 Node.js Web 应用容器化。如果是 Windows 操作系统的话，处理过程也是大同小异。在本书接下来的版本中，会增加一个 Windows 环境下单体应用容器化的示例。

接下来通过以下几个步骤，来介绍具体的过程。

（1）获取应用代码。

（2）分析 Dockerfile。

（3）构建应用镜像。

（4）运行该应用。

（5）测试应用。

（6）容器应用化细节。

（7）生产环境中的**多阶段构建**。

（8）最佳实践。

虽然本章将指导读者完成单节点应用的容器化，但在接下来的章节中读者可以了解到如何采用 Docker Compose 去完成多节点应用容器化。之后，本书会继续指导读者使用 Docker Stack 去处理更复杂应用的容器化场景。

1．获取应用代码

应用代码可以从我的 GitHub 主页获取，读者需要从 GitHub 将代码克隆到本地。

克隆操作会创建一个名为 psweb 的文件夹。可以进入该文件夹，并查看其中的内容。

```
$ cd psweb

$ ls -l
total 28
-rw-r--r-- 1 root root  341 Sep 29 16:26 app.js
-rw-r--r-- 1 root root  216 Sep 29 16:26 circle.yml
-rw-r--r-- 1 root root  338 Sep 29 16:26 Dockerfile
-rw-r--r-- 1 root root  421 Sep 29 16:26 package.json
-rw-r--r-- 1 root root  370 Sep 29 16:26 README.md
drwxr-xr-x 2 root root 4096 Sep 29 16:26 test
drwxr-xr-x 2 root root 4096 Sep 29 16:26 views
```

该目录下包含了全部的应用源码，以及包含界面和单元测试的子目录。这个应用结构非常简单，读者可以很方便地理解其源码内容。本章暂时不会涉及单元测试相关的内容。

目前应用的代码已就绪，接下来分析一下 Dockerfile 的具体内容。

2．分析 Dockfile

在代码目录当中，有个名称为 **Dockerfile** 的文件。这个文件包含了对当前应用的描述，并且能指导 Docker 完成镜像的构建。

在 Docker 当中，包含应用文件的目录通常被称为构建上下文（Build Context）。通常将 Dockerfile 放到构建上下文的根目录下。

另外很重要的一点是，文件开头字母是大写 **D**，这里是一个单词。像“dockerfile”或者“Docker file”这种写法都是不允许的。

接下来了解一下 Dockerfile 文件当中都包含哪些具体内容。

```
$ cat Dockerfile

FROM alpine
LABEL maintainer="nigelpoulton@hotmail.com"
RUN apk add --update nodejs nodejs-npm
COPY . /src
WORKDIR /src
RUN npm install
EXPOSE 8080
ENTRYPOINT ["node", "./app.js"]
```

Dockerfile 主要包括两个用途。

- 对当前应用的描述。
- 指导 Docker 完成应用的容器化（创建一个包含当前应用的镜像）。

不要因 Dockerfile 就是一个描述文件而对其有所轻视！Dockerfile 能实现开发和部署两个过程的无缝切换。同时 Dockerfile 还能帮助新手快速熟悉这个项目。Dockerfile 对当前的应用及其依赖有一个清晰准确的描述，并且非常容易阅读和理解。因此，要像重视你的代码一样重视这个文件，并且将它纳入到源控制系统当中。

下面是这个文件中的一些关键步骤概述：以 alpine 镜像作为当前镜像基础，指定维护者（maintainer）为“nigelpoultion@hotmail.com”，安装 Node.js 和 NPM，将应用的代码复制到镜像当中，设置新的工作目录，安装依赖包，记录应用的网络端口，最后将 app.js 设置为默认运行的应用。

具体分析一下每一步的作用。

每个 Dockerfile 文件第一行都是 FROM 指令。FROM 指令指定的镜像，会作为当前镜像的一个基础镜像层，当前应用的剩余内容会作为新增镜像层添加到基础镜像层之上。本例中的应用基于 Linux 操作系统，所以在 FROM 指令当中所引用的也是一个 Linux 基础镜像；如果读者要容器化的应用是一个基于 Windows 操作系统的应用，就需要指定一个像 microsoft/aspnetcore-build 这样的 Windows 基础镜像了。

截至目前，基础镜像的结构如图 8.2 所示。

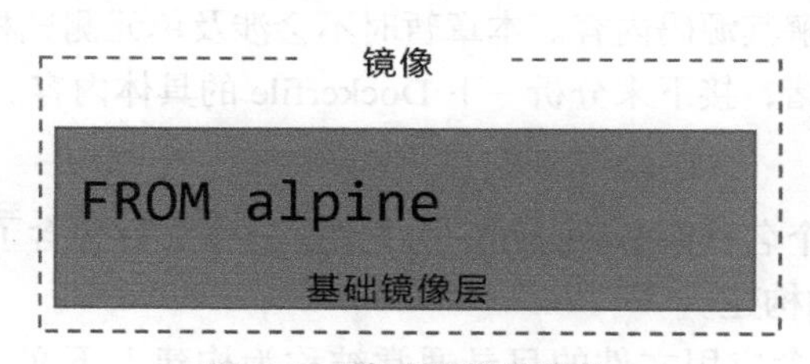

图 8.2 基础镜像的结构

接下来，Dockerfile 中通过标签（LABEL）方式指定了当前镜像的维护者为“nigelpoulton@hotmail.com”。每个标签其实是一个键值对（Key-Value），在一个镜像当中可以通过增加标签的方式来为镜像添加自定义元数据。备注维护者信息有助于为该镜像的潜在使用者提供沟通途径，这是一种值得提倡的做法。

注：本书例子中的镜像并不会长期维护，这里只是为了向读者展示标签的最佳使用方式。

RUN apk add --update nodejs npm 指令使用 alpine 的 apk 包管理器将 nodejs 和 nodejs-npm 安装到当前镜像之中。RUN 指令会在 FROM 指定的 alpine 基础镜像之上，新建一个镜像层来存储这些安装内容。当前镜像的结构如图 8.3 所示。

COPY. / src 指令将应用相关文件从构建上下文复制到了当前镜像中，并且新建一个镜像层来存储。COPY 执行结束之后，当前镜像共包含 3 层，如图 8.4 所示。

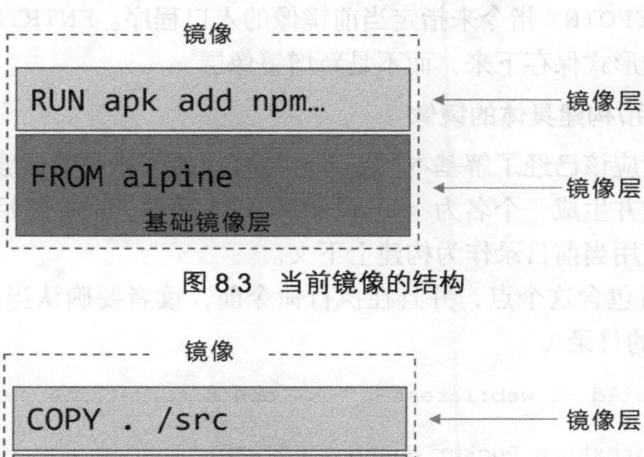

图 8.3 当前镜像的结构

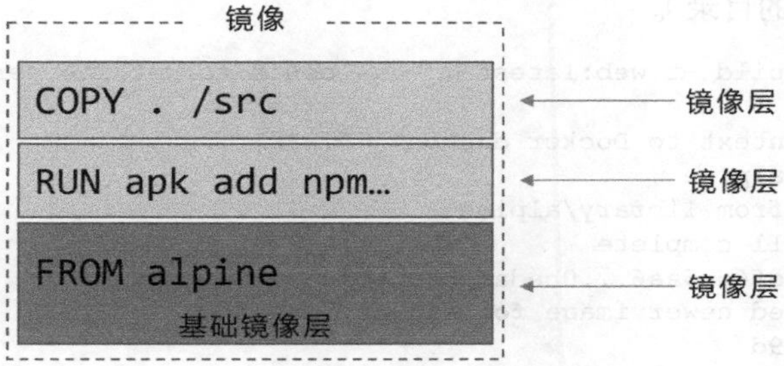

镜像
COPY . /src
RUN apk add npm…
FROM alpine
基础镜像层
镜像层
镜像层
镜像层

图 8.4 当前的 3 层镜像

下一步，Dockerfile 通过 WORKDIR 指令，为 Dockerfile 中尚未执行的指令设置工作目录。该目录与镜像相关，并且会作为元数据记录到镜像配置中，但不会创建新的镜像层。

然后，RUN npm install 指令会根据 package.json 中的配置信息，使用 npm 来安装当前应用的相关依赖包。npm 命令会在前文设置的工作目录中执行，并且在镜像中新建镜像层来保存相应的依赖文件。目前镜像一共包含 4 层，如图 8.5 所示。

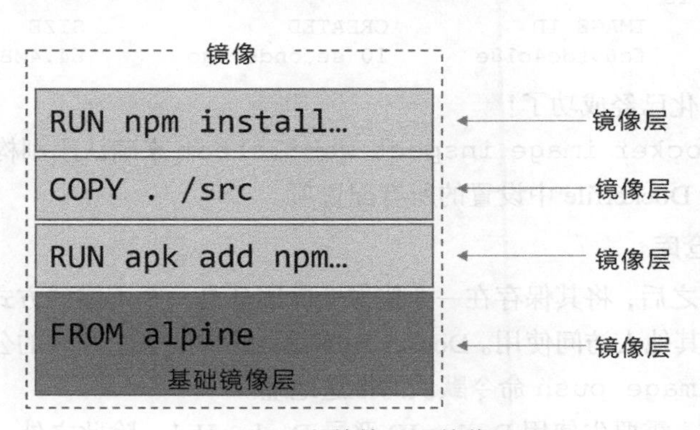

图 8.5 当前的 4 层镜像

因为当前应用需要通过 TCP 端口 8080 对外提供一个 Web 服务，所以在 Dockerfile 中通过 EXPOSE 8080 指令来完成相应端口的设置。这个配置信息会作为镜像的元数据被保存下来，并不会产生新的镜像层。

最终，通过 ENTRYPOINT 指令来指定当前镜像的入口程序。ENTRYPOINT 指定的配置信息也是通过镜像元数据的形式保存下来，而不是新增镜像层。

3．容器化当前应用/构建具体的镜像

到目前为止，读者应该已经了解基本的原理和流程，接下来是时候尝试构建自己的镜像了！

下面的命令会构建并生成一个名为 web:latest 的镜像。命令最后的点（.）表示 Docker 在进行构建的时候，使用当前目录作为构建上下文。

一定要在命令最后包含这个点，并且在执行命令前，读者要确认当前目录是 psweb（包含 Dockerfile 和应用代码的目录）。

```
$ docker image build -t web:latest .   << don't forget the period (.)

Sending build context to Docker daemon  76.29kB
Step 1/8 : FROM alpine
latest: Pulling from library/alpine
ff3a5c916c92: Pull complete
Digest: sha256:7df6db5aa6...0bedab9b8df6b1c0
Status: Downloaded newer image for alpine:latest
 ---> 76da55c8019d
<Snip>
Step 8/8 : ENTRYPOINT node ./app.js
 ---> Running in 13977a4f3b21
 ---> fc69fdc4c18e
Removing intermediate container 13977a4f3b21
Successfully built fc69fdc4c18e
Successfully tagged web:latest
```

命令执行结束后，检查本地 Docker 镜像库是否包含了刚才构建的镜像。

```
$ docker image ls
REPO    TAG      IMAGE ID       CREATED          SIZE
web     latest   fc69fdc4c18e   10 seconds ago   64.4MB
```

恭喜，应用容器化已经成功了！

读者可以通过 docker image inspect web:latest 来确认刚刚构建的镜像配置是否正确。这个命令会列出 Dockerfile 中设置的所有配置项。

4．推送镜像到仓库

在创建一个镜像之后，将其保存在一个镜像仓库服务是一个不错的方式。这样存储镜像会比较安全，并且可以被其他人访问使用。Docker Hub 就是这样的一个开放的公共镜像仓库服务，并且这也是 docker image push 命令默认的推送地址。

在推送镜像之前，需要先使用 Docker ID 登录 Docker Hub。除此之外，还需要为待推送的镜像打上合适的标签。

接下来本书会介绍如何登录 Docker Hub，并将镜像推送到其中。

在后续的例子中，读者需要用自己的 Docker ID 替换本书中例子所使用的 ID。所以每当读者看到“nigelpoulton”时，记得替换为自己的 Docker ID。

```
$ docker login
Login with **your** Docker ID to push and pull images from Docker Hub...
Username: nigelpoulton
Password:
Login Succeeded
```

推送 Docker 镜像之前，读者还需要为镜像打标签。这是因为 Docker 在镜像推送的过程中需要如下信息。

- Registry（镜像仓库服务）。
- Repository（镜像仓库）。
- Tag（镜像标签）。

读者无须为 Registry 和 Tag 指定值。当读者没有为上述信息指定具体值的时候，Docker 会默认 Registry=docker.io、Tag=latest。但是 Docker 并没有给 Repository 提供默认值，而是从被推送镜像中的 REPOSITORY 属性值获取。这一点可能不好理解，下面会通过一个完整的例子来介绍如何向 Docker Hub 中推送一个镜像。

在本章节前面的例子中执行了 docker image ls 命令。在该命令对应的输出内容中可以看到，镜像仓库的名称是 web。这意味着执行 docker image push 命令，会尝试将镜像推送到 docker.io/web:latest 中。但是其实 nigelpoulton 这个用户并没有 web 这个镜像仓库的访问权限，所以只能尝试推送到 nigelpoulton 这个二级命名空间（Namespace）之下。因此需要使用 nigelpoulton 这个 ID，为当前镜像重新打一个标签。

```
$ docker image tag web:latest nigelpoulton/web:latest
```

为镜像打标签命令的格式是 docker image tag <current-tag> <new-tag>，其作用是为指定的镜像添加一个额外的标签，并且不需要覆盖已经存在的标签。

再次执行 docker image ls 命令，可以看到这个镜像现在有了两个标签，其中一个包含 Docker ID nigelpoulton。

```
$ docker image ls
REPO                TAG       IMAGE ID       CREATED       SIZE
web                 latest    fc69fdc4c18e   10 secs ago   64.4MB
nigelpoulton/web    latest    fc69fdc4c18e   10 secs ago   64.4MB
```

现在将该镜像推送到 Docker Hub。

```
$ docker image push nigelpoulton/web:latest
The push refers to repository [docker.io/nigelpoulton/web]
2444b4ec39ad: Pushed
ed8142d2affb: Pushed
d77e2754766d: Pushed
cd7100a72410: Mounted from library/alpine
latest: digest: sha256:68c2dea730...f8cf7478 size: 1160
```

图 8.6 展示了 Docker 如何确定镜像所要推送的目的仓库。

图 8.6 确定镜像所要推送的目的仓库

因为权限问题，读者需要把上面例子中出现的 ID（nigelpoulton）替换为自己的 Docker ID，才能进行推送操作。

在本章接下来的例子当中，本书将使用 web:latest 这个标签（两个标签中较短的一个）。

5. 运行应用程序

前文中容器化的这个应用程序其实很简单，从 app.js 这个文件内容中可以看出，这其实就是一个在 8080 端口提供 Web 服务的应用程序。

下面的命令会基于 web:latest 这个镜像，启动一个名为 c1 的容器。该容器将内部的 8080 端口与 Docker 主机的 80 端口进行映射。这意味读者可以打开一个浏览器，在地址栏输入 Docker 主机的 DNS 名称或者 IP 地址，然后就能直接访问这个 Web 应用了。

> **注：** 如果 Docker 主机已经运行了某个使用 80 端口的应用程序，读者可以在执行 docker container run 命令时指定一个不同的映射端口。例如，可以使用 -p 80:8080 参数，将 Docker 内部应用程序的 8080 端口映射到主机的 80 端口。

```
$ docker container run -d --name c1 \
  -p 80:8080 \
  web:latest
```

-d 参数的作用是让应用程序以守护进程的方式在后台运行。-p 80:8080 参数的作用是将主机的 80 端口与容器内的 8080 端口进行映射。

接下来验证一下程序是否真的成功运行，并且对外提供服务的端口是否正常工作。

```
$ docker container ls

ID     IMAGE        COMMAND             STATUS       PORTS
49..   web:latest   "node ./app.js"     UP 6 secs    0.0.0.0:80->8080/tcp
```

为了方便阅读，本书只截取了命令输出内容的一部分。从上面的输出内容中可以看到，容器已经正常运行。需要注意的是，80 端口已经成功映射到了 8080 之上，并且任意外部主机（0.0.0.0:80）均可以通过 80 端口访问该容器。

6. APP 测试

打开浏览器，在地址栏输入 DNS 名称或者 IP 地址，就能访问到正在运行的应用程序了。读者可以看到图 8.7 所示的界面。

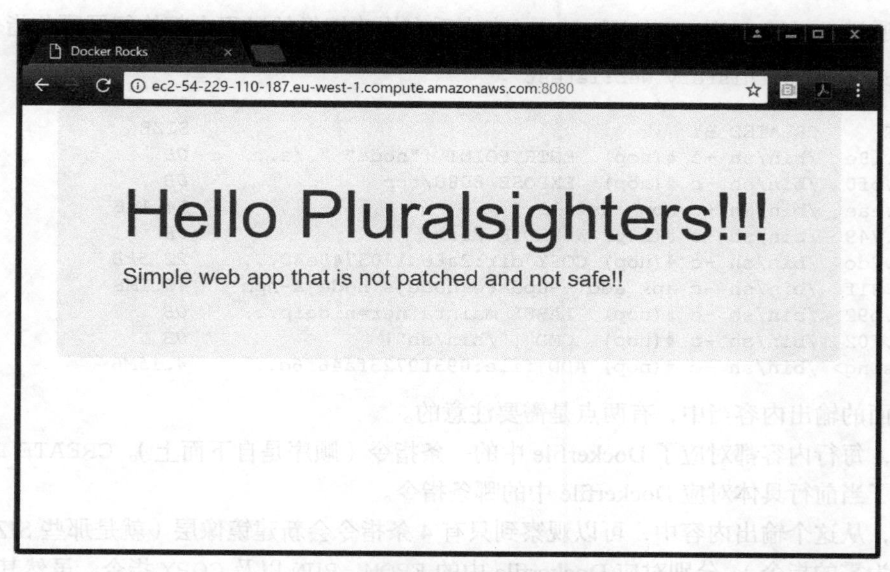

图 8.7 正在运行的应用程序界面

如果没有出现这样的界面，尝试执行下面的检查来确认原因所在。

- 使用 `docker container ls` 指令来确认容器已经启动并且正常运行。容器名称是 `c1`，并且从输出内容中能看到 `0.0.0.0:80->8080/tcp`。
- 确认防火墙或者其他网络安全设置没有阻止访问 Docker 主机的 `80` 端口。

如此，应用程序已经容器化并成功运行了，庆祝一下吧！

7．详述

到现在为止，读者应当成功完成一个示例应用程序的容器化。下面是其中一些细节部分的回顾和总结。

Dockerfile 中的注释行，都是以#开头的。

除注释之外，每一行都是一条指令（Instruction）。指令的格式是指令参数如下。

`INSTRUCTION argument`

指令是不区分大小写的，但是通常都采用大写的方式。这样 Dockerfile 的可读性会高一些。

`Docker image build` 命令会按行来解析 Dockerfile 中的指令并顺序执行。

部分指令会在镜像中创建新的镜像层，其他指令只会增加或修改镜像的元数据信息。

在上面的例子当中，新增镜像层的指令包括 `FROM`、`RUN` 以及 `COPY`，而新增元数据的指令包括 `EXPOSE`、`WORKDIR`、`ENV` 以及 `ENTERPOINT`。关于如何区分命令是否会新建镜像层，一个基本的原则是，如果指令的作用是向镜像中增添新的文件或者程序，那么这条指令就会新建镜像层；如果只是告诉 Docker 如何完成构建或者如何运行应用程序，那么就只会增加镜像的元数据。

可以通过 docker image history 来查看在构建镜像的过程中都执行了哪些指令。

```
$ docker image history web:latest

IMAGE     CREATED BY                                          SIZE
fc6..18e  /bin/sh -c #(nop)  ENTRYPOINT ["node" "./a...       0B
334..bf0  /bin/sh -c #(nop)  EXPOSE 8080/tcp                  0B
b27..eae  /bin/sh -c npm install                              14.1MB
932..749  /bin/sh -c #(nop) WORKDIR /src                      0B
052..2dc  /bin/sh -c #(nop) COPY dir:2a6ed1703749e80...       22.5kB
c1d..81f  /bin/sh -c apk add --update nodejs nodejs-npm       46.1MB
336..b92  /bin/sh -c #(nop)  LABEL maintainer=nigelp...       0B
3fd..f02  /bin/sh -c #(nop)  CMD ["/bin/sh"]                  0B
<missing> /bin/sh -c #(nop) ADD file:093f0723fa46f6c...       4.15MB
```

在上面的输出内容当中，有两点是需要注意的。

首先，每行内容都对应了 Dockerfile 中的一条指令（顺序是自下而上）。CREATE BY 这一列中还展示了当前行具体对应 Dockerfile 中的哪条指令。

其次，从这个输出内容中，可以观察到只有 4 条指令会新建镜像层（就是那些 SIZE 列对应的数值不为零的指令），分别对应 Dockerfile 中的 FROM、RUN 以及 COPY 指令。虽然其他指令看上去跟这些新建镜像层的指令并无区别，但实际上它们只在镜像中新增了元数据信息。这些指令之所以看起来没有区别，是因为 Docker 对之前构建镜像层方式的兼容。

读者可以通过执行 docker image inspect 指令来确认确实只有 4 个层被创建了。

```
$ docker image inspect web:latest
<Snip>
},
"RootFS": {
    "Type": "layers",
    "Layers": [
        "sha256:cd7100...1882bd56d263e02b6215",
        "sha256:b3f88e...cae0e290980576e24885",
        "sha256:3cfa21...cc819ef5e3246ec4fe16",
        "sha256:4408b4...d52c731ba0b205392567"
    ]
},
```

使用 FROM 指令引用官方基础镜像是一个很好的习惯，这是因为官方的镜像通常会遵循一些最佳实践，并且能帮助使用者规避一些已知的问题。除此之外，使用 FROM 的时候选择一个相对较小的镜像文件通常也能避免一些潜在的问题。

读者也可以观察 docker image build 命令具体的输出内容，了解镜像构建的过程。在下面的片段中，可以看到基本的构建过程是，运行临时容器>在该容器中运行 Dockerfile 中的指令>将指令运行结果保存为一个新的镜像层>删除临时容器。

```
Step 3/8 : RUN apk add --update nodejs nodejs-npm
 ---> Running in e690ddca785f   << Run inside of temp container
fetch http://dl-cdn...APKINDEX.tar.gz
fetch http://dl-cdn...APKINDEX.tar.gz
```

```
(1/10) Installing ca-certificates (20171114-r0)
<Snip>
OK: 61 MiB in 21 packages
 ---> c1d31d36b81f                    << Create new layer
Removing intermediate container    << Remove temp container
Step 4/8 : COPY . /src
```

8.2.2 生产环境中的多阶段构建

对于 Docker 镜像来说，过大的体积并不好！

越大则越慢，这就意味着更难使用，而且可能更加脆弱，更容易遭受攻击。

鉴于此，Docker 镜像应该尽量小。对于生产环境镜像来说，目标是将其缩小到仅包含运行应用所**必需**的内容即可。问题在于，生成较小的镜像并非易事。

例如，不同的 Dockerfile 写法就会对镜像的大小产生显著影响。常见的例子是，每一个 RUN 指令会新增一个镜像层。因此，通过使用&&连接多个命令以及使用反斜杠（\）换行的方法，将多个命令包含在一个 RUN 指令中，通常来说是一种值得提倡的方式。这并不难掌握，多加练习即可。

另一个问题是开发者通常不会在构建完成后进行清理。当使用 RUN 执行一个命令时，可能会拉取一些构建工具，这些工具会留在镜像中移交至生产环境。这是不合适的！

有多种方式来改善这一问题——比如常见的是采用建造者模式（Builder Pattern）。但无论采用哪种方式，通常都需要额外的培训，并且会增加构建的复杂度。

建造者模式需要至少两个 Dockerfile—— 一个用于开发环境，一个用于生产环境。首先需要编写 Dockerfile.dev，它基于一个大型基础镜像（Base Image），拉取所需的构建工具，并构建应用。接下来，需要基于 Dockerfile.dev 构建一个镜像，并用这个镜像创建一个容器。这时再编写 Dockerfile.prod，它基于一个较小的基础镜像开始构建，并从刚才创建的容器中将应用程序相关的部分复制过来。整个过程需要编写额外的脚本才能串联起来。

这种方式是可行的，但是比较复杂。

多阶段构建（Multi-Stage Build）是一种更好的方式！

多阶段构建能够在不增加复杂性的情况下优化构建过程。

下面介绍一下多阶段构建方式。

多阶段构建方式使用一个 Dockerfile，其中包含多个 FROM 指令。每一个 FROM 指令都是一个新的**构建阶段**（**Build Stage**），并且可以方便地复制之前阶段的构件。

示例源码可从我的 GitHub 主页中 atsea-sample-shopapp 仓库获得，Dockerfile 位于 app 目录。这是一个基于 Linux 系统的应用，因此只能运行在 Linux 容器环境上。

这个代码库是从 dockersamples/atsea-sample-shop-app fork 过来的，以防上游代码库被删除。

Dockerfile 如下所示。

```
FROM node:latest AS storefront
WORKDIR /usr/src/atsea/app/react-app
COPY react-app .
RUN npm install
RUN npm run build

FROM maven:latest AS appserver
WORKDIR /usr/src/atsea
COPY pom.xml .
RUN mvn -B -f pom.xml -s /usr/share/maven/ref/settings-docker.xml dependency
\:resolve
COPY . .
RUN mvn -B -s /usr/share/maven/ref/settings-docker.xml package -DskipTests

FROM java:8-jdk-alpine AS production
RUN adduser -Dh /home/gordon gordon
WORKDIR /static
COPY --from=storefront /usr/src/atsea/app/react-app/build/ .
WORKDIR /app
COPY --from=appserver /usr/src/atsea/target/AtSea-0.0.1-SNAPSHOT.jar .
ENTRYPOINT ["java", "-jar", "/app/AtSea-0.0.1-SNAPSHOT.jar"]
CMD ["--spring.profiles.active=postgres"]
```

首先注意到，Dockerfile 中有 3 个 FROM 指令。每一个 FROM 指令构成一个单独的**构建阶段**。各个阶段在内部从 0 开始编号。不过，示例中针对每个阶段都定义了便于理解的名字。

- 阶段 0 叫作 storefront。
- 阶段 1 叫作 appserver。
- 阶段 2 叫作 production。

storefront 阶段拉取了大小超过 600MB 的 node:latest 镜像，然后设置了工作目录，复制一些应用代码进去，然后使用 2 个 RUN 指令来执行 npm 操作。这会生成 3 个镜像层并显著增加镜像大小。指令执行结束后会得到一个比原镜像大得多的镜像，其中包含许多构建工具和少量应用程序代码。

appserver 阶段拉取了大小超过 700MB 的 maven:latest 镜像。然后通过 2 个 COPY 指令和 2 个 RUN 指令生成了 4 个镜像层。这个阶段同样会构建出一个非常大的包含许多构建工具和非常少量应用程序代码的镜像。

production 阶段拉取 java:8-jdk-alpine 镜像，这个镜像大约 150MB，明显小于前两个构建阶段用到的 node 和 maven 镜像。这个阶段会创建一个用户，设置工作目录，从 storefront 阶段生成的镜像中复制一些应用代码过来。之后，设置一个不同的工作目录，然后从 appserver 阶段生成的镜像中复制应用相关的代码。最后，production 设置当前应用程序为容器启动时的主程序。

重点在于 COPY --from 指令，它从之前的阶段构建的镜像中**仅复制生产环境相关的应用代码**，而不会复制生产环境不需要的构件。

还有一点也很重要，多阶段构建这种方式仅用到了一个 Dockerfile，并且 docker image

build 命令不需要增加额外参数。

下面演示一下构建操作。克隆代码库并切换到 app 目录，并确保其中有 Dockerfile。

```
$ cd atsea-sample-shop-app/app

$ ls -l
total 24
-rw-r--r-- 1 root root  682 Oct 1 22:03 Dockerfile
-rw-r--r-- 1 root root 4365 Oct 1 22:03 pom.xml
drwxr-xr-x 4 root root 4096 Oct 1 22:03 react-app
drwxr-xr-x 4 root root 4096 Oct 1 22:03 src
```

执行构建（这可能会花费几分钟）。

```
$ docker image build -t multi:stage .

Sending build context to Docker daemon 3.658MB
Step 1/19 : FROM node:latest AS storefront
latest: Pulling from library/node
aa18ad1a0d33: Pull complete
15a33158a136: Pull complete
<Snip>
Step 19/19 : CMD --spring.profiles.active=postgres
 ---> Running in b4df9850f7ed
 ---> 3dc0d5e6223e
Removing intermediate container b4df9850f7ed
Successfully built 3dc0d5e6223e
Successfully tagged multi:stage
```

注：示例中 multi:stage 标签是自行定义的，读者可以根据自己的需要和规范来指定标签名称。不过并不要求一定必须为多阶段构建指定标签。

执行 docker image ls 命令查看由构建命令拉取和生成的镜像。

```
$ docker image ls

REPO     TAG           IMAGE ID        CREATED         SIZE
node     latest        9ea1c3e33a0b    4 days ago      673MB
<none>   <none>        6598db3cefaf    3 mins ago      816MB
maven    latest        cbf114925530    2 weeks ago     750MB
<none>   <none>        d5b619b83d9e    1 min ago       891MB
java     8-jdk-alpine  3fd9dd82815c    7 months ago    145MB
multi    stage         3dc0d5e6223e    1 min ago       210MB
```

输出内容的第一行显示了在 storefront 阶段拉取的 node:latest 镜像，下一行内容为该阶段生成的镜像（通过添加代码，执行 npm 安装和构建操作生成该镜像）。这两个都包含许多的构建工具，因此镜像体积非常大。

第 3～4 行是在 appserver 阶段拉取和生成的镜像，它们也都因为包含许多构建工具而导致体积较大。

最后一行是 Dockerfile 中的最后一个构建阶段（stage2/production）生成的 multi:stage 镜像。可见它明显比之前阶段拉取和生成的镜像要小。这是因为该镜像是基于相对精简的

java:8-jdk-alpine 镜像构建的，并且仅添加了用于生产环境的应用程序文件。

最终，无须额外的脚本，仅对一个单独的 Dockerfile 执行 docker image build 命令，就创建了一个精简的生产环境镜像。

多阶段构建是随 Docker 17.05 版本新增的一个特性，用于构建精简的生产环境镜像。

8.2.3　最佳实践

在结束本章之前，介绍一些最佳实践，当然本节无意罗列所有的最佳实践。

1．利用构建缓存

Docker 的构建过程利用了缓存机制。观察缓存效果的一个方法，就是在一个干净的 Docker 主机上构建一个新的镜像，然后再重复同样的构建。第一次构建会拉取基础镜像，并构建镜像层，构建过程需要花费一定时间；第二次构建几乎能够立即完成。这就是因为第一次构建的内容（如镜像层）能够被缓存下来，并被后续的构建过程复用。

docker image build 命令会从顶层开始解析 Dockerfile 中的指令并逐行执行。而对每一条指令，Docker 都会检查缓存中是否已经有与该指令对应的镜像层。如果有，即为缓存命中（Cache Hit），并且会使用这个镜像层；如果没有，则是缓存未命中（Cache Miss），Docker 会基于该指令构建新的镜像层。缓存命中能够显著加快构建过程。

下面通过实例演示其效果。

示例用的 Dockerfile 如下。

```
FROM alpine
RUN apk add --update nodejs nodejs-npm
COPY . /src
WORKDIR /src
RUN npm install
EXPOSE 8080
ENTRYPOINT ["node", "./app.js"]
```

第一条指令告诉 Docker 使用 alpine:latest 作为基础镜像。如果主机中已经存在这个镜像，那么构建时会直接跳到下一条指令；如果镜像不存在，则会从 Docker Hub（docker.io）拉取。

下一条指令（RUN apk...）对镜像执行一条命令。此时，Docker 会检查构建缓存中是否存在基于同一基础镜像，并且执行了相同指令的镜像层。在此例中，Docker 会检查缓存中是否存在一个基于 alpine:latest 镜像且执行了 RUN apk add --update nodejs nodejs-npm 指令构建得到的镜像层。

如果找到该镜像层，Docker 会跳过这条指令，并链接到这个已经存在的镜像层，然后继续构建；如果无法找到符合要求的镜像层，则设置缓存无效并构建该镜像层。此处“设置缓存无效”作用于本次构建的后续部分。也就是说 Dockerfile 中接下来的指令将全部执行而不会再尝试查找构建缓存。

假设 Docker 已经在缓存中找到了该指令对应的镜像层（缓存命中），并且假设这个镜像层的 ID 是 AAA。

下一条指令会复制一些代码到镜像中（COPY . /src）。因为上一条指令命中了缓存，Docker 会继续查找是否有一个缓存的镜像层也是基于 AAA 层并执行了 COPY . /src 命令。如果有，Docker 会链接到这个缓存的镜像层并继续执行后续指令；如果没有，则构建镜像层，并对后续的构建操作设置缓存无效。

假设 Docker 已经有一个对应该指令的缓存镜像层（缓存命中），并且假设这个镜像层的 ID 是 BBB。

那么 Docker 将继续执行 Dockerfile 中剩余的指令。

理解以下几点很重要。

首先，一旦有指令在缓存中未命中（没有该指令对应的镜像层），则后续的整个构建过程将不再使用缓存。在编写 Dockerfile 时须特别注意这一点，尽量将易于发生变化的指令置于 Dockerfile 文件的后方执行。这意味着缓存未命中的情况将直到构建的后期才会出现——从而构建过程能够尽量从缓存中获益。

通过对 docker image build 命令加入--no-cache=true 参数可以强制忽略对缓存的使用。

还有一点也很重要，那就是 COPY 和 ADD 指令会检查复制到镜像中的内容自上一次构建之后是否发生了变化。例如，有可能 Dockerfile 中的 COPY . /src 指令没有发生变化，但是被复制的目录中的内容已经发生变化了。

为了应对这一问题，Docker 会计算每一个被复制文件的 Checksum 值，并与缓存镜像层中同一文件的 checksum 进行对比。如果不匹配，那么就认为缓存无效并构建新的镜像层。

2. 合并镜像

合并镜像并非一个最佳实践，因为这种方式利弊参半。

总体来说，Docker 会遵循正常的方式构建镜像，但之后会增加一个额外的步骤，将所有的内容合并到一个镜像层中。

当镜像中层数太多时，合并是一个不错的优化方式。例如，当创建一个新的基础镜像，以便基于它来构建其他镜像的时候，这个基础镜像就最好被合并为一层。

缺点是，合并的镜像将无法共享镜像层。这会导致存储空间的低效利用，而且 push 和 pull 操作的镜像体积更大。

执行 docker image build 命令时，可以通过增加--squash 参数来创建一个合并的镜像。

图 8.8 阐释了合并镜像层带来的存储空间低效利用的问题。两个镜像的内容是完全一样的，区别在于是否进行了合并。在使用 docker image push 命令发送镜像到 Docker Hub 时，合并的镜像需要发送全部字节，而不合并的镜像只需要发送不同的镜像层即可。

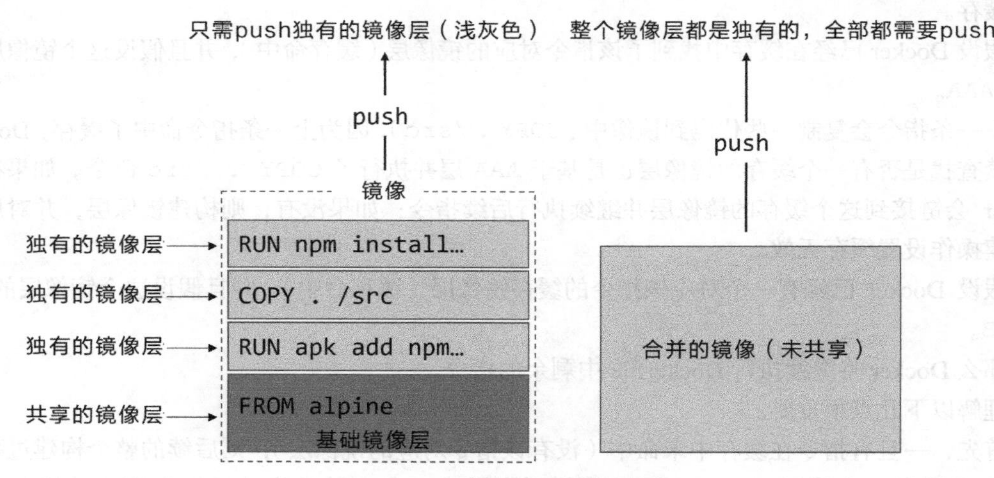

图 8.8 合并的与不合并的镜像

3．使用 no-install-recommends

在构建 Linux 镜像时，若使用的是 APT 包管理器，则应该在执行 `apt-get install` 命令时增加 `no-install-recommends` 参数。这能够确保 APT 仅安装核心依赖（`Depends` 中定义）包，而不是推荐和建议的包。这样能够显著减少不必要包的下载数量。

4．不要安装 MSI 包（Windows）

在构建 Windows 镜像时，尽量避免使用 MSI 包管理器。因其对空间的利用率不高，会大幅增加镜像的体积。

8.3 应用的容器化——命令

- `docker image build` 命令会读取 Dockerfile，并将应用程序容器化。使用`-t` 参数为镜像打标签，使用`-f` 参数指定 Dockerfile 的路径和名称，使用`-f` 参数可以指定位于任意路径下的任意名称的 Dockerfile。构建上下文是指应用文件存放的位置，可能是本地 Docker 主机上的一个目录或一个远程的 Git 库。
- Dockerfile 中的 FROM 指令用于指定要构建的镜像的基础镜像。它通常是 Dockerfile 中的第一条指令。
- Dockerfile 中的 RUN 指令用于在镜像中执行命令，这会创建新的镜像层。每个 RUN 指令创建一个新的镜像层。
- Dockerfile 中的 COPY 指令用于将文件作为一个新的层添加到镜像中。通常使用 COPY 指令将应用代码复制到镜像中。
- Dockerfile 中的 EXPOSE 指令用于记录应用所使用的网络端口。

- Dockerfile 中的 ENTRYPOINT 指令用于指定镜像以容器方式启动后默认运行的程序。
- 其他的 Dockerfile 指令还有 LABEL、ENV、ONBUILD、HEALTHCHECK、CMD 等。

8.4　本章小结

本章介绍了如何容器化（Docker 化）一个应用。

首先从远程 Git 库拉取了一些应用代码。库中除了应用代码，还包括 Dockerfile，后者包含一系列指令，用于定义如何将应用构建为一个镜像。然后介绍了 Dockerfile 基本的工作机制，并用 `docker image build` 命令创建了一个新的镜像。

镜像创建后，基于该镜像启动了一个容器，并借助 Web 浏览器对其进行了测试。

接下来，读者可以了解多阶段构建提供了一种简单的方式，能够构建更加精简的生产环境镜像。

读者从本章中还可以了解到 Dockerfile 是一个将应用程序文档化的有力工具。正因如此，它能够帮助新加入的开发人员迅速进入状态，能够为开发人员和运维人员弥合分歧。出于这种考虑，请将其视为代码，并用源控制系统进行管理。

虽然本章的例子都是基于 Linux 的，但是对于 Windows 应用的容器化也是类似的过程：首先编写应用代码，然后创建一个 Dockerfile 来定义这个应用，最后使用 `docker image build` 命令构建镜像。

第9章 使用Docker Compose部署应用

本章介绍如何使用 Docker Compose 部署多容器的应用。

Docker Compose 与 Docker Stack 非常类似。本章主要介绍 Docker Compose，它能够在 Docker 节点上，以单引擎模式（Single-Engine Mode）进行多容器应用的部署和管理。下一章将介绍 Docker Stack，它能够以 Swarm 模式对 Docker 节点上的多容器应用进行部署和管理。

本章依然分为以下 3 个部分。

- 简介。
- 详解。
- 命令。

9.1 使用 Docker Compose 部署应用——简介

多数的现代应用通过多个更小的服务互相协同来组成一个完整可用的应用。比如一个简单的示例应用可能由如下 4 个服务组成。

- Web 前端。
- 订单管理。
- 品类管理。
- 后台数据库。

将以上服务组织在一起，就是一个可用的应用。

部署和管理繁多的服务是困难的。而这正是 Docker Compose 要解决的问题。

Docker Compose 并不是通过脚本和各种冗长的 `docker` 命令来将应用组件组织起来，而是通过一个声明式的配置文件描述整个应用，从而使用一条命令完成部署。

应用部署成功后，还可以通过一系列简单的命令实现对其完整生命周期的管理。甚至，配置文件还可以置于版本控制系统中进行存储和管理。这是显著的进步！

简要的了解之后，下面将展开更加深入的介绍。

9.2 使用 Docker Compose 部署应用——详解

本节分为如下几方面。

- Docker Compose 的背景。
- 安装 Docker Compose。
- Compose 文件。
- 使用 Docker Compose 部署应用。
- 使用 Docker Compose 管理应用。

9.2.1 Docker Compose 的背景

Docker Compose 的前身是 Fig。Fig 是一个由 Orchard 公司开发的强有力的工具，在当时是进行多容器管理的最佳方案。Fig 是一个基于 Docker 的 Python 工具，允许用户基于一个 YAML 文件定义多容器应用，从而可以使用 `fig` 命令行工具进行应用的部署。Fig 还可以对应用的全生命周期进行管理。

内部实现上，Fig 会解析 YAML 文件，并通过 Docker API 进行应用的部署和管理。这种方式相当不错！

在 2014 年，Docker 公司收购了 Orchard 公司，并将 Fig 更名为 Docker Compose。命令行工具也从 `fig` 更名为 `docker-compose`，并自此成为绑定在 Docker 引擎之上的外部工具。虽然它从未完全集成到 Docker 引擎中，但是仍然受到广泛关注并得到普遍使用。

直至今日，Docker Compose 仍然是一个需要在 Docker 主机上进行安装的外部 Python 工具。使用它时，首先编写定义多容器（多服务）应用的 YAML 文件，然后将其交由 `docker-compose` 命令处理，Docker Compose 就会基于 Docker 引擎 API 完成应用的部署。

下面通过实战进行介绍。

9.2.2 安装 Docker Compose

Docker Compose 可用于多种平台。本节将介绍在 Windows、Mac 以及 Linux 上的几种安装方法。当然还有其他的安装方法，不过以下几种足够帮助读者入门。

1．在 Windows 10 上安装 Docker Compose

在 Windows 10 上运行 Docker 的推荐工具是 Windows 版 Docker（Docker for Windows, DfW）。Docker Compose 会包含在标准 DfW 安装包中。所以，安装 DfW 之后就已经有 Docker Compose 工具了。

在 PowerShell 或 CMD 终端中使用如下命令可以检查 Docker Compose 是否安装成功。

```
> docker-compose --version
docker-compose version 1.18.0, build 8dd22a96
```

关于在 Windows 10 上安装 Windows 版 Docker 的更多内容请见第 3 章。

2．在 Mac 上安装 Docker Compose

与 Windows 10 一样，Docker Compose 也作为 Mac 版 Docker（Docker for Mac, DfM）的一部分进行安装，所以一旦安装了 DfM，也就安装了 Docker Compose。

在终端中运行如下命令检查 Docker Compose 是否安装。

```
$ docker-compose --version
docker-compose version 1.18.0, build 8dd22a96
```

关于安装 Mac 版 Docker 的更多内容请见第 3 章。

3．在 Windows Server 上安装 Docker Compose

Docker Compose 在 Windows Server 上是作为一个单独的二进制文件安装的。因此，使用它的前提是确保在 Windows Server 上已经正确安装了 Docker。

在 PowerShell 终端中输入如下命令来安装 Docker Compose。为了便于阅读，下面的命令使用反引号（`）来对换行进行转义，从而将多行命令合并。

下面的命令安装的是 `1.18.0` 版本的 Docker Compose，读者请自行选择版本号：https://github.com/docker/compose/releases。只需要将 URL 中的 `1.18.0` 替换为你希望安装的版本即可。

```
> Invoke-WebRequest ` "https://github.com/docker/compose/releases/download/1\
.18.0/docker-compose-Windows-x86_64.exe" `
-UseBasicParsing `
-OutFile $Env:ProgramFiles\docker\docker-compose.exe

Writing web request
Writing request stream... (Number of bytes written: 5260755)
```

使用 `docker-compose --version` 命令查看安装情况。

```
> docker-compose --version
docker-compose version 1.18.0, build 8dd22a96
```

Docker Compose 安装好了，只要 Windows Server 上安装有 Docker 引擎即可使用。

4．在 Linux 上安装 Docker Compose

在 Linux 上安装 Docker Compose 分为两步。首先使用 `curl` 命令下载二进制文件，然后使用 `chmod` 命令将其置为可运行。

Docker Compose 在 Linux 上的使用，同样需要先安装有 Docker 引擎。

如下命令会下载 `1.18.0` 版本的 Docker Compose 到 `/usr/bin/local`。请在 GitHub 上查找想安装的版本，并替换 URL 中的 `1.18.0`。

下面的示例是一条写成多行的命令，如果要将其合并为一行，请删掉反斜杠（\）。

```
$ curl -L \
 https://github.com/docker/compose/releases/download/1.18.0/docker-compose-`\
uname -s`-`uname -m` \
 -o /usr/local/bin/docker-compose
```

```
% Total    % Received     Time      Time     Time     Current
                          Total     Spent    Left     Speed
100   617    0    617     0 --:--:-- --:--:-- --:--:-- 1047
100 8280k  100 8280k     0  0:00:03  0:00:03 --:--:-- 4069k
```

下载 docker-compose 二进制文件后，使用如下命令使其可执行。

```
$ chmod +x /usr/local/bin/docker-compose
```

检查安装情况以及版本。

```
$ docker-compose --version
docker-compose version 1.18.0, build 8dd22a9
```

现在就可以在 Linux 上使用 Docker Compose 了。

此外，也可以使用 pip 来安装 Docker Compose 的 Python 包。不过，本书无意在各种各样的安装方法中花费过多篇幅，点到为止，继续后续的内容。

9.2.3 Compose 文件

Docker Compose 使用 YAML 文件来定义多服务的应用。YAML 是 JSON 的一个子集，因此也可以使用 JSON。不过本章中的例子将全部采用 YAML。

Docker Compose 默认使用文件名 docker-compose.yml。当然，用户也可以使用-f 参数指定具体文件。

如下是一个简单的 Compose 文件的示例，它定义了一个包含两个服务（web-fe 和 redis）的小型 Flask 应用。这是一个能够对访问者进行计数并将其保存到 Redis 的简单的 Web 服务。本书中将其命名为 counter-app，并将其作为后续章节的示例应用程序。

```
version: "3.5"
services:
  web-fe:
    build: .
    command: python app.py
    ports:
      - target: 5000
        published: 5000
    networks:
      - counter-net
    volumes:
      - type: volume
        source: counter-vol
        target: /code
  redis:
    image: "redis:alpine"
    networks:
      counter-net:

networks:
```

```
    counter-net:

  volumes:
    counter-vol:
```

在深入研究之前粗略观察文件的基本结构，首先可以注意到，它包含 4 个一级 key：version、services、networks、volumes。

除此之外的其他 key，这里暂时不展开讨论。

version 是必须指定的，而且总是位于文件的第一行。它定义了 Compose 文件格式（主要是 API）的版本。建议使用最新版本。

注意，version 并非定义 Docker Compose 或 Docker 引擎的版本号。如果希望了解关于 Docker 引擎、Docker Compose 以及 Compose 文件之间的版本兼容性信息，请搜索“Compose file versions and upgrading”。

本章中 Compose 文件将使用版本 3 及以上的版本。

services 用于定义不同的应用服务。上边的例子定义了两个服务：一个名为 web-fe 的 Web 前端服务以及一个名为 redis 的内存数据库服务。Docker Compose 会将每个服务部署在各自的容器中。

networks 用于指引 Docker 创建新的网络。默认情况下，Docker Compose 会创建 bridge 网络。这是一种单主机网络，只能够实现同一主机上容器的连接。当然，也可以使用 driver 属性来指定不同的网络类型。

下面的代码可以用来创建一个名为 over-net 的 Overlay 网络，允许独立的容器（standalone container）连接（attachable）到该网络上。

```
networks:
  over-net:
  driver: overlay
  attachable: true
```

volumes 用于指引 Docker 来创建新的卷。

分析示例中的 Compose 文件

上面例子中的 Compose 文件使用的是 v3.5 版本的格式，定义了两个服务，一个名为 counter-net 的网络和一个名为 counter-vol 的卷。

更多的信息在 services 中，下面仔细分析一下。

Compose 文件中的 services 部分定义了两个二级 key：web-fe 和 redis。

它们各自定义了一个应用程序服务。需要明确的是，Docker Compose 会将每个服务部署为一个容器，并且会使用 key 作为容器名字的一部分。本例中定义了两个 key：web-fe 和 redis。因此 Docker Compose 会部署两个容器，一个容器的名字中会包含 web-fe，而另一个会包含 redis。

web-fe 的服务定义中，包含如下指令。

- build：.指定 Docker 基于当前目录（.）下 Dockerfile 中定义的指令来构建一个新镜像。该镜像会被用于启动该服务的容器。
- command：python app.py 指定 Docker 在容器中执行名为 app.py 的 Python 脚本作为主程序。因此镜像中必须包含 app.py 文件以及 Python，这一点在 Dockerfile 中可以得到满足。
- ports：指定 Docker 将容器内（-target）的 5000 端口映射到主机（published）的 5000 端口。这意味着发送到 Docker 主机 5000 端口的流量会被转发到容器的 5000 端口。容器中的应用监听端口 5000。
- networks：使得 Docker 可以将服务连接到指定的网络上。这个网络应该是已经存在的，或者是在 networks 一级 key 中定义的网络。对于 Overlay 网络来说，它还需要定义一个 attachable 标志，这样独立的容器才可以连接上它（这时 Docker Compose 会部署独立的容器而不是 Docker 服务）。
- volumes：指定 Docker 将 counter-vol 卷（source:）挂载到容器内的/code（target:）。counter-vol 卷应该是已存在的，或者是在文件下方的 volumes 一级 key 中定义的。

综上，Docker Compose 会调用 Docker 来为 web-fe 服务部署一个独立的容器。该容器基于与 Compose 文件位于同一目录下的 Dockerfile 构建的镜像。基于该镜像启动的容器会运行 app.py 作为其主程序，将 5000 端口暴露给宿主机，连接到 counter-net 网络上，并挂载一个卷到/code。

注：从技术上讲，本例并不需要配置 command: python app.py。因为镜像的 Dockerfile 已经将 python app.py 定义为了默认的启动程序。但是，本例主要是为了展示其如何执行，因此也可用于覆盖 Dockerfile 中配置的 CMD 指令。

redis 服务的定义相对比较简单。

- image: redis:alpine 使得 Docker 可以基于 redis:alpine 镜像启动一个独立的名为 redis 的容器。这个镜像会被从 Docker Hub 上拉取下来。
- networks：配置 redis 容器连接到 counter-net 网络。

由于两个服务都连接到 counter-net 网络，因此它们可以通过名称解析到对方的地址。了解这一点很重要，本例中上层应用被配置为通过名称与 Redis 服务通信。

既然理解了 Compose 文件的工作原理，下面开始部署实战吧！

9.2.4 使用 Docker Compose 部署应用

本节将实际部署 9.2.3 节介绍的 Compose 文件中定义的应用。读者可以从我的 GitHub 主页中的 counter-app 下载所需的文件。

将 Git 库克隆到本地。使克隆下来的代码文件位于一个新创建的名为 counter-app 的目录中。

该目录包含所需的所有文件，可以作为构建上下文。Docker Compose 会使用目录名（counter-app）作为项目名称，这一点在后续的操作中会看到，Docker Compose 会将所有的资源名称中加上前缀 counter-app_。

进入 counter-app 目录中，检查文件是否存在。

```
$ cd counter-app
$ ls
app.py docker-compose.yml Dockerfile requirements.txt ...
```

简要介绍这几个文件。

- app.py 是应用程序代码（一个 Python Flask 应用）。
- docker-compose.yml 是 Compose 文件，其中定义了 Docker 如何部署应用。
- Dockerfile 定义了如何构建 web-fe 服务所使用的镜像。
- requirements.txt 列出了应用所依赖的 Python 包。

请根据需要自行查看文件内容。

app.py 显然是应用的核心文件，而 docker-compose.yml 文件将应用的所有组件组织起来。

下面使用 Docker Compose 将应用启动起来。以下所有的命令都是运行在刚才克隆的 counter-app 目录下的。

```
$ docker-compose up &

[1] 1635
Creating network "counterapp_counter-net" with the default driver
Creating volume "counterapp_counter-vol" with default driver
Pulling redis (redis:alpine)...
alpine: Pulling from library/redis
1160f4abea84: Pull complete
a8c53d69ca3a: Pull complete
<Snip>
web-fe_1  |  * Debugger PIN: 313-791-729
```

启动应用将花费几秒钟时间，其输出也非常详尽。不过关于启动过程会在稍后介绍，我们首先讨论一下 docker-compose 命令。

常用的启动一个 Compose 应用（通过 Compose 文件定义的多容器应用称为“Compose 应用”）的方式就是 docker-compose up 命令。它会构建所需的镜像，创建网络和卷，并启动容器。

默认情况下，docker-compose up 会查找名为 docker-compose.yml 或 docker-compose.yaml 的 Compose 文件。如果 Compose 文件是其他文件名，则需要通过-f 参数来指定。如下命令会基于名为 prod-equus-bass.yml 的 Compose 文件部署应用。

```
$ docker-compose -f prod-equus-bass.yml up
```

使用-d 参数在后台启动应用也是常见的用法，代码如下。

```
docker-compose up -d

--OR--

docker-compose -f prod-equus-bass.yml up -d
```

前面的示例命令在前台启动应用（没有使用-d 参数），但是使用了&将终端窗口返回。这种用法不太正规，所有的日志还是会直接输出到我们后续可能会用的终端窗口上。

这样应用就构建并启动起来了，读者可以直接使用 docker 命令来查看 Docker Compose 创建的镜像、容器、网络和卷。

```
$ docker image ls
REPOSITORY          TAG           IMAGE ID      CREATED          SIZE
counterapp_web-fe   latest        96..6ff9e     3 minutes ago    95.9MB
python              3.4-alpine    01..17a02     2 weeks ago      85.5MB
redis               alpine        ed..c83de     5 weeks ago      26.9MB
```

可以看到有 3 个在部署过程中构建或拉取的镜像。

counterapp_web-fe:latest 镜像源自 docker-compose.yml 文件中的 build: . 指令。该指令让 Docker 基于当前目录下的 Dockerfile 来构建一个新的镜像。该镜像基于 python:3.4-alpine 构建，其中包含 Python Flask Web 应用的程序代码。更多信息可以通过查看 Dockerfile 的内容进行了解。

```
FROM python:3.4-alpine                    << 基础镜像
ADD . /code                               << 将 app 复制到镜像中
WORKDIR /code                             << 设置工作目录
RUN pip install -r requirements.txt       << 安装依赖
CMD ["python", "app.py"]                  << 设置默认启动命令
```

为了方便理解，每一行都添加了注释。部署时要删除掉。

请注意，Docker Compose 会将项目名称（counter-app）和 Compose 文件中定义的资源名称（web-fe）连起来，作为新构建的镜像的名称。Docker Compose 部署的所有资源的名称都会遵循这一规范。

由于 Compose 文件的.Services.redis 项中指定了 image: "redis:alpine"，因此会从 Docker Hub 拉取 redis:alpine 镜像。

如下命令列出了两个容器。每个容器的名称都以项目名称（所在目录名称）为前缀。此外，它们还都以一个数字为后缀用于标识容器实例序号——因为 Docker Compose 允许扩缩容。

```
$ docker container ls
ID    COMMAND              STATUS      PORTS                     NAMES
12..  "python app.py"      Up 2 min    0.0.0.0:5000->5000/tcp    counterapp_web-fe_1
57..  "docker-entry.."     Up 2 min    6379/tcp                  counterapp_redis_1
```

counterapp_web-fe 容器中运行的是应用的 Web 前端。其中执行的是 app.py，并且被映射到了 Docker 主机的 5000 端口，稍后会进行连接。

如下的网络和卷列表显示了名为 counterapp_counter-net 的网络和名为 counterapp_counter-vol 的卷。

```
$ docker network ls
NETWORK ID      NAME                          DRIVER    SCOPE
1bd949995471    bridge                        bridge    local
40df784e00fe    counterapp_counter-net        bridge    local
f2199f3cf275    host                          host      local
67c31a035a3c    none                          null      local

$ docker volume ls
DRIVER    VOLUME NAME
<Snip>
local     counterapp_counter-vol
```

应用部署成功后，读者可以用 Docker 主机的浏览器连接 5000 端口来查看应用的运行效果，如图 9.1 所示。

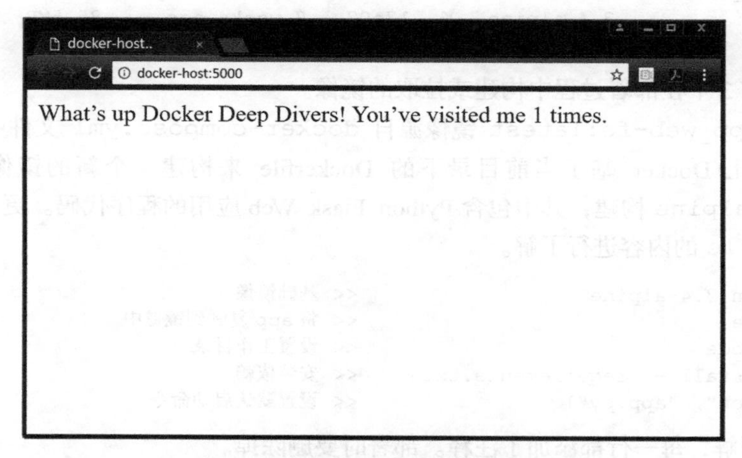

图 9.1　应用部署成功的运行效果

单击浏览器的刷新按钮，计数会增加。感兴趣的读者可以查看 app.py 是如何在 Redis 中存储计数的。

如果使用&启动应用，那么可以在终端窗口中看到包含 HTTP 响应码 200 的日志。这表明请求收到了正确的响应，每次加载页面都会有日志打印出来。

```
web-fe_1 | 172.18.0.1 - - [09/Jan/2018 11:13:21] "GET / HTTP/1.1" 200 -
web-fe_1 | 172.18.0.1 - - [09/Jan/2018 11:13:33] "GET / HTTP/1.1" 200 -
```

恭喜！到此为止，多容器的应用已经借助 Docker Compose 成功部署了。

9.2.5　使用 Docker Compose 管理应用

本节会介绍如何使用 Docker Compose 启动、停止和删除应用，以及获取应用状态。还会演示如何使用挂载的卷来实现对 Web 前端的更新。

既然应用已经启动，下面看一下如何使其停止。为了实现这一点，将子命令 up 替换成 down

即可。

```
$ docker-compose down
 1. Stopping counterapp_redis_1 ...
 2. Stopping counterapp_web-fe_1 ...
 3. redis_1    | 1:signal-handler Received SIGTERM scheduling shutdown...
 4. redis_1    | 1:M 09 Jan 11:16:00.456 # User requested shutdown...
 5. redis_1    | 1:M 09 Jan 11:16:00.456 * Saving the final RDB snap... |
 6. redis_1   1:M 09 Jan 11:16:00.463 * DB saved on disk
 7. Stopping counterapp_redis_1  ... done
 8. counterapp_redis_1 exited with code 0
 9. Stopping counterapp_web-fe_1 ... done
10. Removing counterapp_redis_1  ... done
11. Removing counterapp_web-fe_1 ... done
12. Removing network counterapp_counter-net
13. [1]+  Done              docker-compose up
```

由于是使用&启动的应用，因此它运行在前台。这意味着在终端上会打印详细的输出，从而可以很好地了解其执行过程。下面介绍一下每一行都代表什么意思。

第 1、2 行开始尝试关闭两个服务，即 Compose 文件中定义的 web-fe 和 redis。

由第 3 行可知 stop 指令会发送 SIGTERM 信号。信号会被发送到每个容器中 PID 为 1 的进程。第 4～6 行显示 Redis 容器接收到信号后优雅地自行关闭。第 7、8 行表明已成功停止 Redis。

第 9 行表明 web-fe 服务也被成功停止。

由第 10 和 11 行可知已停止的服务被删除。

第 12 行显示 counter-net 网络被删除，第 13 行显示 docker-compose up 进程退出。

需要特别注意的是，counter-vol 卷并没有被删除，因为卷应该是用于数据的长期持久化存储的。因此，卷的生命周期是与相应的容器完全解耦的。执行 docker volume ls 可见该卷依然存在于系统中。写到卷上的所有数据都会保存下来。

同样，执行 docker-compose up 过程中拉取或构建的镜像也会保留在系统中。因此，再次部署该应用将更加快捷。

下面继续介绍其他几个 docker-compose 子命令。使用如下命令再次启动应用，但是这次在后台启动它。

```
$ docker-compose up -d
Creating network "counterapp_counter-net" with the default driver
Creating counterapp_redis_1  ... done
Creating counterapp_web-fe_1 ... done
```

读者会发现这次启动要快很多——因为 counter-vol 卷已经存在，而且不需要去拉取和构建镜像。

使用 docker-compose ps 命令来查看应用的状态。

```
$ docker-compose ps
Name                 Command                     State   Ports
--------------------------------------------------------------------------
```

```
counterapp_redis_1     docker-entrypoint...     Up      6379/tcp
counterapp_web-fe_1    python app.py            Up      0.0.0.0:5000->5000/tcp
```

输出中会显示容器名称、其中运行的 Command、当前状态以及其监听的网络端口。

使用 docker-compose top 命令列出各个服务（容器）内运行的进程。

```
$ docker-compose top
counterapp_redis_1
PID     USER      TIME    COMMAND
----------------------------------------
843   dockrema    0:00   redis-server

counterapp_web-fe_1
PID    USER    TIME              COMMAND
-------------------------------------------------
928    root    0:00    python app.py
1016   root    0:00    /usr/local/bin/python app.py
```

其中 PID 编号是在 Docker 主机上（而不是容器内）的进程 ID。

docker-compose stop 命令会停止应用，但并不会删除资源。然后再次运行 docker-compose ps 查看状态。

```
$ docker-compose stop
Stopping counterapp_web-fe_1 ... done
Stopping counterapp_redis_1  ... done

$ docker-compose ps
Name                   Command                       State
-----------------------------------------------------------
counterapp_redis_1     docker-entrypoint.sh redis    Exit 0
counterapp_web-fe_1    python app.py                 Exit 0
```

可以看到，停止 Compose 应用并不会在系统中删除对应用的定义，而仅将应用的容器停止。这一点可以使用 docker container ls -a 命令进行验证。

对于已停止的 Compose 应用，可以使用 docker-compose rm 命令来删除。这会删除应用相关的容器和网络，但是不会删除卷和镜像。当然，也不会删除应用源码（项目目录下的 app.py、Dockerfile、requirements.txt 和 docker-compose.yml）。

执行 docker-compose restart 命令重启应用。

```
$ docker-compose restart
Restarting counterapp_web-fe_1 ... done
Restarting counterapp_redis_1  ... done
```

查看执行结果。

```
$ docker-compose ps
Name                   Command                 State   Ports
--------------------------------------------------------------------------------
counterapp_redis_1     docker-entrypoint...    Up      6379/tcp
counterapp_web-fe_1    python app.py           Up      0.0.0.0:5000->5000/tcp
```

使用 docker-compose down 这一个命令就可以停止和关闭应用。

```
$ docker-compose down
Stopping counterapp_web-fe_1 ... done
Stopping counterapp_redis_1  ... done
Removing counterapp_web-fe_1 ... done
Removing counterapp_redis_1  ... done
Removing network counterapp_counter-net
```

应用被删除，仅留下了镜像、卷和源码。下面最后一次部署应用，然后查看卷的情况。

```
$ docker-compose up -d
Creating network "counterapp_counter-net" with the default driver
Creating counterapp_redis_1  ... done
Creating counterapp_web-fe_1 ... done
```

如果查看 Compose 文件会发现，其中定义了一个名为 counter-vol 的新卷，并将其挂载到 web-fe 服务的/code 路径上。

```
services:
  web-fe:
  <Snip>
    volumes:
      - type: volume
        source: counter-vol
        target: /code
<Snip>
volumes:
  counter-vol:
```

当第一次部署该应用的时候，Docker Compose 会检查是否有同名的卷存在。如果不存在，则会创建它。也可使用 docker volume ls 命令手动查看。

```
$ docker volume ls
RIVER               VOLUME NAME
local               counterapp_counter-vol
```

值得注意的是，Docker Compose 会在部署服务之前创建网络和卷。这很合理，因为它们是供服务（容器）使用的底层基础资源。如下可见，Docker Compose 会首先创建网络和卷（甚至先于构建和拉取镜像）。

```
$ docker-compose up -d

Creating network "counterapp_counter-net" with the default driver
Creating volume "counterapp_counter-vol" with default driver
Pulling redis (redis:alpine)...
<Snip>
```

再次研读 Dockerfile 中关于 web-fe 服务的定义，会看到它将卷 counter-app 挂载到容器的/code 目录。还会发现，/code 正是应用安装和执行的目录。由此可知，应用的代码是位于 Docker 卷中的，如图 9.2 所示。

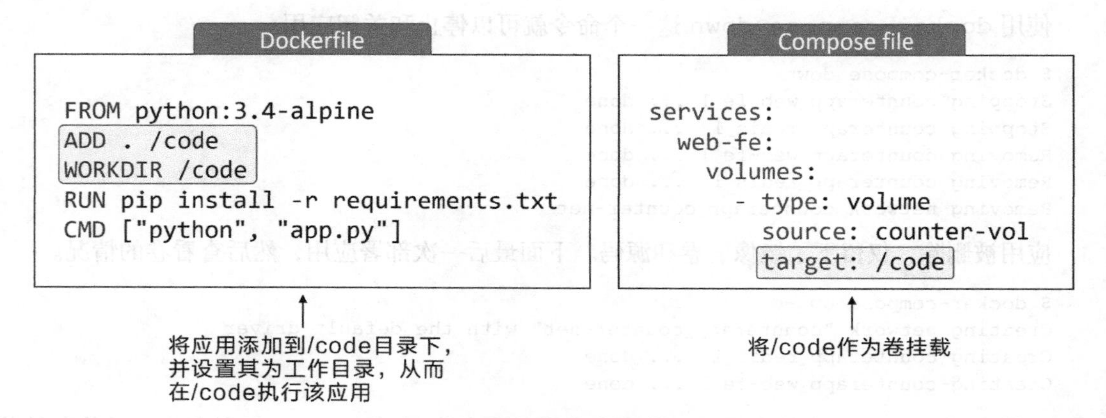
Dockerfile
FROM python:3.4-alpine
ADD . /code
WORKDIR /code
RUN pip install -r requirements.txt
CMD ["python", "app.py"]
Compose file
services:
web-fe:
volumes:
- type: volume
source: counter-vol
target: /code
将应用添加到/code目录下，
并设置其为工作目录，从而
在/code执行该应用
将/code作为卷挂载

图 9.2　应用的代码位于 Docker 卷中

这意味着，我们在 Docker 主机对卷中文件的修改，会立刻反应到应用中。下面验证一下。

具体的验证过程包含这样几个步骤。首先在项目目录下编辑 app.py 文件，从而应用在浏览器中的页面会显示不同的文本。然后将更新的文件复制到位于 Docker 主机的卷中。最后刷新应用的 Web 页面来查看更新的内容。因为，所有对位于 Docker 主机上的卷中内容的修改都会立刻反映在容器内的卷里。

请读者使用顺手的文本编辑器修改位于项目目录下的 app.py 文件，本书使用的是 vim。

```
$ vim ~/counter-app/app.py
```

修改第 22 行位于双引号之间的文字。这一行以"What's up..."开始，读者可在双引号内随意输入文字并保存。

更新源码后，将其复制到 Docker 主机上相应的卷中，也就是复制到一个或多个容器的挂载点（Mount Point）中。使用 docker volume inspect 命令可以查看卷位于 Docker 主机的什么位置。

```
$ docker volume inspect counterapp_counter-vol | grep Mount

"Mountpoint": "/var/lib/docker/volumes/counterapp_counter-vol/_data",
```

复制文件后，该文件就会出现在 web-fe 容器的/code 中，覆盖掉容器中原有的/code/app.py 文件。

```
$ cp ~/counterapp/app.py \
  /var/lib/docker/volumes/counterapp_counter-vol/_data/app.py
```

现在更新的 app.py 文件已经位于容器中了。请在浏览器中通过 Docker 主机的 IP 和端口 5000 连接到应用来查看更新的内容。

更新后的情况如图 9.3 所示。

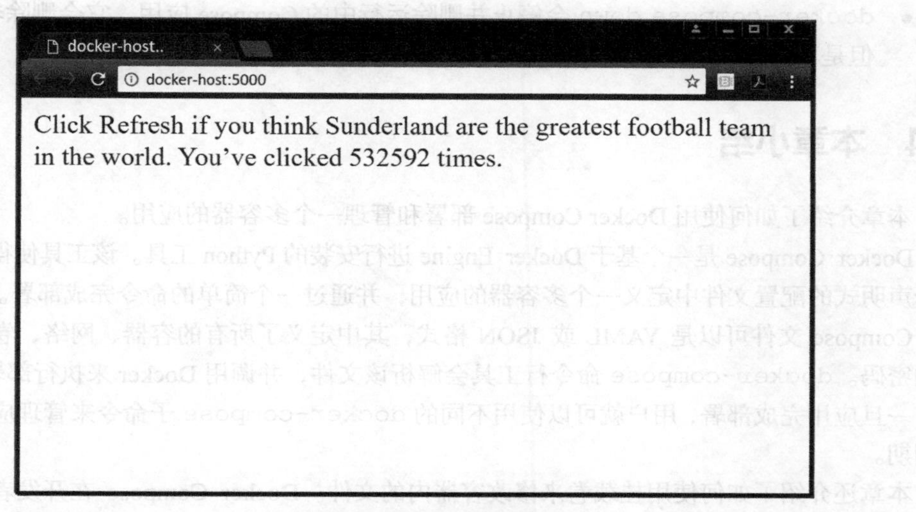

图 9.3　更新后的运行效果

显然在生产环境中不会这样做，但是在开发环境中这确实很节省时间。

到此为止，本节通过一个简单的多容器应用的例子，介绍了如何使用 Docker Compose 进行部署和管理，恭喜实践并掌握这些操作的读者！

在回顾以上所介绍的主要命令之前，需要明确的是，本节介绍的是一个简单的例子，Docker Compose 可以用来部署和管理复杂得多的应用。

9.3　使用 Docker Compose 部署应用——命令

- `docker-compose up` 命令用于部署一个 Compose 应用。默认情况下该命令会读取名为 `docker-compose.yml` 或 `docker-compose.yaml` 的文件，当然用户也可以使用`-f` 指定其他文件名。通常情况下，会使用-d 参数令应用在后台启动。
- `docker-compose stop` 命令会停止 Compose 应用相关的所有容器，但不会删除它们。被停止的应用可以很容易地通过 `docker-compose restart` 命令重新启动。
- `docker-compose rm` 命令用于删除已停止的 Compose 应用。它会删除容器和网络，但是不会删除卷和镜像。
- `docker-compose restart` 命令会重启已停止的 Compose 应用。如果用户在停止该应用后对其进行了变更，那么变更的内容不会反映在重启后的应用中，这时需要重新部署应用使变更生效。
- `docker-compose ps` 命令用于列出 Compose 应用中的各个容器。输出内容包括当前状态、容器运行的命令以及网络端口。

- docker-compose down 会停止并删除运行中的 Compose 应用。它会删除容器和网络，但是不会删除卷和镜像。

9.4 本章小结

本章介绍了如何使用 Docker Compose 部署和管理一个多容器的应用。

Docker Compose 是一个基于 Docker Engine 进行安装的 Python 工具。该工具使得用户可以在一个声明式的配置文件中定义一个多容器的应用，并通过一个简单的命令完成部署。

Compose 文件可以是 YAML 或 JSON 格式，其中定义了所有的容器、网络、卷以及应用所需的密码。docker-compose 命令行工具会解析该文件，并调用 Docker 来执行部署。

一旦应用完成部署，用户就可以使用不同的 docker-compose 子命令来管理应用的整个生命周期。

本章还介绍了如何使用挂载卷来修改容器内的文件。Docker Compose 在开发者中得到广泛使用，而且对应用来说，Compose 文件也是一种非常不错的文档——其中定义了组成应用的所有服务，它们使用的镜像、网络和卷，暴露的端口，以及更多信息。基于此，我们可以弥合开发与运维之间的隔阂。Compose 文件应该被当作代码，因此应该将其保存在源控制库中。

第 10 章　Docker Swarm

本书至此已介绍了如何安装 Docker、拉取镜像以及使用容器，接下来需要探讨的话题将是关于规模（Scale）方面的。下面有请 Docker Swarm 登场。

概括来说，Swarm 有两个核心组件。

- 安全集群。
- 编排引擎。

按照惯例，本书分为以下 3 个部分。

- 简介。
- 详解。
- 命令。

本章示例及其输出将基于 Linux 系统的 Swarm。然而，大多数命令和功能在 Windows 版 Docker 上同样适用。

10.1　Docker Swarm——简介

Docker Swarm 包含两方面：一个企业级的 Docker 安全集群，以及一个微服务应用编排引擎。

集群方面，Swarm 将一个或多个 Docker 节点组织起来，使得用户能够以集群方式管理它们。Swarm 默认内置有加密的分布式集群存储（encrypted distributed cluster store）、加密网络（Encrypted Network）、公用 TLS（Mutual TLS）、安全集群接入令牌 Secure Cluster Join Token）以及一套简化数字证书管理的 PKI（Public Key Infrastructure）。用户可以自如地添加或删除节点，这非常棒！

编排方面，Swarm 提供了一套丰富的 API 使得部署和管理复杂的微服务应用变得易如反掌。通过将应用定义在声明式配置文件中，就可以使用原生的 Docker 命令完成部署。此外，甚至还可以执行滚动升级、回滚以及扩缩容操作，同样基于简单的命令即可完成。

以往，Docker Swarm 是一个基于 Docker 引擎之上的独立产品。自 Docker 1.12 版本之后，它已经完全集成在 Docker 引擎中，执行一条命令即可启用。到 2018 年，除了原生 Swarm 应用，它还可以部署和管理 Kubernetes 应用。即便在本书撰写时，对 Kubernetes 应用的支持也是新特性。

10.2 Docker Swarm——详解

本节将从以下几个方面展开。

- Swarm 的初步介绍。
- 搭建一个安全的 Swarm 集群。
- 部署 Swarm 服务。
- 问题定位。

本节引入的例子是基于 Linux 的，但同样可运行于 Windows。如有不同本书将会明确指出。

10.2.1 Swarm 的初步介绍

从集群角度来说，一个 Swarm 由一个或多个 Docker 节点组成。这些节点可以是物理服务器、虚拟机、树莓派（Raspberry Pi）或云实例。唯一的前提就是要求所有节点通过可靠的网络相连。

节点会被配置为管理节点（Manager）或工作节点（Worker）。管理节点负责集群控制面（Control Plane），进行诸如监控集群状态、分发任务至工作节点等操作。工作节点接收来自管理节点的任务并执行。

Swarm 的配置和状态信息保存在一套位于所有管理节点上的分布式 etcd 数据库中。该数据库运行于内存中，并保持数据的最新状态。关于该数据库最棒的是，它几乎不需要任何配置——作为 Swarm 的一部分被安装，无须管理。

关于集群管理，最大的挑战在于保证其安全性。搭建 Swarm 集群时将不可避免地使用 TLS，因为它被 Swarm 紧密集成。在安全意识日盛的今天，这样的工具值得大力推广。Swarm 使用 TLS 进行通信加密、节点认证和角色授权。自动密钥轮换（Automatic Key Rotation）更是锦上添花！其在后台默默进行，用户甚至感知不到这一功能的存在！

关于应用编排，Swarm 中的最小调度单元是服务。它是随 Swarm 引入的，在 API 中是一个新的对象元素，它基于容器封装了一些高级特性，是一个更高层次的概念。

当容器被封装在一个服务中时，我们称之为一个任务或一个副本，服务中增加了诸如扩缩容、滚动升级以及简单回滚等特性。

综上，从概括性的视角来看 Swarm，如图 10.1 所示。

如上是关于 Swarm 的初步介绍。下面通过一些示例加以阐述。

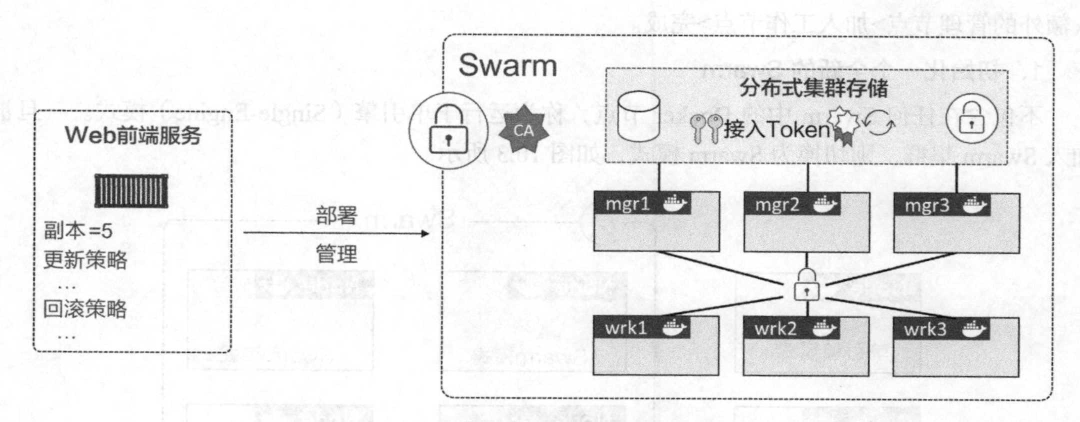

图 10.1 从概括性的视角看 Swarm

10.2.2 搭建安全 Swarm 集群

本节会搭建一套安全 Swarm 集群，其中包含 3 个管理节点和 3 个工作节点。读者也可以自行调整管理节点和工作节点的数量、名称和 IP，本书示例将使用图 10.2 所示的值。

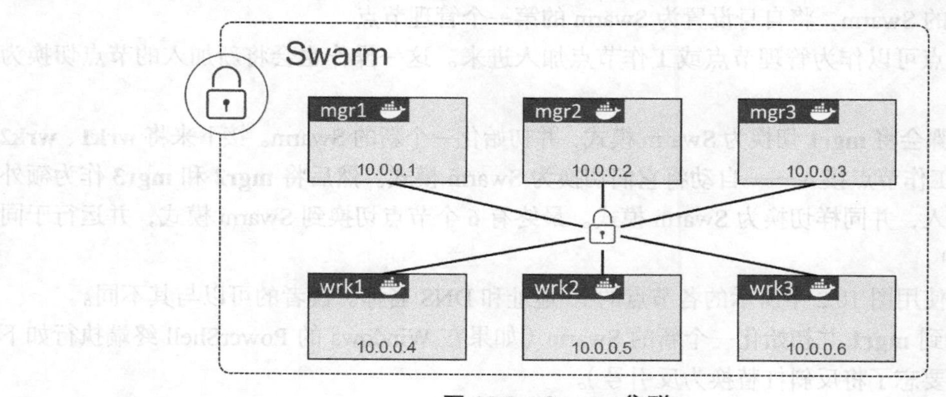

图 10.2 Swarm 集群

每个节点都需要安装 Docker，并且能够与 Swarm 的其他节点通信。如果配置有域名解析就更好了——这样在命令的输出中更容易识别出节点，也更有利于排除故障。

在网络方面，需要在路由器和防火墙中开放如下端口。

- `2377/tcp`：用于客户端与 Swarm 进行安全通信。
- `7946/tcp` 与 `7946/udp`：用于控制面 gossip 分发。
- `4789/udp`：用于基于 VXLAN 的覆盖网络。

如果满足以上前提，就可以着手开始搭建 Swarm 集群了。

搭建 Swarm 的过程有时也被称为初始化 Swarm，大体流程包括初始化第一个管理节点>加入额外的管理节点>加入工作节点>完成。

1. 初始化一个全新的 Swarm

不包含在任何 Swarm 中的 Docker 节点，称为运行于单引擎（Single-Engine）模式。一旦被加入 Swarm 集群，则切换为 Swarm 模式，如图 10.3 所示。

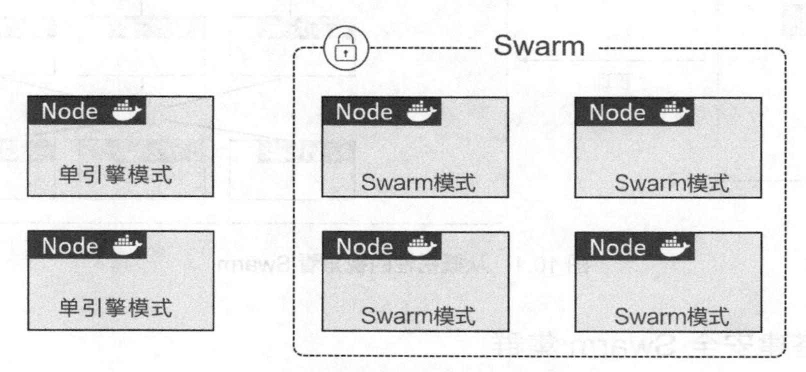

图 10.3 Docker 节点加入 Swarm 集群

在单引擎模式下的 Docker 主机上运行 `docker swarm init` 会将其切换到 Swarm 模式，并创建一个新的 Swarm，将自身设置为 Swarm 的第一个管理节点。

更多的节点可以作为管理节点或工作节点加入进来。这一操作也会将新加入的节点切换为 Swarm 模式。

以下的步骤会将 **mgr1** 切换为 Swarm 模式，并初始化一个新的 Swarm。接下来将 **wrk1**、**wrk2** 和 **wrk3** 作为工作节点接入——自动将它们切换为 Swarm 模式。然后将 **mgr2** 和 **mgr3** 作为额外的管理节点接入，并同样切换为 Swarm 模式。最终有 6 个节点切换到 Swarm 模式，并运行于同一个 Swarm 中。

本示例会使用图 10.2 中所示的各节点的 IP 地址和 DNS 名称。读者的可以与其不同。

（1）登录到 **mgr1** 并初始化一个新的 Swarm（如果在 Windows 的 PowerShell 终端执行如下命令的话，不要忘了将反斜杠替换为反引号）。

```
$ docker swarm init \
  --advertise-addr 10.0.0.1:2377 \
  --listen-addr 10.0.0.1:2377

Swarm initialized: current node (d21lyz...c79qzkx) is now a manager.
```

将这条命令拆开分析如下。

- `docker swarm init` 会通知 Docker 来初始化一个新的 Swarm，并将自身设置为第一个管理节点。同时也会使该节点开启 Swarm 模式。
- `--advertise-addr` 指定其他节点用来连接到当前管理节点的 IP 和端口。这一属性是可选的，当节点上有多个 IP 时，可以用于指定使用哪个 IP。此外，还可以用于指定一个节点上没有的 IP，比如一个负载均衡的 IP。

- --listen-addr 指定用于承载 Swarm 流量的 IP 和端口。其设置通常与--advertise-addr 相匹配，但是当节点上有多个 IP 的时候，可用于指定具体某个 IP。并且，如果--advertise-addr 设置了一个远程 IP 地址（如负载均衡的 IP 地址），该属性也是需要设置的。建议执行命令时总是使用这两个属性来指定具体 IP 和端口。

Swarm 模式下的操作默认运行于 2377 端口。虽然它是可配置的，但 2377/tcp 是用于客户端与 Swarm 进行安全（HTTPS）通信的约定俗成的端口配置。

（2）列出 Swarm 中的节点。

```
$ docker node ls
ID             HOSTNAME  STATUS  AVAILABILITY  MANAGER STATUS
d21...qzkx *   mgr1      Ready   Active        Leader
```

注意到 **mgr1** 是 Swarm 中唯一的节点，并且作为 Leader 列出，稍后再探讨这一点。

（3）在 mgr1 上执行 docker swarm join-token 命令来获取添加新的工作节点和管理节点到 Swarm 的命令和 Token。

```
$ docker swarm join-token worker
To add a manager to this swarm, run the following command:
   docker swarm join \
   --token SWMTKN-1-0uahebax...c87tu8dx2c \
   10.0.0.1:2377

$ docker swarm join-token manager
To add a manager to this swarm, run the following command:
   docker swarm join \
   --token SWMTKN-1-0uahebax...ue4hv6ps3p \
   10.0.0.1:2377
```

请注意，工作节点和管理节点的接入命令中使用的接入 Token（SWMTKN...）是不同的。因此，一个节点是作为工作节点还是管理节点接入，完全依赖于使用了哪个 Token。接入 Token 应该被妥善保管，因为这是将一个节点加入 Swarm 的唯一所需！

（4）登录到 wrk1，并使用包含工作节点接入 Token 的 docker swarm join 命令将其接入 Swarm。

```
$ docker swarm join \
    --token SWMTKN-1-0uahebax...c87tu8dx2c \
    10.0.0.1:2377 \
    --advertise-addr 10.0.0.4:2377 \
    --listen-addr 10.0.0.4:2377

This node joined a swarm as a worker.
```

--advertise-addr 与--listen-addr 属性是可选的。在网络配置方面，请尽量明确指定相关参数，这是一种好的实践。

（5）在 **wrk2** 和 **wrk3** 上重复上一步骤来将这两个节点作为工作节点加入 Swarm。确保使用

--advertise-addr 与--listen-addr 属性来指定各自的 IP 地址。

（6）登录到 **mgr2**，然后使用含有管理节点接入 Token 的 docker swarm join 命令，将该节点作为工作节点接入 Swarm。

```
$ docker swarm join \
    --token SWMTKN-1-0uahebax...ue4hv6ps3p \
    10.0.0.1:2377 \
    --advertise-addr 10.0.0.2:2377 \
    --listen-addr 10.0.0.2:2377

This node joined a swarm as a manager.
```

（7）在 **mgr3** 上重复以上步骤，记得在--advertise-addr 与--listen-addr 属性中指定 **mgr3** 的 IP 地址。

（8）在任意一个管理节点上执行 docker node ls 命令来列出 Swarm 节点。

```
$ docker node ls
ID                 HOSTNAME  STATUS  AVAILABILITY  MANAGER STATUS
0g4rl...babl8 *    mgr2      Ready   Active        Reachable
2xlti...l0nyp      mgr3      Ready   Active        Reachable
8yv0b...wmr67      wrk1      Ready   Active
9mzwf...e4m4n      wrk3      Ready   Active
d21ly...9qzkx      mgr1      Ready   Active        Leader
e62gf...l5wt6      wrk2      Ready   Active
```

恭喜！想必读者也已经创建了 6 个节点的 Swarm，其中包含 3 个管理节点和 3 个工作节点。在这个过程中，每个节点的 Docker 引擎都被切换到 **Swarm 模式**下。贴心的是，**Swarm** 已经自动启用了 TLS 以策安全。

观察 MANAGER STATUS 一列会发现，3 个节点分别显示为“Reachable”或“Leader”。关于主节点稍后很快会介绍到。MANAGER STATUS 一列无任何显示的节点是工作节点。注意，**mgr2** 的 ID 列还显示了一个星号（*），这个星号会告知用户执行 docker node ls 命令所在的节点。本例中，命令是在 **mgr2** 节点执行的。

注：每次将节点加入 Swarm 都指定--advertise-addr 与--listen-addr 属性是痛苦的。然而，一旦 Swarm 中的网络配置出现问题将会更加痛苦。况且，手动将节点加入 Swarm 也不是一种日常操作，所以在执行该命令时额外指定这两个属性是值得的。不过选择权在读者手中。对于实验环境，或节点中只有一个 IP 的情况来说，也许并不需要指定它们。

现在已经有一个运行中的 Swarm 了，下面看一下如何进行高可用（HA）管理。

2. Swarm 管理器高可用性（HA）

至此在 Swarm 中已经加入了 3 个管理节点。为什么添加 3 个，以及它们如何协同工作？ 本节将就此以及更多问题展开介绍。

Swarm 的管理节点内置有对 HA 的支持。这意味着，即使一个或多个节点发生故障，剩余管理节点也会继续保证 Swarm 的运转。

从技术上来说，Swarm 实现了一种主从方式的多管理节点的 HA。这意味着，即使你可能——并且应该——有多个管理节点，也总是仅有一个节点处于活动状态。通常处于活动状态的管理节点被称为“主节点”（leader），而主节点也是唯一一个会对 Swarm 发送控制命令的节点。也就是说，只有主节点才会变更配置，或发送任务到工作节点。如果一个备用（非活动）管理节点接收到了 Swarm 命令，则它会将其转发给主节点。

这一过程如图 10.4 所示。步骤①指命令从一个远程的 Docker 客户端发送给一个管理节点；步骤②指非主节点将命令转发给主节点；步骤③指主节点对 Swarm 执行命令。

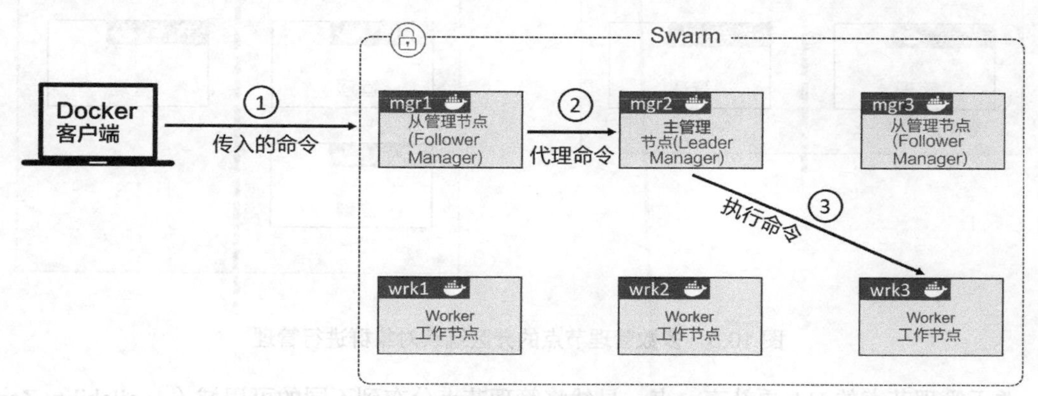

图 10.4　10.2.3 Swarm 的高可用（HA）管理

仔细观察图 10.4 的读者会发现，管理节点或者是 Leader 或者是 Follower。这是 Raft 的术语，因为 Swarm 使用了 Raft 共识算法的一种具体实现来支持管理节点的 HA。关于 HA，以下是两条最佳实践原则。

- 部署奇数个管理节点。
- 不要部署太多管理节点（建议 3 个或 5 个）。

部署奇数个管理节点有利于减少脑裂（Split-Brain）情况的出现机会。假如有 4 个管理节点，当网络发生分区时，可能会在每个分区有两个管理节点。这种情况被称为脑裂——每个分区都知道曾经有 4 个节点，但是当前网络中仅有两个节点。糟糕的是，每个分区都无法知道其余两个节点是否运行，也无从得知本分区是否掌握大多数（Quorum）。虽然在脑裂情况下集群依然在运行，但是已经无法变更配置，或增加和管理应用负载了。

不过，如果部署有 3 个或 5 个管理节点，并且也发生了网络分区，就不会出现每个分区拥有同样数量的管理节点的情况。这意味着掌握多数管理节点的分区能够继续对集群进行管理。图 10.5 中右侧的例子，阐释了这种情况，左侧的分区知道自己掌握了多数的管理节点。

对于所有的共识算法来说，更多的参与节点就意味着需要花费更多的时间来达成共识。这就像决定去哪吃饭——只有 3 个人的时候总是比有 33 个人的时候能更快确定。考虑到这一点，最佳的实践原则是部署 3 个或 5 个节点用于 HA。7 个节点可以工作，但是通常认为 3 个或 5 个是更优的选择。当然绝对不要多于 7 个，因为需要花费更长的时间来达成共识。

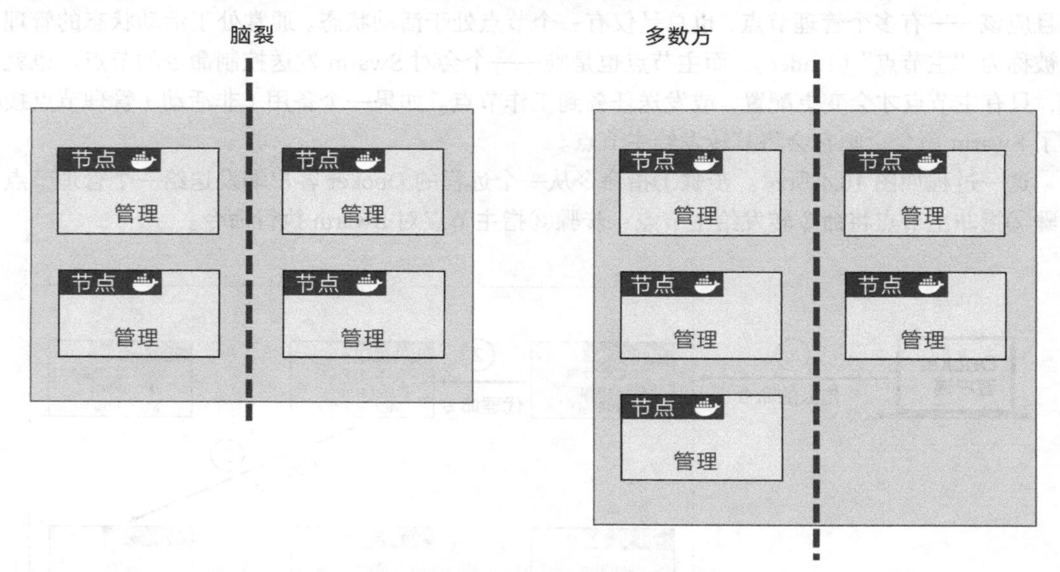

图 10.5 多数管理节点的分区继续对集群进行管理

关于管理节点的 HA 再补充一点。显然将管理节点分布到不同的可用域（Availability Zone）中是一种不错的实践方式，但是一定要确保它们之间的网络连接是可靠的，否则由于底层网络分区导致的问题将是令人痛苦的！这意味着，在本书撰写时，将生产环境的应用和基础设置部署在多个不同的公有云（例如 AWS 和 Azure）上的想法仍然是天方夜谭。请一定要确保管理节点之间是有高速可靠的网络连接的！

3. 内置的 Swarm 安全机制

Swarm 集群内置有繁多的安全机制，并提供了开箱即用的合理的默认配置——如 CA 设置、接入 Token、公用 TLS、加密集群存储、加密网络、加密节点 ID 等。更多细节请阅读第 15 章。

4. 锁定 Swarm

尽管内置有如此多的原生安全机制，重启一个旧的管理节点或进行备份恢复仍有可能对集群造成影响。一个旧的管理节点重新接入 Swarm 会自动解密并获得 Raft 数据库中长时间序列的访问权，这会带来安全隐患。进行备份恢复可能会抹掉最新的 Swarm 配置。

为了规避以上问题，Docker 提供了自动锁机制来锁定 Swarm，这会强制要求重启的管理节点在提供一个集群解锁码之后才有权从新接入集群。

通过在执行 `docker swarm init` 命令来创建一个新的 Swarm 集群时传入`--autolock` 参数可以直接启用锁。然而，前面已经搭建了一个 Swarm 集群，这时也可以使用 `docker swarm update` 命令来启用锁。

在某个 Swarm 管理节点上运行如下命令。

```
$ docker swarm update --autolock=true
Swarm updated.
To unlock a swarm manager after it restarts, run the
`docker swarm unlock`command and provide the following key:
    SWMKEY-1-5+ICW2kRxPxZrVyBDWzBkzZdSd0Yc7Cl2o4Uuf9NPU4

Please remember to store this key in a password manager, since without
it you will not be able to restart the manager.
```

请确保将解锁码妥善保管在安全的地方！

重启某一个管理节点，以便观察其是否能够自动重新接入集群。读者可以在以下命令前添加 sudo 执行。

```
$ service docker restart
```

尝试列出 Swarm 中的节点。

```
$ docker node ls
Error response from daemon: Swarm is encrypted and needs to be unlocked

before it can be used.
```

尽管 Docker 服务已经重启，该管理节点仍然未被允许重新接入集群。为了进一步验证，读者可以到其他管理节点执行 `docker node ls` 命令，会发现重启的管理节点会显示 `down` 以及 `unreachable`。

执行 `docker swarm unlock` 命令来为重启的管理节点解锁 Swarm。该命令需要在重启的节点上执行，同时需要提供解锁码。

```
$ docker swarm unlock
Please enter unlock key: <enter your key>
```

该节点将被允许重新接入 Swarm，并且再次执行 `docker node ls` 命令会显示 `ready` 和 `reachable`。

至此，Swarm 集群已经搭建起来，并且对主节点和管理节点 HA 有了一定了解，下面开始介绍服务。

10.2.3 Swarm 服务

本节介绍的内容可以使用 Docker Stack（第 14 章）进一步改进。然而，本章的概念对于准备第 14 章的学习是非常重要的。

就像在 Swarm 初步介绍中提到的，服务是自 Docker 1.12 后新引入的概念，并且仅适用于 Swarm 模式。

使用服务仍能够配置大多数熟悉的容器属性，比如容器名、端口映射、接入网络和镜像。此外还增加了额外的特性，比如可以声明应用服务的期望状态，将其告知 Docker 后，Docker 会负责进行服务的部署和管理。举例说明，假如某应用有一个 Web 前端服务，该服务有相应的镜像。测试表明对于正常的流量来说 5 个实例可以应对。那么就可以将这一需求转换为一个服务，该服务声明了容器使用的镜像，并且服务应该总是有 5 个运行中的副本。

我们稍后再介绍声明服务过程中的其他参数，在此之前，首先看如何创建刚刚描述的内容。

使用 docker service create 命令创建一个新的服务。

注：在 Windows 上创建新服务的命令也是一样的。然而本例中使用的是 Linux 镜像，它在 Windows 上并不能运行。请使用 Windows 的读者将镜像替换为一个 Windows Web Server 的镜像，以便能正常运行。再次强调，在 PowerShell 终端中输入命令的时候，使用反引号（`）进行换行。

```
$ docker service create --name web-fe \
   -p 8080:8080 \
   --replicas 5 \
   nigelpoulton/pluralsight-docker-ci

z7ovearqmruwk0u2vc5o7ql0p
```

请注意，该命令与熟悉的 docker container run 命令的许多参数是相同的。这个例子中，使用--name 和-p 定义服务的方式，与单机启动容器的定义方式是一样的。

回顾一下命令和输出。使用 docker service create 命令告知 Docker 正在声明一个新服务，并传递--name 参数将其命名为 web-fe。将每个节点上的 8080 端口映射到服务副本内部的 8080 端口。接下来，使用--replicas 参数告知 Docker 应该总是有 5 个此服务的副本。最后，告知 Docker 哪个镜像用于副本——重要的是，要了解所有的服务副本使用相同的镜像和配置。

敲击回车键之后，主管理节点会在 Swarm 中实例化 5 个副本——请注意管理节点也会作为工作节点运行。相关各工作节点或管理节点会拉取镜像，然后启动一个运行在 8080 端口上的容器。

这还没有结束。所有的服务都会被 Swarm 持续监控——Swarm 会在后台进行轮询检查（Reconciliation Loop），来持续比较服务的实际状态和期望状态是否一致。如果一致，则皆大欢喜，无须任何额外操作；如果不一致，Swarm 会使其一致。换句话说，Swarm 会一直确保实际状态能够满足期望状态的要求。

举例说明，假如运行有 **web-fe** 副本的某个工作节点宕机了，则 **web-fe** 的实际状态从 5 个副本降为 4 个，从而不能满足期望状态的要求。Docker 便会启动一个新的 **web-fe** 副本来使实际状态与期望状态保持一致。这一特性功能强大，使得服务在面对节点宕机等问题时具有自愈能力。

1. 查看服务

使用 docker service ls 命令可以查看 Swarm 中所有运行中的服务。

```
$ docker service ls
ID          NAME     MODE         REPLICAS  IMAGE                PORTS
z7o...uw    web-fe   replicated   5/5       nigel...ci:latest    *:8080->8080/tcp
```

输出显示有一个运行中的服务及其相关状态信息。比如，可以了解服务的名称，以及 5 个期望的副本（容器）中有 5 个是运行状态。如果在部署服务后立即执行该命令，则可能并非所有的副本都处于运行状态。这通常取决于各个节点拉取镜像的时间。

执行 docker service ps 命令可以查看服务副本列表及各副本的状态。

```
$ docker service ps web-fe
ID          NAME        IMAGE                 NODE DESIRED CURRENT
817...f6z   web-fe.1   nigelpoulton/...   mgr2 Running Running 2 mins
a1d...mzn   web-fe.2   nigelpoulton/...   wrk1 Running Running 2 mins
cc0...ar0   web-fe.3   nigelpoulton/...   wrk2 Running Running 2 mins
6f0...azu   web-fe.4   nigelpoulton/...   mgr3 Running Running 2 mins
dyl...p3e   web-fe.5   nigelpoulton/...   mgr1 Running Running 2 mins
```

此命令格式为 docker service ps <service-name or serviceid>。每一个副本会作为一行输出，其中显示了各副本分别运行在 Swarm 的哪个节点上，以及期望的状态和实际状态。

关于服务更为详细的信息可以使用 docker service inspect 命令查看。

```
$ docker service inspect --pretty web-fe
ID:             z7ovearqmruwk0u2vc5o7ql0p
Name:           Service
Mode:           Replicated
 Replicas:      5
Placement:
UpdateConfig:
 Parallelism:   1
 On failure:    pause
 Monitoring Period:  5s
 Max failure ratio:  0
 Update order:       stop-first
RollbackConfig:
 Parallelism:   1
 On failure:    pause
 Monitoring Period:  5s
 Max failure ratio:  0
 Rollback order:     stop-first
ContainerSpec:
 Image:    nigelpoulton/pluralsight-docker-ci:latest@sha256:7a6b01...d8d3d
Resources: Endpoint
Mode:  vip Ports:
PublishedPort = 8080
 Protocol = tcp
 TargetPort = 8080
 PublishMode = ingress
```

以上例子使用了--pretty 参数，限制输出中仅包含最感兴趣的内容，并以易于阅读的格式打印出来。不加--pretty 的话会给出更加详尽的输出。强烈建议读者能够通读 docker inspect 命令的输出内容，其中不仅包含大量信息，也是了解底层运行机制的途径。

稍后还会再次探讨输出中的部分内容。

2. 副本服务 vs 全局服务

服务的默认复制模式（Replication Mode）是副本模式（replicated）。这种模式会部署期望数量的服务副本，并尽可能均匀地将各个副本分布在整个集群中。

另一种模式是全局模式（global），在这种模式下，每个节点上仅运行一个副本。

可以通过给 docker service create 命令传递--mode global 参数来部署一个全局服务。

3. 服务的扩缩容

服务的另一个强大特性是能够方便地进行扩缩容。

假设业务呈爆发式增长，则 Web 前端服务接收到双倍的流量压力。所幸通过一个简单的 docker service scale 命令即可对 **web-fe** 服务进行扩容。

```
$ docker service scale web-fe=10
web-fe scaled to 10
```

该命令会将服务副本数由 5 个增加到 10 个。后台会将服务的期望状态从 5 个增加到 10 个。运行 docker service ls 命令来检查操作是否成功。

```
$ docker service ls
ID          NAME      NODE         REPLICAS  IMAGE               PORTS
z7o...uw    web-fe    replicated   10/10     nigel...ci:latest   *:8080->8080/tcp
```

执行 docker service ps 命令会显示服务副本在各个节点上是均衡分布的。

```
$ docker service ps web-fe
ID          NAME        IMAGE               NODE   DESIRED   CURRENT
nwf...tpn   web-fe.1    nigelpoulton/...    mgr1   Running   Running 7 mins
yb0...e3e   web-fe.2    nigelpoulton/...    wrk3   Running   Running 7 mins
mos...gf6   web-fe.3    nigelpoulton/...    wrk2   Running   Running 7 mins
utn...6ak   web-fe.4    nigelpoulton/...    wrk3   Running   Running 7 mins
2ge...fyy   web-fe.5    nigelpoulton/...    mgr3   Running   Running 7 mins
64y...m49   web-fe.6    igelpoulton/...     wrk3   Running   Running about a min
ild...51s   web-fe.7    nigelpoulton/...    mgr1   Running   Running about a min
vah...rjf   web-fe.8    nigelpoulton/...    wrk2   Running   Running about a mins
xe7...fvu   web-fe.9    nigelpoulton/...    mgr2   Running   Running 45 seconds ago
l7k...jkv   web-fe.10   nigelpoulton/...    mgr2   Running   Running 46 seconds ago
```

在底层实现上，Swarm 执行了一个调度算法，默认将副本尽量均衡分配给 Swarm 中的所有节点。至本书撰写时，各节点分配的副本数是平均分配的，并未将 CPU 负载等指标考虑在内。

再次执行 docker service scale 命令将副本数从 10 个降为 5 个。

```
$ docker service scale web-fe=5
web-fe scaled to 5
```

关于服务的扩缩容就介绍这些，下面看一下如何删除服务。

4. 删除服务

删除一个服务的操作相对比较简单——也许太简单了。

如下 docker service rm 命令可用于删除之前部署的服务。

```
$ docker service rm web-fe
web-fe
```

执行 docker service ls 命令以验证服务确实已被删除。

```
$ docker service ls
ID       NAME     MODE      REPLICAS   IMAGE      PORTS
```

请谨慎使用 docker service rm 命令，因为它在删除所有服务副本时并不会进行确认。

了解了如何删除一个服务，下面介绍一下如何对一个服务进行滚动升级。

5. 滚动升级

对部署的应用进行滚动升级是常见的操作。长期以来，这一过程是令人痛苦的。我曾经牺牲了许多的周末时光来进行应用程序主版本的升级，而且再也不想这样做了。

然而，多亏了 Docker 服务，对一个设计良好的应用来说，实施滚动升级已经变得简单多了！

为了演示如何操作，下面将部署一个新的服务。但是在此之前，先创建一个新的覆盖网络（Overlay Network）给服务使用。这并非必须的操作，但本书希望读者能够了解如何创建网络并将服务接入网络。

```
$ docker network create -d overlay uber-net
43wfp6pzea470et4d57udn9ws
```

该命令会创建一个名为 uber-net 的覆盖网络，接下来会将其与要创建的服务结合使用。覆盖网络是一个二层网络，容器可以接入该网络，并且所有接入的容器均可互相通信。即使这些容器所在的 Docker 主机位于不同的底层网络上，该覆盖网络依然是相通的。本质上说，覆盖网络是创建于底层异构网络之上的一个新的二层容器网络。

如图 10.6 所示，两个底层网络通过一个三层交换机连接，而基于这两个网络之上是一个覆盖网络。Docker 主机通过两个底层网络相连，而容器则通过覆盖网络相连。对于同一覆盖网络中的容器来说，即使其各自所在的 Docker 主机接入的是不同的底层网络，也是互通的。

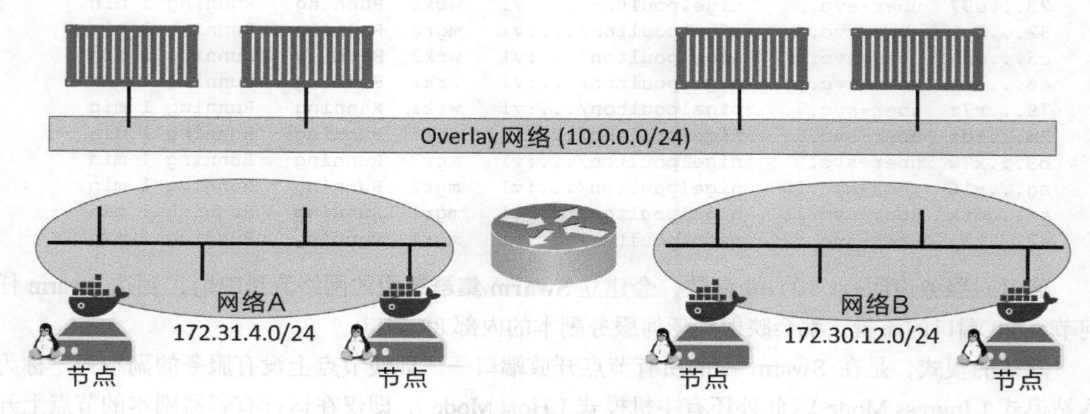

图 10.6 两个底层网络通过一个三层交换机连接

执行 docker network ls 来查看网络是否创建成功，且在 Docker 主机可见。

```
$ docker network ls
NETWORK ID          NAME                DRIVER      SCOPE
<Snip>
43wfp6pzea47        uber-net            overlay     swarm
```

可见，uber-net 网络已被成功创建，其 SCOPE 为 swarm，并且目前仅在 Swarm 的管理节点可见。

下面创建一个新的服务，并将其接入 uber-net 网络。

```
$ docker service create --name uber-svc \
   --network uber-net \
   -p 80:80 --replicas 12 \
   nigelpoulton/tu-demo:v1

dhbtgvqrg2q4sg07ttfuhg8nz
```

看一下上面的 docker service create 命令中做了哪些声明。

首先，将服务命名为 uber-svc，并用--network 参数声明所有的副本都连接到 uber-net 网络。然后，在整个 swarm 中将 80 端口暴露出来，并将其映射到 12 个容器副本的 80 端口。最后，声明所有的副本都基于 nigelpoulton/tu-demo:v1 镜像。

执行 docker service ls 和 docker service ps 命令以检查新创建服务的状态。

```
$ docker service ls
ID            NAME      REPLICAS  IMAGE
dhbtgvqrg2q4  uber-svc  12/12     nigelpoulton/tu-demo:v1

$ docker service ps uber-svc
ID         NAME         IMAGE                  NODE  DESIRED   CURRENT STATE
0v...7e5   uber-svc.1   nigelpoulton/...:v1    wrk3  Running   Running 1 min
bh...wa0   uber-svc.2   nigelpoulton/...:v1    wrk2  Running   Running 1 min
23...u97   uber-svc.3   nigelpoulton/...:v1    wrk2  Running   Running 1 min
82...5y1   uber-svc.4   nigelpoulton/...:v1    mgr2  Running   Running 1 min
c3...gny   uber-svc.5   nigelpoulton/...:v1    wrk3  Running   Running 1 min
e6...3u0   uber-svc.6   nigelpoulton/...:v1    wrk1  Running   Running 1 min
78...r7z   uber-svc.7   nigelpoulton/...:v1    wrk1  Running   Running 1 min
2m...kdz   uber-svc.8   nigelpoulton/...:v1    mgr3  Running   Running 1 min
b9...k7w   uber-svc.9   nigelpoulton/...:v1    mgr3  Running   Running 1 min
ag...v16   uber-svc.10  nigelpoulton/...:v1    mgr2  Running   Running 1 min
e6...dfk   uber-svc.11  nigelpoulton/...:v1    mgr1  Running   Running 1 min
e2...k1j   uber-svc.12  nigelpoulton/...:v1    mgr1  Running   Running 1 min
```

通过对服务声明-p 80:80 参数，会建立 **Swarm 集群范围**的网络流量映射，到达 Swarm 任何节点 80 端口的流量，都会映射到任何服务副本的内部 80 端口。

默认的模式，是在 Swarm 中的所有节点开放端口——即使节点上没有服务的副本——称为入站模式（Ingress Mode）。此外还有主机模式（Host Mode），即仅在运行有容器副本的节点上开放端口。以主机模式开放服务端口，需要较长格式的声明语法，代码如下。

```
docker service create --name uber-svc \
   --network uber-net \
```

```
    --publish published=80,target=80,mode=host \
    --replicas 12 \
    nigelpoulton/tu-demo:v1
```

打开浏览器，使用 Swarm 中任何一个节点的 IP，进入 80 端口的界面，查看服务运行情况，如图 10.7 所示。

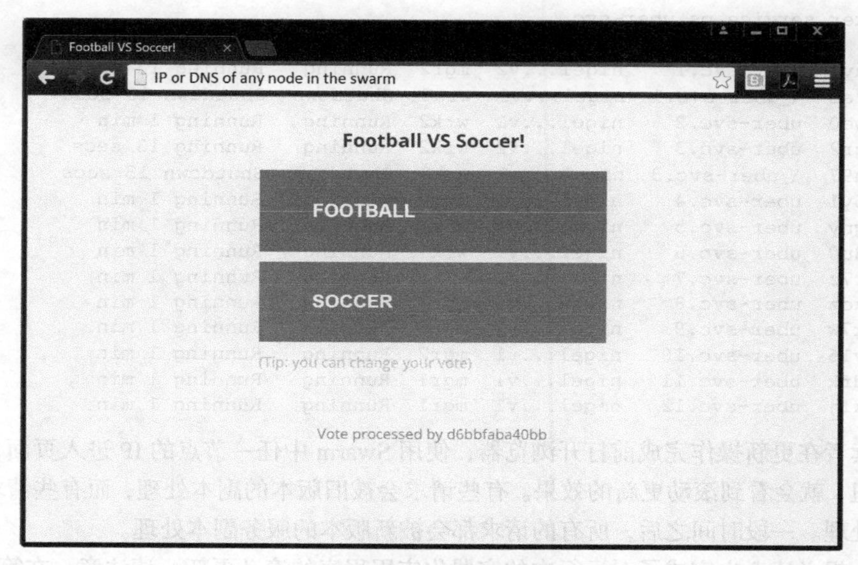

图 10.7 投票程序

如读者所见，这是一个简单的投票程序，它能够注册对“football”或“soccer”的投票。读者可随意在浏览器中使用其他节点的 IP，均能够打开该页面，因为 `-p 80:80` 参数会在所有 Swarm 节点创建一个入站模式的端口映射。即使某个节点上并未运行服务的副本，依然可以进入该页面——**所有节点都配置有映射，因此会将请求转发给运行有服务副本的节点。**

假设本次投票已经结束，而公司希望开启一轮新的投票。现在已经为下一轮投票构建了一个新镜像，并推送到了 Docker Hub 仓库，新镜像的 tag 由 `v1` 变更为 `v2`。

此外还假设，本次升级任务在将新镜像更新到 Swarm 中时采用一种阶段性的方式——每次更新两个副本，并且中间间隔 20s。那么就可以采用如下的 `docker service update` 命令来完成。

```
$ docker service update \
   --image nigelpoulton/tu-demo:v2 \
   --update-parallelism 2 \
   --update-delay 20s uber-svc
```

仔细观察该命令，`docker service update` 通过变更该服务期望状态的方式来更新运行中的服务。这一次我们指定了 tag 为 `v2` 的新镜像。接下来用`--update-parallelism` 和`--update-delay` 参数声明每次使用新镜像更新两个副本，其间有 20s 的延迟。最终，告知

Docker 以上变更是对 uber-svc 服务展开的。

如果对该服务执行 docker service ps 命令会发现，有些副本的版本号是 v2 而有些依然是 v1。如果给予该操作足够的时间（4min），则所有的副本最终都会达到新的期望状态，即基于 v2 版本的镜像。

```
$ docker service ps uber-svc
ID        NAME            IMAGE        NODE  DESIRED   CURRENT STATE
7z...nys  uber-svc.1     nigel...v2  mgr2  Running   Running 13 secs
0v...7e5  \_uber-svc.1  nigel...v1  wrk3  Shutdown  Shutdown 13 secs
bh...wa0  uber-svc.2     nigel...v1  wrk2  Running   Running 1 min
e3...gr2  uber-svc.3     nigel...v2  wrk2  Running   Running 13 secs
23...u97  \_uber-svc.3  nigel...v1  wrk2  Shutdown  Shutdown 13 secs
82...5y1  uber-svc.4     nigel...v1  mgr2  Running   Running 1 min
c3...gny  uber-svc.5     nigel...v1  wrk3  Running   Running 1 min
e6...3u0  uber-svc.6     nigel...v1  wrk1  Running   Running 1 min
78...r7z  uber-svc.7     nigel...v1  wrk1  Running   Running 1 min
2m...kdz  uber-svc.8     nigel...v1  mgr3  Running   Running 1 min
b9...k7w  uber-svc.9     nigel...v1  mgr3  Running   Running 1 min
ag...v16  uber-svc.10    nigel...v1  mgr2  Running   Running 1 min
e6...dfk  uber-svc.11    nigel...v1  mgr1  Running   Running 1 min
e2...k1j  uber-svc.12    nigel...v1  mgr1  Running   Running 1 min
```

如果读者在更新操作完成前打开浏览器，使用 Swarm 中任一节点的 IP 进入页面，并多次单击刷新按钮，就会看到滚动更新的效果。有些请求会被旧版本的副本处理，而有些请求会被新版本的副本处理。一段时间之后，所有的请求都会被新版本的服务副本处理。

恭喜。想必读者也完成了对运行中的容器化应用程序的滚动更新。请注意，在第 14 章会介绍 Docker Stack 如何将这一操作进一步优化提升。

此时如果对服务执行 docker inspect --pretty 命令，会发现更新时对并行和延迟的设置已经成为服务定义的一部分了。这意味着，之后的更新操作将会自动使用这些设置，直到再次使用 docker service update 命令覆盖它们。

```
$ docker service inspect --pretty uber-svc
ID:               mub0dgtc8szm80ez5bs8wlt19
Name:Service uber-svc
Mode:             Replicated
 Replicas:        12
UpdateStatus:
 State:           updating
 Started:         About a minute
 Message:         update in progress
Placement:
UpdateConfig:
 Parallelism:     2
 Delay:           20s
 On failure:      pause
 Monitoring Period:  5s
 Max failure ratio:  0
 Update order:       stop-first
RollbackConfig:
```

```
 Parallelism:   1
 On failure:    pause
 Monitoring Period: 5s
 Max failure ratio: 0
 Rollback order:    stop-first
ContainerSpec:
 Image:    nigelpoulton/tu-demo:v2@sha256:d3c0d8c9...cf0ef2ba5eb74c
Resources: Networks:
uber-net Endpoint
Mode: vip Ports:

 PublishedPort = 80
  Protocol = tcp
  TargetPort = 80
  PublishMode = ingress
```

如上还应注意到关于服务的网络配置的内容。Swarm 中的所有运行副本的节点都会使用前面创建的 uber-net 覆盖网络。读者可以通过在运行副本的任一节点执行 docker network ls 命令来验证这一点。

此外，请注意 docker inspect 输出的 Networks 部分，不仅显示了 uber-net 网络，还显示了 Swarm 范围的 80:80 端口映射。

10.2.4 故障排除

Swarm 服务的日志可以通过执行 docker service logs 命令来查看，然而并非所有的日志驱动（Logging Driver）都支持该命令。

Docker 节点默认的配置是，服务使用 json-file 日志驱动，其他的驱动还有 journald（仅用于运行有 systemd 的 Linux 主机）、syslog、splunk 和 gelf。

json-file 和 journald 是较容易配置的，二者都可用于 docker service logs 命令。命令格式为 docker service logs <service-name>。

若使用第三方日志驱动，那么就需要用相应日志平台的原生工具来查看日志。

如下是在 daemon.json 配置文件中定义使用 syslog 作为日志驱动的示例。

```
{
  "log-driver": "syslog"
}
```

通过在执行 docker service create 命令时传入--logdriver 和--log-opts 参数可以强制某服务使用一个不同的日志驱动，这会覆盖 daemon.json 中的配置。

服务日志能够正常工作的前提是，容器内的应用程序运行于 PID 为 1 的进程，并且将日志发送给 STDOUT，错误信息发送给 STDERR。日志驱动会将这些日志转发到其配置指定的位置。

如下的 docker service logs 命令示例显示了服务 svc1 的所有副本的日志，可见该服务在启动副本时出现了一些错误。

```
$ docker service logs seastack_reverse_proxy
svc1.1.zhc3cjeti9d4@wrk-2 | [emerg] 1#1: host not found...
svc1.1.6m1nmbzmwh2d@wrk-2 | [emerg] 1#1: host not found...
svc1.1.6m1nmbzmwh2d@wrk-2 | nginx: [emerg] host not found..
svc1.1.zhc3cjeti9d4@wrk-2 | nginx: [emerg] host not found..
svc1.1.1tmya243m5um@mgr-1 | 10.255.0.2 "GET / HTTP/1.1" 302
```

以上输出内容有删减，不过仍然可以看到来自服务的 3 个副本的日志（两个运行失败，一个运行成功）。每一行开头为副本名称，其中包括服务名称、副本编号、副本 ID 以及所在的主机。之后是日志消息。

由于输出内容有所删减，因此失败原因较难定位，不过看起来似乎是前两个副本尝试连接另一个启动中的服务而导致失败（一种所依赖的服务未完全启动导致的竞态条件问题）。

对于查看日志命令，可以使用`--follow`进行跟踪、使用`--tail`显示最近的日志，并使用`--details`获取额外细节。

10.3　Docker Swarm——命令

- `docker swarm init`命令用户创建一个新的 Swarm。执行该命令的节点会成为第一个管理节点，并且会切换到 Swarm 模式。
- `docker swarm join-token`命令用于查询加入管理节点和工作节点到现有 Swarm 时所使用的命令和 Token。要获取新增管理节点的命令，请执行`docker swarm join-token manager`命令；要获取新增工作节点的命令，请执行`docker swarm join-token worker`命令。
- `docker node ls`命令用于列出 Swarm 中的所有节点及相关信息，包括哪些是管理节点、哪个是主管理节点。
- `docker service create`命令用于创建一个新服务。
- `docker service ls`命令用于列出 Swarm 中运行的服务，以及诸如服务状态、服务副本等基本信息。
- `docker service ps <service>`命令会给出更多关于某个服务副本的信息。
- `docker service inspect`命令用于获取关于服务的详尽信息。附加`--pretty`参数可限制仅显示重要信息。
- `docker service scale`命令用于对服务副本个数进行增减。
- `docker service update`命令用于对运行中的服务的属性进行变更。
- `docker service logs`命令用于查看服务的日志。
- `docker service rm`命令用于从 Swarm 中删除某服务。该命令会在不做确认的情况下删除服务的所有副本，所以使用时应保持警惕。

10.4 本章小结

Docker Swarm 是使 Docker 规模化的关键方案。

Docker Swarm 的核心包含一个安全集群组件和一个编排组件。

安全集群管理组件是一个企业级的安全套件，提供了丰富的安全机制以及 HA 特性，这些都是自动配置好的，并且非常易于调整。

编排组件允许用户以一种简单的声明式的方式来部署和管理微服务应用。它不仅支持原生的 Docker Swarm 应用，还支持 Kubernetes 应用。

本书将在第 14 章对如何使用声明式的方式部署微服务展开更加深入的探讨。

第 11 章 Docker 网络

网络已经无处不在。每当基础设施出现问题时，被抱怨的通常是网络。很大一部分原因是，网络负责连接一切——**无网络，无 APP！**在 Docker 早期阶段，网络设计确实非常复杂——真的很复杂！那时候配置网络几乎是一种乐趣。

在本章中，主要介绍了 Docker 网络体系的基本原理，比如容器网络模型（Container Network Model, CNM）以及 Libnetwork，同时还会进行实际操作来搭建几种网络。

按照惯例，本章分以下 3 个部分。

- 简介。
- 详解。
- 命令。

11.1 Docker 网络——简介

Docker 在容器内部运行应用，这些应用之间的交互依赖于大量不同的网络，这意味着 Docker 需要强大的网络功能。

幸运的是，Docker 对于容器之间、容器与外部网络和 VLAN 之间的连接均有相应的解决方案。后者对于那些需要跟外部系统（如虚拟机和物理机）的服务打交道的容器化应用来说至关重要。

Docker 网络架构源自一种叫作容器网络模型（CNM）的方案，该方案是开源的并且支持插接式连接。Libnetwork 是 Docker 对 CNM 的一种实现，提供了 Docker 核心网络架构的全部功能。不同的驱动可以通过插拔的方式接入 Libnetwork 来提供定制化的网络拓扑。

为了实现开箱即用的效果，Docker 封装了一系列本地驱动，覆盖了大部分常见的网络需求。其中包括单机桥接网络（Single-Host Bridge Network）、多机覆盖网络（Multi-Host Overlay），并且支持接入现有 VLAN。Docker 生态系统中的合作伙伴通过提供驱动的方式，进一步拓展了 Docker 的网络功能。

最后要说的是，Libnetwork 提供了本地服务发现和基础的容器负载均衡解决方案。

整体介绍大致如此。接下来一起看一下细节部分。

11.2 Docker 网络——详解

本节内容分为如下几部分。

- 基础理论。
- 单机桥接网络。
- 多机覆盖网络。
- 接入现有网络。
- 服务发现。
- Ingress 网络。

11.2.1 基础理论

在顶层设计中，Docker 网络架构由 3 个主要部分构成：CNM、Libnetwork 和驱动。

CNM 是设计标准。在 CNM 中，规定了 Docker 网络架构的基础组成要素。

Libnetwork 是 CNM 的具体实现，并且被 Docker 采用。Libnetwork 通过 Go 语言编写，并实现了 CNM 中列举的核心组件。

驱动通过实现特定网络拓扑的方式来拓展该模型的能力。

图 11.1 展示了顶层设计中的每个部分是如何组装在一起的。

图 11.1　顶层设计

接下来具体介绍每部分的细节。

1．CNM

一切都始于设计！

Docker 网络架构的设计规范是 CNM。CNM 中规定了 Docker 网络的基础组成要素，完整内容见 GitHub 的 docker/libnetwork 库。

推荐通篇阅读该规范，不过其实抽象来讲，CNM 定义了 3 个基本要素：沙盒（Sandbox）、终端（Endpoint）和网络（Network）。

沙盒是一个独立的网络栈。其中包括以太网接口、端口、路由表以及 DNS 配置。

终端就是虚拟网络接口。就像普通网络接口一样，终端主要职责是负责创建连接。在 CNM 中，终端负责将沙盒连接到网络。

网络是 802.1d 网桥（类似大家熟知的交换机）的软件实现。因此，网络就是需要交互的终端的集合，并且终端之间相互独立。

图 11.2 展示了 3 个组件是如何连接的。

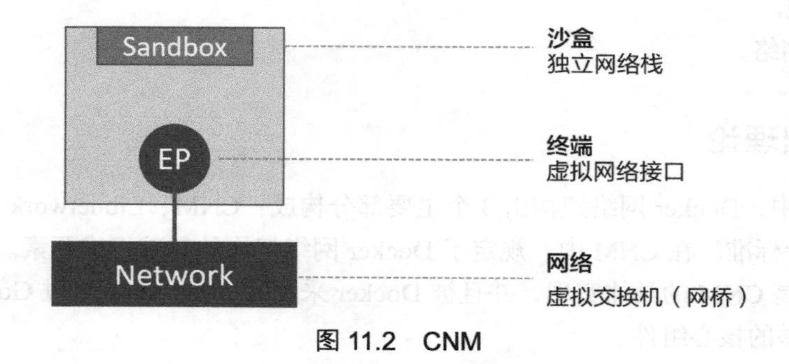

图 11.2 CNM

Docker 环境中最小的调度单位就是容器，而 CNM 也恰如其名，负责为容器提供网络功能。图 11.3 展示了 CNM 组件是如何与容器进行关联的——沙盒被放置在容器内部，为容器提供网络连接。

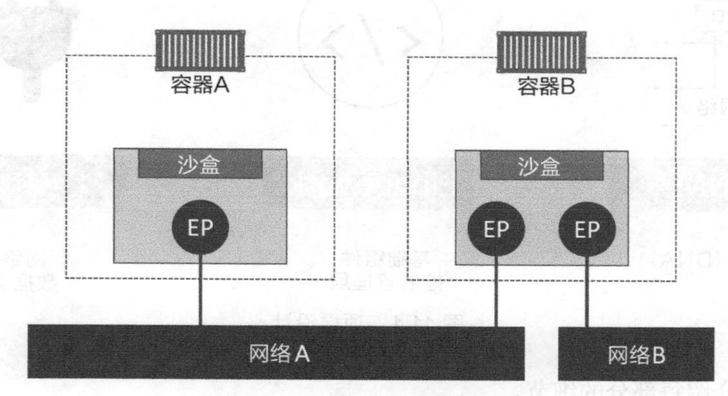

图 11.3 CNM 组件与容器进行关联

容器 A 只有一个接口（终端）并连接到了网络 A。容器 B 有两个接口（终端）并且分别接入了网络 A 和网络 B。容器 A 与 B 之间是可以相互通信的，因为都接入了网络 A。但是，如果没有三层路由器的支持，容器 B 的两个终端之间是不能进行通信的。

需要重点理解的是，终端与常见的网络适配器类似，这意味着终端只能接入某一个网络。因此，如果容器需要接入到多个网络，就需要多个终端。

图 11.4 对前面的内容进行拓展，加上了 Docker 主机。虽然容器 A 和容器 B 运行在同一个主机上，但其网络堆栈在操作系统层面是互相独立的，这一点由沙盒机制保证。

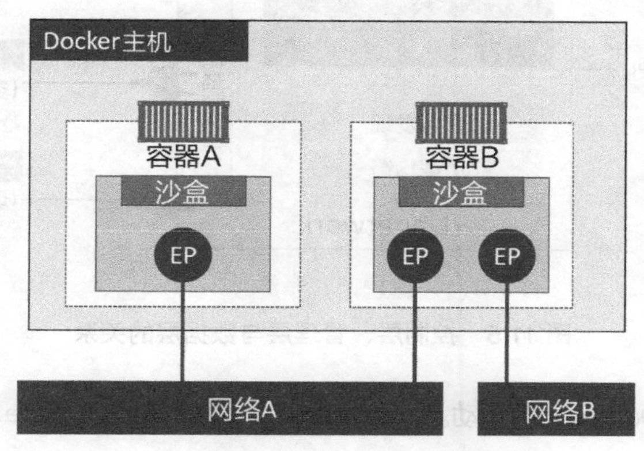

图 11.4 加入 Docker 主机

2. Libnetwork

CNM 是设计规范文档，Libnetwork 是标准的实现。Libnetwork 是开源的，采用 Go 语言编写，它跨平台（Linux 以及 Windows），并且被 Docker 所使用。

在 Docker 早期阶段，网络部分代码都存在于 daemon 当中。这简直就是噩梦——daemon 变得臃肿，并且不符合 UNIX 工具模块化设计原则，即既能独立工作，又易于集成到其他项目。所以，Docker 将该网络部分从 daemon 中拆分，并重构为一个叫作 Libnetwork 的外部类库。现在，Docker 核心网络架构代码都在 Libnetwork 当中。

正如读者期望，Libnetwork 实现了 CNM 中定义的全部 3 个组件。此外它还实现了本地服务发现（Service Discovery）、基于 Ingress 的容器负载均衡，以及网络控制层和管理层功能。

3. 驱动

如果说 Libnetwork 实现了控制层和管理层功能，那么驱动就负责实现数据层。比如，网络连通性和隔离性是由驱动来处理的，驱动层实际创建网络对象也是如此，其关系如图 11.5 所示。

Docker 封装了若干内置驱动，通常被称作原生驱动或者本地驱动。在 Linux 上包括 `Bridge`、`Overlay` 以及 `Macvlan`，在 Windows 上包括 `NAT`、`Overlay`、`Transport` 以及 `L2 Bridge`。接下来的一节中会介绍如何使用其中部分驱动。

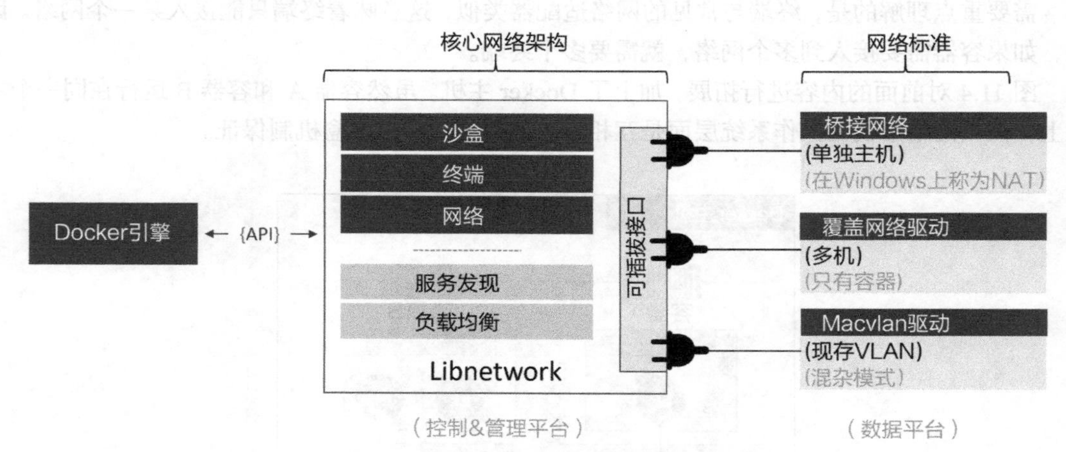

图 11.5 控制层、管理层与数据层的关系

第三方也可以编写 Docker 网络驱动。这些驱动叫作远程驱动，例如 Calico、Contiv、Kuryr 以及 Weave。

每个驱动都负责其上所有网络资源的创建和管理。举例说明，一个叫作“prod-fe-cuda”的覆盖网络由 Overlay 驱动所有并管理。这意味着 Overlay 驱动会在创建、管理和删除其上网络资源的时候被调用。

为了满足复杂且不固定的环境需求，Libnetwork 支持同时激活多个网络驱动。这意味着 Docker 环境可以支持一个庞大的异构网络。

11.2.2 单机桥接网络

最简单的 Docker 网络就是单机桥接网络。

从名称中可以看到两点。

- **单机**意味着该网络只能在单个 Docker 主机上运行，并且只能与所在 Docker 主机上的容器进行连接。
- **桥接**意味着这是 802.1.d 桥接的一种实现（二层交换机）。

Linux Docker 创建单机桥接网络采用内置的桥接驱动，而 Windows Docker 创建时使用内置的 NAT 驱动。实际上，这两种驱动工作起来毫无差异。

图 11.6 展示了两个均包含相同本地桥接网络 mynet 的 Docker 主机。虽然网络是相同的，但却是两个独立的网络。这意味着图 11.6 中容器无法直接进行通信，因为并不在一个网络当中。

每个 Docker 主机都有一个默认的单机桥接网络。在 Linux 上网络名称为 bridge，在 Windows 上叫作 nat。除非读者通过命令行创建容器时指定参数--network，否则默认情况下，新创建的容器都会连接到该网络。

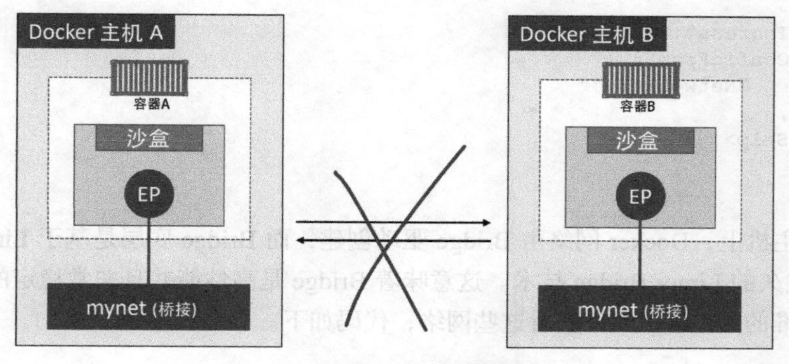

图 11.6 容器无法直接进行通信

下面列出了 docker network ls 命令在刚完成安装的 Docker 主机上的输出内容。输出内容做了截取处理，只展示了每个主机上的默认网络。注意，网络的名称和创建时使用的驱动名称是一致的——这只是个巧合。

```
//Linux
$ docker network ls
NETWORK ID       NAME        DRIVER      SCOPE
333e184cd343     bridge      bridge      local

//Windows
> docker network ls
NETWORK ID       NAME        DRIVER      SCOPE
095d4090fa32     nat         nat         local
```

docker network inspect 命令就是一个信息宝藏。如果读者对底层细节的内容感兴趣，强烈推荐仔细阅读该命令的输出内容。

```
docker network inspect bridge
[
    {
        "Name": "bridge", << 在 Windows 上是 nat
        "Id": "333e184...d9e55",
        "Created": "2018-01-15T20:43:02.566345779Z",
        "Scope": "local",
        "Driver": "bridge", << 在 Windows 上是 nat
        "EnableIPv6": false,
        "IPAM": {
            "Driver": "default",
            "Options": null,
            "Config": [
                {
                    "Subnet": "172.17.0.0/16"
                }
            ]
        },
        "Internal": false,
        "Attachable": false,
```

```
        "Ingress": false,
        "ConfigFrom": {
            "Network": ""
        },
        <Snip>
    }
]
```

在 Linux 主机上，Docker 网络由 Bridge 驱动创建，而 Bridge 底层是基于 Linux 内核中久经考验达 15 年之久的 Linux Bridge 技术。这意味着 Bridge 是高性能并且非常稳定的！同时这还表示可以通过标准的 Linux 工具来查看这些网络，代码如下。

```
$ ip link show docker0
3: docker0: <BROADCAST,MULTICAST,UP,LOWER_UP> mtu 1500 qdisc...
    link/ether 02:42:af:f9:eb:4f brd ff:ff:ff:ff:ff:ff
```

在 Linux Docker 主机之上，默认的"bridge"网络被映射到内核中为"**docker0**"的 Linux 网桥。可以通过 `docker network inspect` 命令观察到上面的输出内容。

```
$ docker network inspect bridge | grep bridge.name
"com.docker.network.bridge.name": "docker0",
```

Docker 默认"bridge"网络和 Linux 内核中的"docker0"网桥之间的关系如图 11.7 所示。

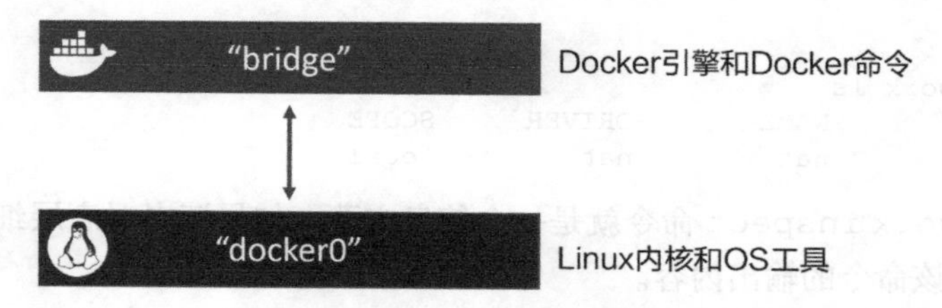

图 11.7 "bridge"网络和"docker0"网桥之间的关系

图 11.8 对图 11.7 的内容进行了扩展，在顶部补充了接入"bridge"网络的容器。"bridge"网络在主机内核中映射到名为"docker0"的 Linux 网桥，该网桥可以通过主机以太网接口的端口映射进行反向关联。

接下来使用 `docker network create` 命令创建新的单机桥接网络，名为"localnet"。

```
//Linux
$ docker network create -d bridge localnet

//Windows
> docker network create -d nat localnet
```

新的网络创建成功，并且会出现在 `docker network ls` 命名的输出内容当中。如果读者使用 Linux，那么在主机内核中还会创建一个新的 Linux 网桥。

接下来通过使用 Linux `brctl` 工具来查看系统中的 Linux 网桥。读者可能需要通过命令 `apt-get install bridge-utils` 来安装 `brctl` 二进制包，或者根据所使用的 Linux 发行版选择合适的命令。

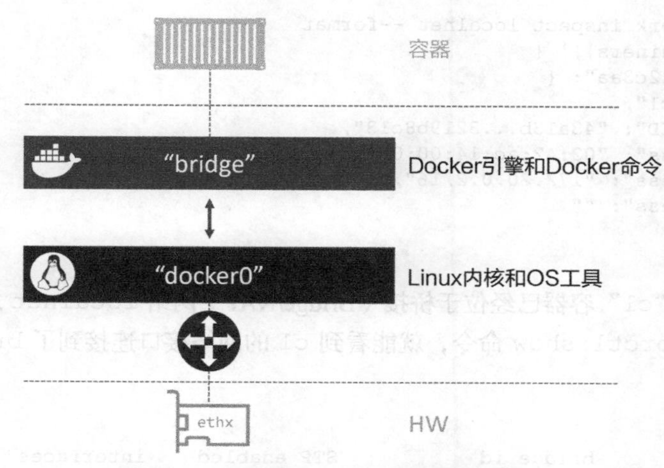

图 11.8 补充接入“bridge”网络的容器

```
$ brctl show
bridge name        bridge id               STP enabled    interfaces
docker0            8000.0242aff9eb4f       no
br-20c2e8ae4bbb    8000.02429636237c       no
```

输出内容中包含了两个网桥。第一行是前文提过的 docker0 网桥，该网桥对应 Docker 中的默认网络 bridge；第二个网桥（br-20c2e8ae4bbb）与新建的“localnet” Docker 桥接网络相对应。两个网桥目前都没有开启 STP，并且也都没有任何设备接入（对应的 interfaces 列为空）。

目前，主机上的网桥配置如图 11.9 所示。

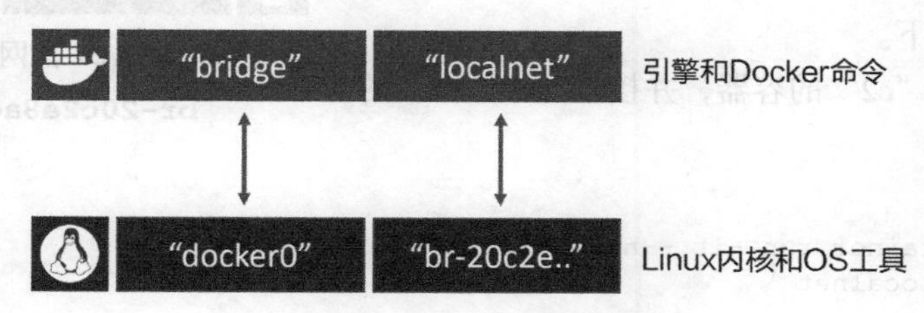

图 11.9 主机上的网桥配置

接下来创建一个新的容器，并接入到新建桥接网络 localnet 当中。如果读者是在 Windows 上进行操作，需要将命令中“alpine sleep 1d”替换为“microsoft/powershell:nanoserver pwsh.exe -Command Start-Sleep 86400”。

```
$ docker container run -d --name c1 \
  --network localnet \
  alpine sleep 1d
```

容器现在接入了 localnet 网络当中。读者可以通过 docker network inspect 命令来确认。

```
$ docker network inspect localnet --format
'{{json .Containers}}' {
  "4edcbd...842c3aa": {
    "Name": "c1",
    "EndpointID": "43a13b...3219b8c13",
    "MacAddress": "02:42:ac:14:00:02",
    "IPv4Address": "172.20.0.2/16",
    "IPv6Address": ""
    }
},
```

输出内容表明“c1”容器已经位于桥接（Bridge/NAT）网络 localnet 之上。

如果再次运行 brctl show 命令，就能看到 c1 的网络接口连接到了 br-20c2e8ae4bbb 网桥。

```
$ brctl show
bridge name         bridge id           STP enabled    interfaces
br-20c2e8ae4bbb     8000.02429636237c   no             vethe792ac0
docker0             8000.0242aff9eb4f   no
```

图 11.10 展示了上述关系。

如果在相同网络中继续接入新的容器，那么在新接入容器中是可以通过“c1”的容器名称来 ping 通的。这是因为新容器都注册到了指定的 Docker DNS 服务，所以相同网络中的容器可以解析其他容器的名称。

注： Linux 上默认的 Bridge 网络是不支持通过 Docker DNS 服务进行域名解析的。自定义桥接网络可以！

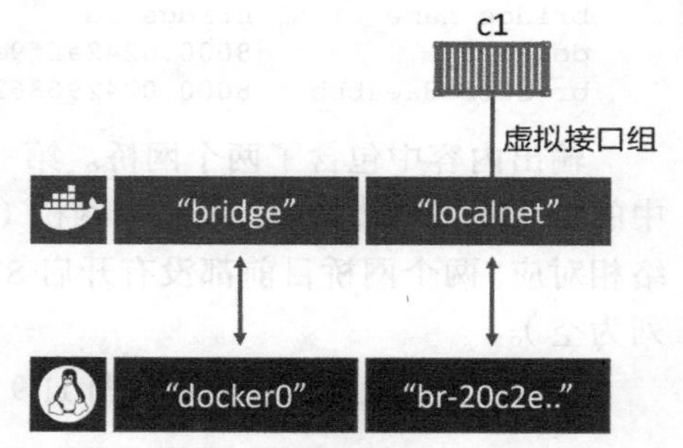

图 11.10　**c1** 的网络接口连接到了 **br-20c2e8ae4bbb** 网桥

一起来测试一下。

（1）创建名为“c2”的容器，并接入“c1”所在的 localnet 网络。

```
//Linux
$ docker container run -it --name c2 \
  --network localnet \
  alpine sh

//Windows
> docker container run -it --name c2 `
  --network localnet `
  microsoft/powershell:nanoserver
```

当前终端会切换到“c2”容器中。

（2）在“c2”容器中，通过“c1”容器名称执行 ping 命令。

```
> ping c1
```

```
Pinging c1 [172.26.137.130] with 32 bytes of data:
Reply from 172.26.137.130: bytes=32 time=1ms TTL=128
Reply from 172.26.137.130: bytes=32 time=1ms TTL=128
Control-C
```

命令生效了！这是因为 c2 容器运行了一个本地 DNS 解析器，该解析器将请求转发到了 Docker 内部 DNS 服务器当中。DNS 服务器中记录了容器启动时通过`--name`或者`--net-alias`参数指定的名称与容器之间的映射关系。

如果读者仍处于容器中，可以尝试运行一些网络相关的命令。这是一种很好的了解 Docker 容器网络工作原理的方式。下面的片段是在之前创建的 Windows 容器“c2”中运行`ipconfig`命令的输出内容。读者可以在前面`docker network inspect nat`命令输出中找到对应的 IP 地址。

```
> ipconfig
Windows IP Configuration
Ethernet adapter Ethernet:
   Connection-specific DNS Suffix . :
   Link-local IPv6 Address . . . . . : fe80::14d1:10c8:f3dc:2eb3%4
   IPv4 Address. . . . . . . . . . . : 172.26.135.0
   Subnet Mask . . . . . . . . . . . : 255.255.240.0
   Default Gateway . . . . . . . . . : 172.26.128.1
```

到目前为止，本书提到的桥接网络中的容器只能与位于相同网络中的容器进行通信。但是，可以使用端口映射（Port Mapping）来绕开这个限制。

端口映射允许将某个容器端口映射到 Docker 主机端口上。对于配置中指定的 Docker 主机端口，任何发送到该端口的流量，都会被转发到容器。图 11.11 中展示了具体流量动向。

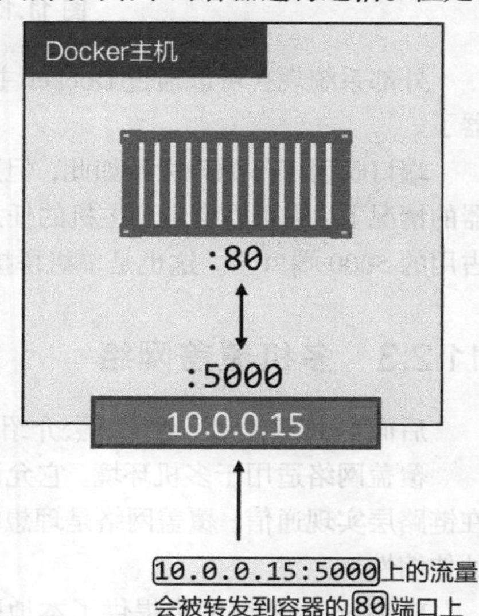

图 11.11　具体流量动向

如图 11.11 所示，容器内部应用开放端口为 80。该端口被映射到了 Docker 主机的`10.0.0.15`接口的 5000 端口之上。最终结果就是访问`10.0.0.15:5000`的所有流量都被转发到了容器的 80 端口。

接下来通过示例了解将容器上运行着 Web 服务的端口 80，映射到 Docker 主机端口 5000 的过程。示例使用 Linux 的 Nginx。如果读者使用 Windows，可以将 Nginx 替换为某个 Windows 的 Web 服务镜像。

（1）运行一个新的 Web 服务容器，并将容器 80 端口映射到 Docker 主机的 5000 端口。

```
$ docker container run -d --name web \
  --network localnet \
  --publish 5000:80 \
  nginx
```

（2）确认端口映射。

```
$ docker port web
80/tcp -> 0.0.0.0:5000
```

这表示容器 80 端口已经映射到 Docker 主机所有接口上的 5000 端口。

（3）通过 Web 浏览器访问 Docker 主机 5000 端口，验证配置是否生效，如图 11.12 所示。为了完成测试，读者需要知道 Docker 主机的 IP 地址或者 DNS 名称。如果读者使用 Windows 版 Docker 或者 Mac 版 Docker，可以使用 `localhost` 或者 `127.0.0.1`。

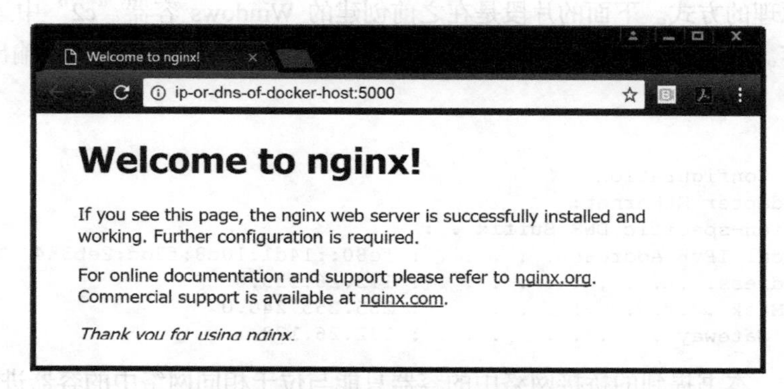

图 11.12　访问 Docker 主机 5000 端口

外部系统现在可以通过 Docker 主机的 TCP 端口 5000，来访问运行在桥接网络上的 Nginx 容器了。

端口映射工作原理大致如此，但这种方式比较笨重并且不能扩展。举个例子，在只有单一容器的情况下，它可以绑定到主机的任意端口。这意味着其他容器就不能再使用已经被 Nginx 容器占用的 5000 端口了。这也是单机桥接网络只适用于本地开发环境以及非常小的应用的原因。

11.2.3　多机覆盖网络

后面本书会有专门的章节去介绍多机覆盖网络，所以本节内容尽量做到简洁。

覆盖网络适用于多机环境。它允许单个网络包含多个主机，这样不同主机上的容器间就可以在链路层实现通信。覆盖网络是理想的容器间通信方式，支持完全容器化的应用，并且具备良好的伸缩性。

Docker 为覆盖网络提供了本地驱动。这使得创建覆盖网络非常简单，只需要在 `docker network create` 命令中添加 `-d overlay` 参数。

11.2.4　接入现有网络

能够将容器化应用连接到外部系统以及物理网络的能力是非常必要的。常见的例子是部分容器化的应用——应用中已容器化的部分需要与那些运行在物理网络和 VLAN 上的未容器化部分进行通信。

Docker 内置的 `Macvlan` 驱动（Windows 上是 `Transparent`）就是为此场景而生。通过为容器提供 MAC 和 IP 地址，让容器在物理网络上成为“一等公民”。图 11.13 展示了具体内容。

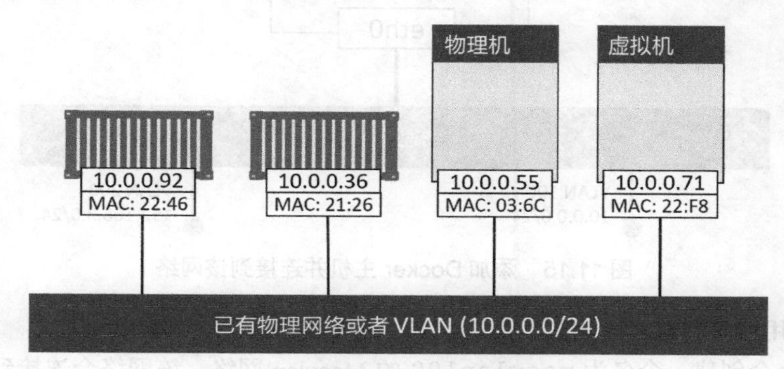

图 11.13 将容器化应用连接到网络

Macvlan 的优点是性能优异，因为无须端口映射或者额外桥接，可以直接通过主机接口（或者子接口）访问容器接口。但是，Macvlan 的缺点是需要将主机网卡（NIC）设置为**混杂模式（Promiscuous Mode）**，这在大部分公有云平台上是不允许的。所以 Macvlan 对于公司内部的数据中心网络来说很棒（假设公司网络组能接受 NIC 设置为混杂模式），但是 Macvlan 在公有云上并不可行。

接下来通过图片和一个假想场景加深对 Macvlan 的理解。

假设读者有一个物理网络，其上配置了两个 VLAN——VLAN 100：10.0.0.0/24 和 VLAN 200：192.168.3.0/24，如图 11.14 所示。

图 11.14 物理网络配置了两个 VLAN

接下来，添加一个 Docker 主机并连接到该网络，如图 11.15 所示。

有一个需求是将容器接入 VLAN 100。为了实现该需求，首先使用 `Macvlan` 驱动创建新的 Docker 网络。但是，`Macvlan` 驱动在连接到目标网络前，需要设置几个参数。比如以下几点。

- 子网信息。
- 网关。
- 可分配给容器的 IP 范围。

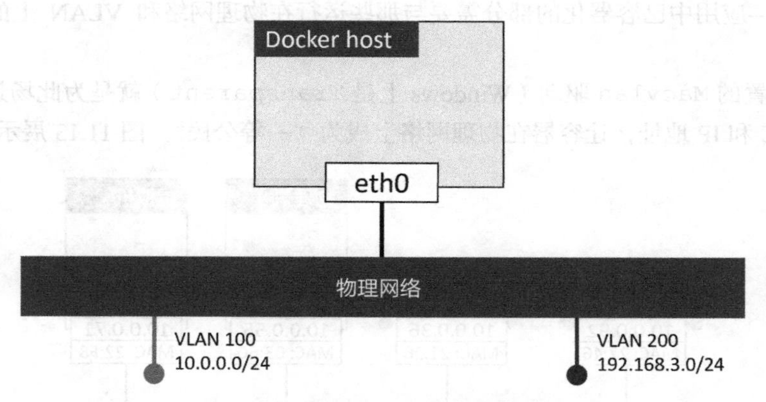

图 11.15 添加 Docker 主机并连接到该网络

- 主机使用的接口或者子接口。

下面的命令会创建一个名为 macvlan100 的 Macvlan 网络，该网络会连接到 VLAN 100。

```
$ docker network create -d macvlan \
  --subnet=10.0.0.0/24 \
  --ip-range=10.0.0.0/25 \
  --gateway=10.0.0.1 \
  -o parent=eth0.100 \
  macvlan100
```

该命令会创建 macvlan100 网络以及 eth0.100 子接口。当前配置如图 11.16 所示。

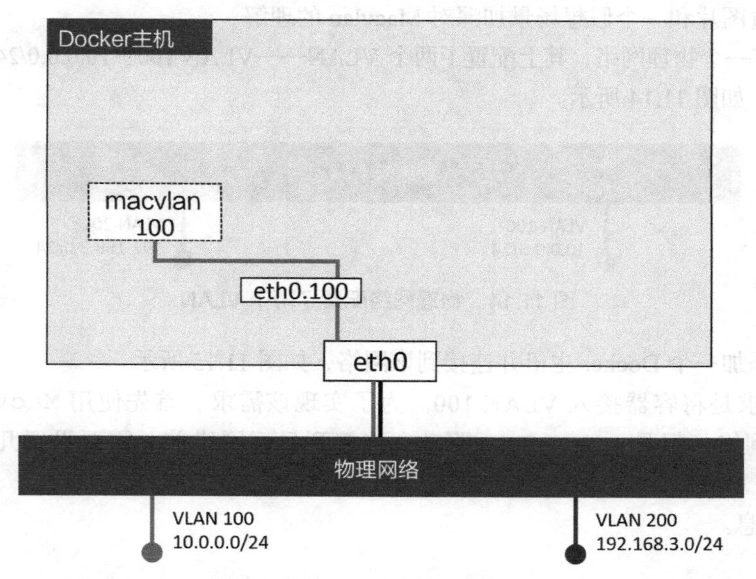

图 11.16 创建 macvlan100 网络以及 eth0.100 子接口

Macvlan 采用标准 Linux 子接口，读者需要为其打上目标 VLAN 网络对应的 ID。在本例中目标网络是 VLAN 100，所以将子接口标记为 `.100`（`eth0.100`）。

通过`--ip-range` 参数告知 Macvlan 网络在子网中有哪些 IP 地址可以分配给容器。这些地址必须被保留，不能用于其他节点或者 DHCP 服务器，因为没有任何管理层功能来检查 IP 区域重合的问题。

`macvlan100` 网络已为容器准备就绪，执行以下命令将容器部署到该网络中。

```
$ docker container run -d --name mactainer1 \
  --network macvlan100 \
  alpine sleep 1d
```

当前配置如图 11.17 所示。但是切记，下层网络（`VLAN 100`）对 Macvlan 的魔法毫不知情，只能看到容器的 MAC 和 IP 地址。在该基础之上，`mactainer1` 容器可以 ping 通任何加入 VLAN 100 的系统，并进行通信。

注： 如果上述命令不能执行，可能是因为主机 NIC 不支持混杂模式。切记公有云平台不允许混杂模式。

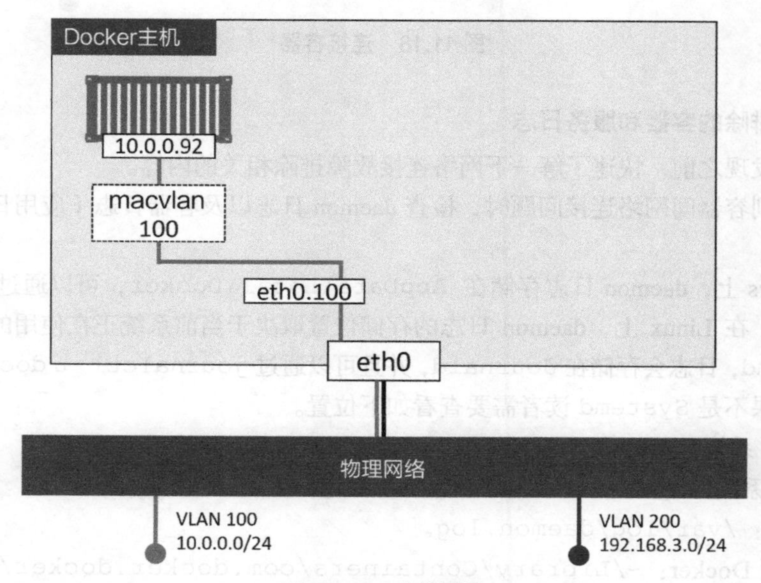

图 11.17 当前配置

目前已经拥有了 Macvlan 网络，并有一台容器通过 Macvlan 接入了现有的 VLAN 当中。但是，这并不是结束。Docker Macvlan 驱动基于稳定可靠的同名 Linux 内核驱动构建而成。因此，Macvlan 也支持 VLAN 的 Trunk 功能。这意味着可以在相同的 Docker 主机上创建多个 Macvlan 网络，并且将容器按照图 11.18 的方式连接起来。

以上内容基本能涵盖 Macvlan。Windows 也提供了类似的解决方案 `Transparent` 驱动。

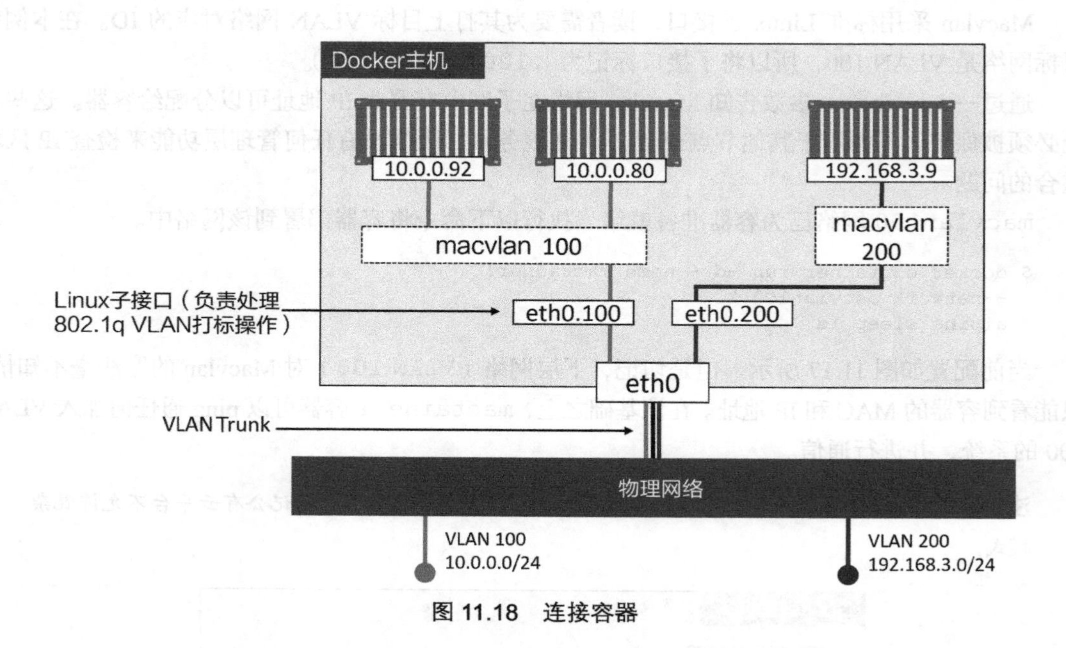

图 11.18 连接容器

用于故障排除的容器和服务日志

在讲服务发现之前，快速了解一下网络连接故障排除相关的内容。

当认为遇到容器间网络连接问题时，检查 daemon 日志以及容器日志（应用日志）是非常有必要的。

在 Windows 上，daemon 日志存储在 `AppData\Local\Docker`，可以通过 Windows 事件查看器来浏览。在 Linux 上，daemon 日志的存储位置取决于当前系统正在使用的初始化方式。如果是 `Systemd`，日志会存储在 `Journald`，并且可以通过 `journalctl -u docker.service` 命令查看；如果不是 `Systemd` 读者需要查看如下位置。

- Ubuntu 系统：`upstart:/var/log/upstart/docker.log`。
- RHEL 系列：`systems:/var/log/messages`。
- Debian：`/var/log/daemon.log`。
- Mac 版 Docker：`~/Library/Containers/com.docker.docker/Data/com.docker.driver.amd64-linux/console-ring`。

读者还可以设置 daemon 日志的详细程度。可以通过编辑 daemon 配置文件（daemon.json），将 debug 设置为 true，并同时设置 log-level 为下面的某个值。

- `debug`：最详细的日志级别。
- `info`：默认值，次详细日志级别。
- `warn`：第三详细日志级别。

- error：第四详细日志级别。
- fatal：最粗略的日志级别。

下面的片段摘自 daemon.json，其中开启了调试模式，并设置日志级别为 debug。该配置在所有 Docker 平台均有效。

```
{
  <Snip>
  "debug":true,
  "log-level":"debug",
  <Snip>
}
```

修改配置文件之后，需要重启 Docker 才会生效。

这就是 daemon 日志了。容器日志又是什么？

可以通过 docker container logs 命令查看单独的容器日志，通过 docker service logs 可以查看 Swarm 服务日志。但是，Docker 支持多种日志驱动，并不是每种都能通过 docker logs 命令查看的。

就像引擎日志的驱动和配置一样，每个 Docker 主机也为容器提供了默认的日志驱动以及配置。其中包括 json-file（默认）、journald（只在运行 systemd 的 Linux 主机中生效）、syslog、splunk 和 gelf。

json-file 和 journald 可能是较容易配置的，并且均可通过 docker logs 和 docker service logs 命令查看。具体命令格式为 docker logs <container-name>和 docker service logs <service-name>。

如果采用了其他日志驱动，可以通过第三方平台提供的原生工具进行查看。

下面的片段为 daemon.json 文件的一部分，展示如何配置 Docker 主机使用 syslog 方式。

```
{
  "log-driver": "syslog"
}
```

读者可以为某个容器或者服务配置单独的日志策略，只需在启动的时候通过--log-driver 和--log-opts 指定特定的日志驱动即可。这样会覆盖掉 daemon.json 中的配置。

容器日志生效的前提是应用进程在容器内部 PID 为 1，并且将正常日志输出到 STDOUT，将异常日志输出到 STDERR。日志驱动就会将这些"日志"转发到日志驱动配置指定的位置。

如果应用日志是写到某个文件的，可以利用符号链接将日志文件重定向到 STDOUT 和 STDERR。

下面的例子展示了通过运行 docker logs 命令查看某个使用 json-file 日志驱动，并且名为 vantage-db 容器的日志。

```
$ docker logs vantage-db
  1:C 2 Feb 09:53:22.903 # oO0OoO0OoO0Oo Redis is starting oO0OoO0OoO0Oo
  1:C 2 Feb 09:53:22.904 # Redis version=4.0.6, bits=64, commit=00000000, modi\
```

```
fied=0, pid=1
1:C 2 Feb 09:53:22.904 # Warning: no config file specified, using the defaul\
t config.
1:M 2 Feb 09:53:22.906 * Running mode=standalone, port=6379.
1:M 2 Feb 09:53:22.906 # WARNING: The TCP backlog setting of 511 cannot be e\
nforced because...
1:M 2 Feb 09:53:22.906 # Server initialized
1:M 2 Feb 09:53:22.906 # WARNING overcommit_memory is set to 0!
```

通常是很有可能在 daemon 日志或者容器日志中找到网络连接相关异常的。

11.2.5 服务发现

作为核心网络架构，Libnetwork 还提供了一些重要的网络服务。

服务发现（Service Discovery）允许容器和 Swarm 服务通过名称互相定位。唯一的要求就是需要处于同一个网络当中。

其底层实现是利用了 Docker 内置的 DNS 服务器，为每个容器提供 DNS 解析功能。图 11.19 展示了容器“c1”通过名称 ping 容器“c2”的过程。Swarm 服务原理相同。

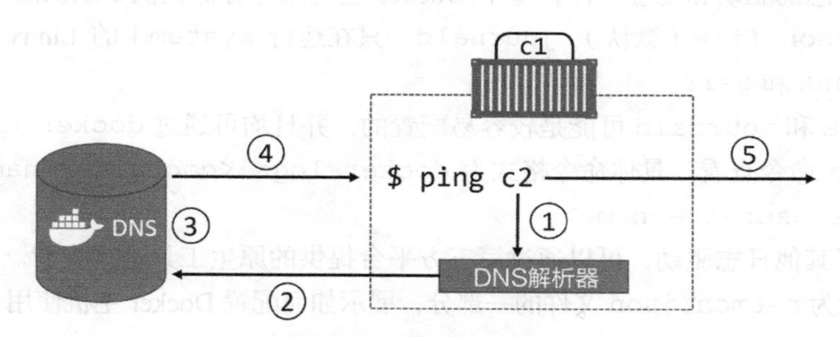

图 11.19 容器“c1”通过名称 ping 容器“c2”

下面逐步分析整个过程。

（1）ping c2 命令调用本地 DNS 解析器，尝试将“c2”解析为具体 IP 地址。每个 Docker 容器都有本地 DNS 解析器。

（2）如果本地解析器在本地缓存中没有找到“c2”对应的 IP 地址，本地解析器会向 Docker DNS 服务器发起一个递归查询。本地服务解析器是预先配置好并知道 Docker DNS 服务器细节的。

（3）Docker DNS 服务器记录了全部容器名称和 IP 地址的映射关系，其中容器名称是容器在创建时通过--name 或者--net-alias 参数设置的。这意味着 Docker DNS 服务器知道容器“c2”的 IP 地址。

（4）DNS 服务返回“c2”对应的 IP 地址到“c1”本地 DNS 解析器。之所以会这样是因为两个容器位于相同的网络当中，如果所处网络不同则该命令不可行。

（5）ping 命令被发往"c2"对应的 IP 地址。

每个启动时使用了--name 参数的 Swarm 服务或者独立的容器，都会将自己的名称和 IP 地址注册到 Docker DNS 服务。这意味着容器和服务副本可以通过 Docker DNS 服务互相发现。

但是，服务发现是受网络限制的。这意味着名称解析只对位于同一网络中的容器和服务生效。如果两个容器在不同的网络，那么就不能互相解析。

关于服务发现和名称解析最后要说一点。

用户可以为 Swarm 服务和独立容器进行自定义的 DNS 配置。举个例子，--dns 参数允许读者指定自定义的 DNS 服务列表，以防出现内置的 Docker DNS 服务器解析失败的情况。此外也可以使用--dns-search 参数指定自定义查询时所使用的域名（例如当查询名称并非完整域名的时候）。

在 Linux 上，上述工作都是通过在容器内部/etc/resolve.conf 文件内部增加条目来实现的。

下面的例子会启动一个新的容器，并添加声名狼藉的 8.8.8.8 Google DNS 服务器，同时指定 dockercents.com 作为域名添加到非完整查询当中。

```
$ docker container run -it --name c1 \
  --dns=8.8.8.8 \
  --dns-search=dockercerts.com \
  alpine sh
```

11.2.6 Ingress 网络

Swarm 支持两种服务发布模式，两种模式均保证服务从集群外可访问。

- Ingress 模式（默认）。
- Host 模式。

通过 Ingress 模式发布的服务，可以保证从 Swarm 集群内任一节点（即使**没有**运行服务的副本）都能访问该服务；以 Host 模式发布的服务只能通过运行服务副本的节点来访问。图 11.20 展示了两种模式的区别。

Ingress 模式是默认方式，这意味着任何时候读者通过-p 或者--publish 发布服务的时候，默认都是 Ingress 模式；如果需要以 Host 模式发布服务，则读者需要使用--publish 参数的完整格式，并添加 mode=host。下面一起来看 Host 模式的例子。

```
$ docker service create -d --name svc1 \
  --publish published=5000,target=80,mode=host \
  nginx
```

关于该命令的一些说明。docker service mode 允许读者使用完整格式语法或者简单格式语法来发布服务。简单格式如-p 5000:80，前面已经多次出现。但是，读者不能使用简单格式发布 Host 模式下的服务。

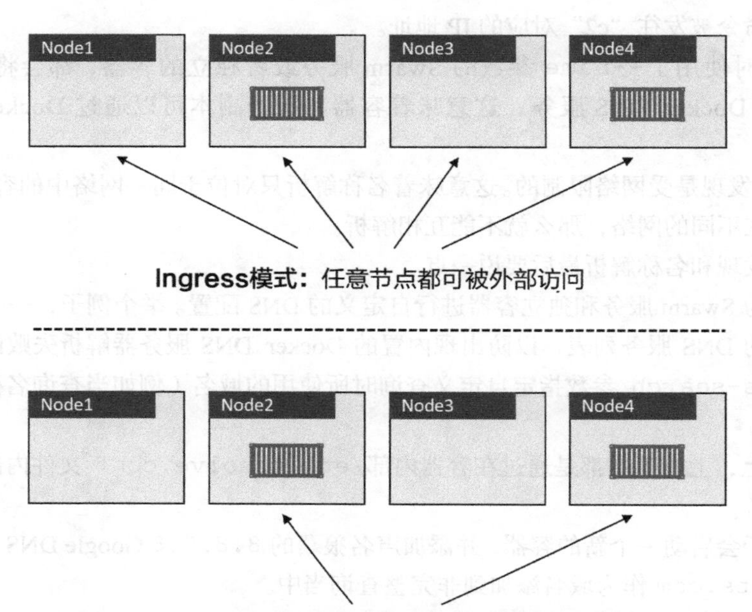

图 11.20 Ingress 模式与 Host 模式

完整格式如--publish published=5000,target=80,mode=host。该方式采用逗号分隔多个参数，并且逗号前后不允许有空格。具体选项说明如下。

- published=5000 表示服务通过端口 5000 提供外部服务。
- target=80 表示发送到 published 端口 5000 的请求，会映射到服务副本的 80 端口之上。
- mode=host 表示只有外部请求发送到运行了服务副本的节点才可以访问该服务。

通常使用 Ingress 模式。

在底层，Ingress 模式采用名为 **Service Mesh** 或者 **Swarm Mode Service Mesh** 的四层路由网络来实现。图 11.21 展示了 Ingress 模式下一个外部请求是如何流转，最终访问到服务的。

简要介绍图 11.21 的内容。

- 图中最上方命令部署了一个名为“svc1”的 Swarm 服务。该服务连接到了 overnet 网络，并发布到 5000 端口。
- 按上述方式发布 Swarm 服务（--publish published=5000,target=80）会在 Ingress 网络的 5000 端口进行发布。因为 Swarm 全部节点都接入了 Ingress 网络，所以这个端口被发布到了 Swarm 范围内。
- 集群确保到达 Ingress 网络中**任意节点**的 5000 端口的流量，都会被路由到 80 端口的“svc1”服务。

```
$ docker service create -d --name svc1 --network overnet \
  --publish published=5000,target=80 nginx
```

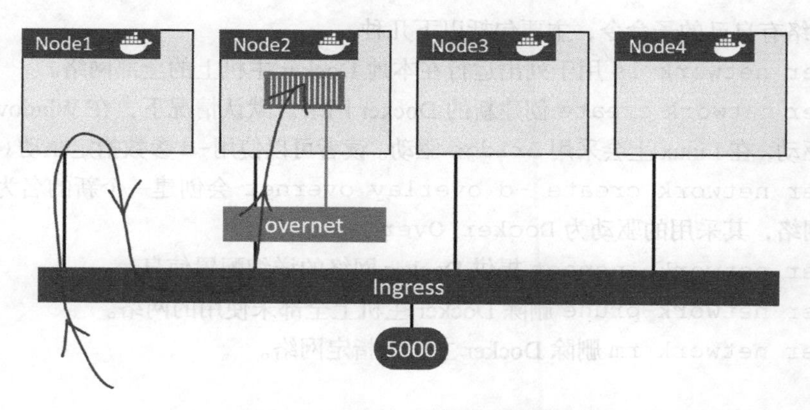

图 11.21　Ingress 模式下访问服务

- 当前“svc1”服务只部署了一个副本，集群中有一条映射规则：“所有访问 Ingress 网络 5000 端口的流量都需要路由到运行了“svc1”服务副本的节点之上”。
- 箭头展示了访问 Node1 的 5000 端口的流量，通过 Ingress 网络，被路由到了 Node2 节点正在运行的服务副本之上。

入站流量可能访问 4 个 Swarm 节点中的任意一个，但是结果都是一样的，了解这一点很重要。这是因为服务通过 Ingress 网络实现了 Swarm 范围内的发布。

此外，还有一点很重要：如果存在多个运行中的副本，流量会平均到每个副本之上，如图 11.22 中展示的一样。

```
$ docker service create -d --name svc1 --network overnet \
  --replicas 4 \
  --publish published=5000,target=80 nginx
```

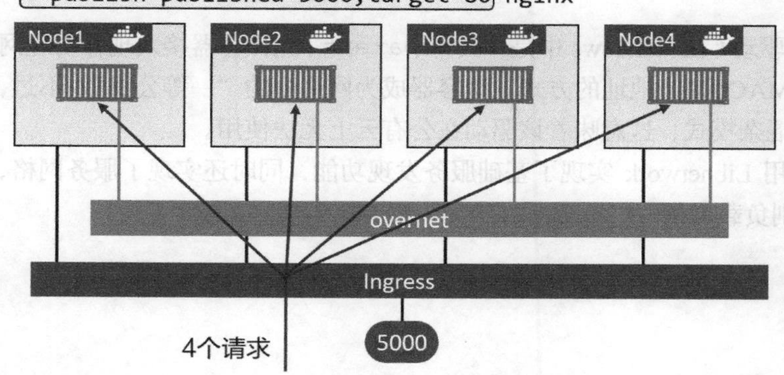

图 11.22　流量平均到每个副本之上

11.3 Docker 网络——命令

Docker 网络有自己的子命令，主要包括以下几种。

- `docker network ls` 用于列出运行在本地 Docker 主机上的全部网络。
- `docker network create` 创建新的 Docker 网络。默认情况下，在 Windows 上会采用 `NAT` 驱动，在 Linux 上会采用 `Bridge` 驱动。读者可以使用`-d` 参数指定驱动（网络类型）。`docker network create -d overlay overnet` 会创建一个新的名为 overnet 的覆盖网络，其采用的驱动为 `Docker Overlay`。
- `docker network inspect` 提供 Docker 网络的详细配置信息。
- `docker network prune` 删除 Docker 主机上全部未使用的网络。
- `docker network rm` 删除 Docker 主机上指定网络。

11.4 本章小结

容器网络模型（CNM）是 Docker 网络架构的主要设计文档，它定义了 Docker 网络中用到的 3 个主要结构——沙盒、终端以及网络。

Libnetwork 是开源库，采用 Go 编写，实现了 CNM。Docker 使用了该库，并且 Docker 网络架构的核心代码都在该库当中。Libnetwork 同时还提供了 Docker 网络控制层和管理层的功能。

驱动通过实现特定网络类型的方式扩展了 Docker 网络栈（Libnetwork），例如桥接网络和覆盖网络。Docker 内置了几种网络驱动，同时也支持第三方驱动。

单机桥接网络是基本的 Docker 网络类型，对于本地开发和小型应用来说也十分适用。单机桥接网络不可扩展，并且对外发布服务依赖于端口映射。Linux Docker 使用内置的 `Bridge` 驱动实现单机桥接网络，而 Windows Docker 使用内置的 `NAT` 驱动来实现。

覆盖网络是当下流行的方式，并且是一种出色的多机容器网络方案。第 12 章会深入介绍覆盖网络。

`Macvlan` 驱动（在 Windows 中是 `Transparent`）允许容器接入现存物理网络以及 VLAN。通过赋予容器 MAC 和 IP 地址的方式，让容器成为网络中的“一等公民”。不过，该驱动需要主机的 NIC 支持混杂模式，这意味着该驱动在公有云上无法使用。

Docker 使用 Libnetwork 实现了基础服务发现功能，同时还实现了服务网格，支持对入站流量实现容器级别负载均衡。

第 12 章　Docker 覆盖网络

在大部分与容器网络相关的场景中，覆盖网络都处于核心地位。在本章中会介绍原生 Docker 覆盖网络的基本要素，以及覆盖网络在 Docker Swarm 集群中的实现。

Docker 覆盖网络在 Windows 上基本与 Linux 相同。这意味着本章示例在 Windows 和 Linux 上都会生效。

本章内容按惯例分为如下 3 个部分。

- 简介。
- 详解。
- 命令。

一起开启网络魔法之旅吧！

12.1　Docker 覆盖网络——简介

在现实世界中，容器间通信的可靠性和安全性相当重要，即使容器分属于不同网络中的不同主机。这也是覆盖网络大展拳脚的地方，它允许读者创建扁平的、安全的二层网络来连接多个主机，容器可以连接到覆盖网络并直接互相通信。

Docker 提供了原生覆盖网络的支持，易于配置且非常安全。

其背后是基于 Libnetwork 以及相应的驱动来构建的。

- Libnetwork。
- 驱动。

Libnetwork 是 CNM 的典型实现，从而可以通过插拔驱动的方式来实现不同的网络技术和拓扑结构。Docker 提供了一些诸如 `Overlay` 的原生驱动，同时第三方也可以提供驱动。

12.2　Docker 覆盖网络——详解

在 2015 年 3 月，Docker 公司收购了一个叫作 Socket Plane 的网络初创企业。收购的原因有二，首先是因为这会给 Docker 带来真正意义的网络架构，其次是让容器间联网变得非常简单，以至于开发人员都可以配置它。

Docker 公司在这两点上都取得了巨大的成功。

但是，简洁的网络命令实际由大量的组件构成。这部分内容是在进行生产环境部署和问题定位前必须要了解的。

本节接下来的内容会分为如下两部分。

- 在 Swarm 模式下构建并测试 Docker 覆盖网络。
- 工作原理。

12.2.1 在 Swarm 模式下构建并测试 Docker 覆盖网络

要完成下面的示例，需要两台 Docker 主机，并通过一个路由器上两个独立的二层网络连接在一起。如图 12.1 所示，注意节点位于不同网络之上。

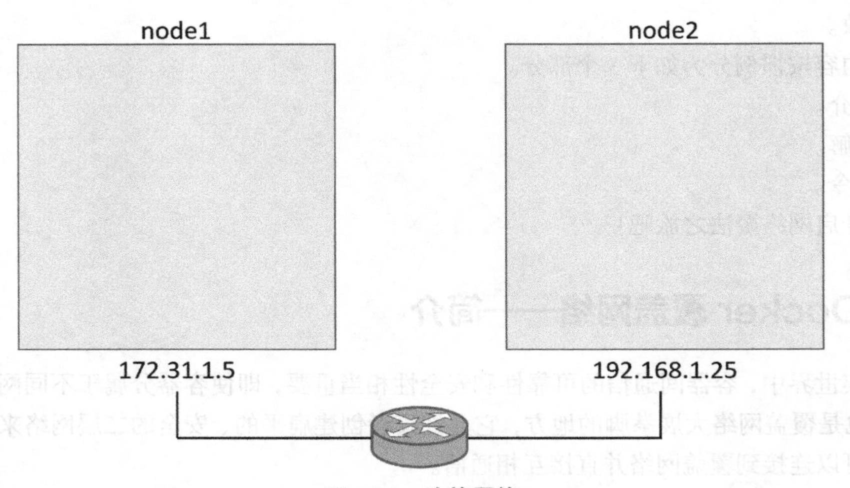

图 12.1 连接网络

读者可以选择 Linux 容器主机或者 Windows 容器主机。Linux 内核版本不能低于 4.4（高版本更好），Windows 需要 Windows Server 2016 版本，并且应安装最新的补丁。

1．构建 Swarm

首先需要将两台主机配置为包含两个节点的 Swarm 集群。接下来会在 node1 节点上运行 `docker swarm init` 命令使其成为管理节点，然后在 node2 节点上运行 `docker swarm join` 命令来使其成为工作节点。

> **注：**如果读者需要在自己的环境中继续下面的示例，则需要先将环境中的 IP 地址、容器 ID 和 Token 等替换为正确的值。

在 **node1** 节点上运行下面的命令。

```
$ docker swarm init \
  --advertise-addr=172.31.1.5 \
  --listen-addr=172.31.1.5:2377

Swarm initialized: current node (1ex3...o3px) is now a manager.
```

在 **node2** 上运行下面的命令。如果需要在 Windows 环境下生效，则需要修改 Windows 防火墙规则，打开 `2377/tcp`、`7946/tcp` 以及 `7946/udp` 等几个端口。

```
$ docker swarm join \
  --token SWMTKN-1-0hz2ec...2vye \
  172.31.1.5:2377
This node joined a swarm as a worker.
```

现在读者已经拥有了包含管理节点 **node1** 和工作节点 **node2** 两个节点的 Swarm 集群了。

2．创建新的覆盖网络

现在创建一个名为 `uber-net` 的覆盖网络。

在 **node1**（管理节点）节点上运行下面的命令。若要这些命令在 Windows 上也能运行，需要在 Windows Docker 节点上添加 `4789/udp` 规则。

```
$ docker network create -d overlay uber-net
c740ydi1lm89khn5kd52skrd9
```

刚刚创建了一个崭新的覆盖网络，能连接 Swarm 集群内的所有主机，并且该网络还包括一个 TLS 加密的控制层！如果还想对数据层加密的话，只需在命令中增加`-o encrypted`参数。

可以通过 docker network ls 命令列出每个节点上的全部网络。

```
$ docker network ls
NETWORK ID          NAME                DRIVER      SCOPE
ddac4ff813b7        bridge              bridge      local
389a7e7e8607        docker_gwbridge     bridge      local
a09f7e6b2ac6        host                host        local
ehw16ycy980s        ingress             overlay     swarm
2b26c11d3469        none                null        local
c740ydi1lm89        uber-net            overlay     swarm
```

在 Windows Docker 主机上输出内容如下。

```
NETWORK ID          NAME                DRIVER      SCOPE
8iltzv6sbtgc        ingress             overlay     swarm
6545b2a61b6f        nat                 nat         local
96d0d737c2ee        none                null        local
nil5ouh44qco        uber-net            overlay     swarm
```

列表的最下方就是刚刚创建的网络 uber-net。其他的网络是在安装 Docker 以及初始化 Swarm 集群的时候创建的。

如果在 **node2** 节点上运行 `docker network ls` 命令，就会发现无法看到 **uber-net** 网络。这是因为只有当运行中的容器连接到覆盖网络的时候，该网络才变为可用状态。这种延迟生效策略通过减少网络梳理，提升了网络的扩展性。

3. 将服务连接到覆盖网络

现在覆盖网络已经就绪，接下来新建一个 Docker 服务并连接到该网络。Docker 服务会包含两个副本（容器），一个运行在 **node1** 节点上，一个运行在 **node2** 节点上。这样会自动将 **node2** 节点接入 **uber-net** 网络。

在 node1 节点上运行下面的命令。

Linux 示例如下。

```
$ docker service create --name test \
  --network uber-net \
  --replicas 2 \
  ubuntu sleep infinity
```

Windows 示例如下。

```
> docker service create --name test `
  --network uber-net `
  --replicas 2 `
  microsoft\powershell:nanoserver Start-Sleep 3600
```

注：Windows 示例使用反引号的方式将单条命令分为多行，以提高命令的可读性。PowerShell 中使用反引号来转义换行字符。

该命令创建了名为 **test** 的新服务，连接到了 **uber-net** 这个覆盖网络，并且还基于指定的镜像创建了两个副本（容器）。在两个示例中，均在容器中采用 sleep 命令来保持容器运行，并在休眠结束后退出该容器。

由于运行了两个副本（容器），而 Swarm 包含两个节点，因此每个节点上都会运行一个副本。可以通过 docker service ps 命令来确认上面的操作。

```
$ docker service ps test
ID           NAME     IMAGE    NODE    DESIRED STATE   CURRENT STATE
77q...rkx    test.1   ubuntu   node1   Running         Running
97v...pa5    test.2   ubuntu   node2   Running         Running
```

当 Swarm 在覆盖网络之上启动容器时，会自动将容器运行所在节点加入到网络当中。这意味着此时在 **node2** 节点上就可以看到 **uber-net** 网络了。

恭喜！目前已经成功在两个由物理网络连接的节点上创建了新的覆盖网络。同时，还将两个容器连接到了该网络当中。多么简单！

4. 测试覆盖网络

现在使用 ping 命令来测试覆盖网络。

如图 12.2 所示，在两个独立的网络中分别有一台 Docker 主机，并且两者都接入了同一个覆盖网络。目前在每个节点上都有一个容器接入了覆盖网络。测试一下两个容器之间是否可以 ping 通。

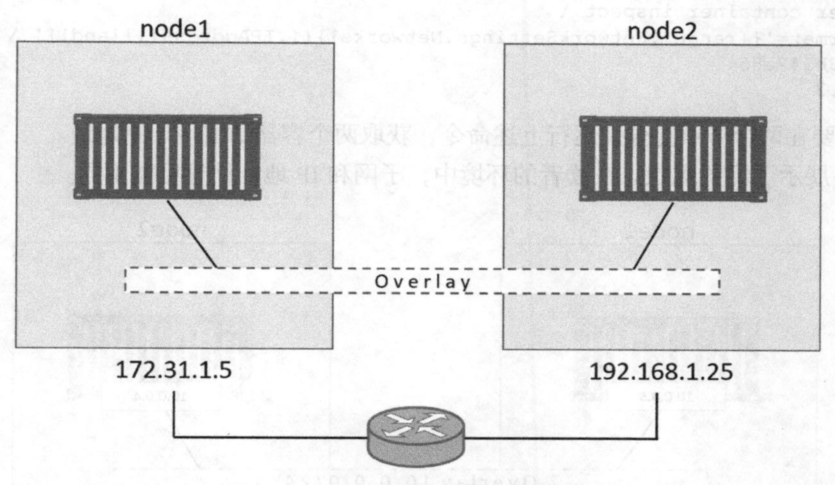

图 12.2 节点上的容器接入覆盖网络

为了执行该测试，需要知道每个容器的 IP 地址（为了测试，暂时忽略相同覆盖网络上的容器可以通过名称来互相 ping 通的事实）。

运行 `docker network inspect` 查看被分配给覆盖网络的 **Subnet**。

```
$ docker network inspect uber-net
[
    {
        "Name": "uber-net",
        "Id": "c740ydi1lm89khn5kd52skrd9",
        "Scope": "swarm",
        "Driver": "overlay",
        "EnableIPv6": false,
        "IPAM": {
            "Driver": "default",
            "Options": null,
            "Config": [
                {
                    "Subnet": "10.0.0.0/24",
                    "Gateway": "10.0.0.1"
                }
<Snip>
```

由以上输出可见，**uber-net** 的子网是 `10.0.0.0/24`。注意，这与两个节点的任意底层物理网络 IP 均不相符（`172.31.1.0/24` 和 `192.168.1.0/24`）。

在 **node1** 和 **node2** 节点上运行下面两条命令。这两条命令可以获取到容器 ID 和 IP 地址。在第二条命令中一定要使用读者自己的环境中的容器 ID。

```
$ docker container ls
CONTAINER  ID  IMAGE          COMMAND           CREATED       STATUS
396c8b142a85   ubuntu:latest  "sleep infinity"  2 hours ago   Up 2 hrs
```

```
$ docker container inspect \
  --format='{{range .NetworkSettings.Networks}}{{.IPAddress}}{{end}}' \
  396c8b142a85
10.0.0.3
```

读者需要在两台节点上分别运行上述命令，获取两个容器的 ID 和 IP 地址。

图 12.3 展示了配置现状。在读者的环境中，子网和 IP 地址信息可能不同。

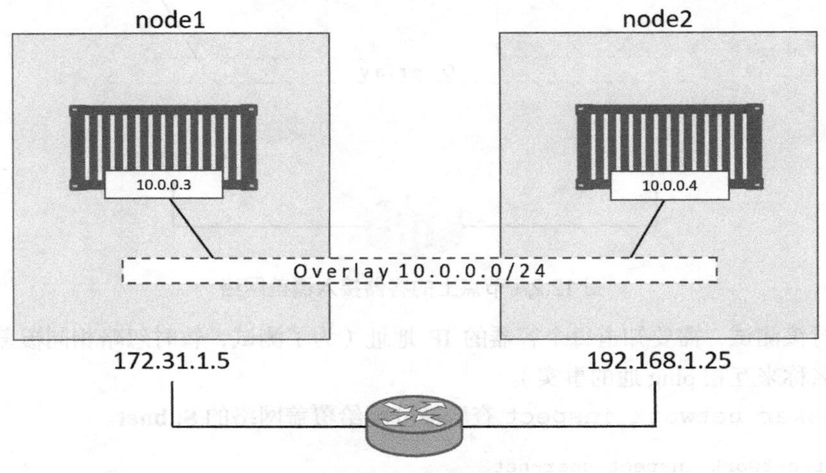

图 12.3 配置现状

由图可知，一个二层覆盖网络横跨两台主机，并且每个容器在覆盖网络中都有自己的 IP 地址。这意味着 **node1** 节点上的容器可以通过 **node2** 节点上容器的 IP 地址 `10.0.0.4` 来 ping 通，该 IP 地址属于覆盖网络。尽管两个节点分属于不同的二层网络，还是可以直接 ping 通。接下来验证这一点。

登录到 **node1** 的容器，并 ping 另一个的容器。

在 Linux Ubuntu 容器中执行该操作的话，需要安装 `ping` 工具包。如果读者使用 Windows PowerShell 示例，`ping` 工具已默认安装。

注意，读者自己本地环境中的容器 ID 会不同。

Linux 示例如下。

```
$ docker container exec -it 396c8b142a85 bash

root@396c8b142a85:/# apt-get update
<Snip>

root@396c8b142a85:/# apt-get install iputils-ping
Reading package lists... Done
Building dependency tree
Reading state information... Done
<Snip>
Setting up iputils-ping (3:20121221-5ubuntu2) ...
```

```
Processing triggers for libc-bin (2.23-0ubuntu3) ...

root@396c8b142a85:/# ping 10.0.0.4
PING 10.0.0.4 (10.0.0.4) 56(84) bytes of data.
64 bytes from 10.0.0.4: icmp_seq=1 ttl=64 time=1.06 ms
64 bytes from 10.0.0.4: icmp_seq=2 ttl=64 time=1.07 ms
64 bytes from 10.0.0.4: icmp_seq=3 ttl=64 time=1.03 ms
64 bytes from 10.0.0.4: icmp_seq=4 ttl=64 time=1.26 ms
^C
root@396c8b142a85:/#
```

Windows 示例如下。

```
> docker container exec -it 1a4f29e5a4b6 pwsh.exe
Windows PowerShell
Copyright (C) 2016 Microsoft Corporation. All rights reserved.

PS C:\> ping 10.0.0.4

Pinging 10.0.0.4 with 32 bytes of data:
Reply from 10.0.0.4: bytes=32 time=1ms TTL=128
Reply from 10.0.0.4: bytes=32 time<1ms TTL=128
Reply from 10.0.0.4: bytes=32 time=2ms TTL=128
Reply from 10.0.0.4: bytes=32 time=2ms TTL=12
PS C:\>
```

恭喜。**node1** 上的容器可以通过覆盖网络 ping 通 **node2** 之上的容器了。

读者还可以在容器内部跟踪 ping 命令的路由信息。路由信息只有一跳，证明容器间通信确实通过覆盖网络直连——无须关心底层网络，这太省心了。

注： 如果希望 Linux 示例中的 traceroute 可执行，读者需要安装 traceroute 包。

Linux 示例如下。

```
$ root@396c8b142a85:/# traceroute 10.0.0.4
traceroute to 10.0.0.4 (10.0.0.4), 30 hops max, 60 byte packets
 1 test-svc.2.97v...a5.uber-net (10.0.0.4) 1.110ms 1.034ms 1.073ms
```

Windows 示例如下。

```
PS C:\> tracert 10.0.0.3

Tracing route to test.2.ttcpiv3p...7o4.uber-net [10.0.0.4]
over a maximum of 30 hops:

  1 <1 ms <1 ms <1 ms test.2.ttcpiv3p...7o4.uber-net [10.0.0.4]

Trace complete.
```

到目前为止，读者已经通过单条命令创建了覆盖网络，并向该网络中接入了容器。这些容器分布在两个不同的主机上，两台主机分属于不同的二层网络。在找出两台容器的 IP 之后，验证了容器可以通过覆盖网络完成直连。

12.2.2　工作原理

现在读者已经知道如何创建并使用容器覆盖网络，接下来请读者跟本书一起找出这一切背后的技术原理。

本节中某些细节特指 Linux，但是同样的原理在 Windows 中也生效。

1. VXLAN 入门

首先必须知道，Docker 使用 VXLAN 隧道技术创建了虚拟二层覆盖网络。所以，在详解之前，先快速了解一下 VXLAN。

在 VXLAN 的设计中，允许用户基于已经存在的三层网络结构创建虚拟的二层网络。在前面的示例中创建了一个子网掩码为 10.0.0.0/24 的二层网络，该网络是基于一个三层 IP 网络实现的，三层 IP 网络由 172.31.1.0/24 和 192.168.1.0/24 这两个二层网络构成。具体如图 12.4 所示。

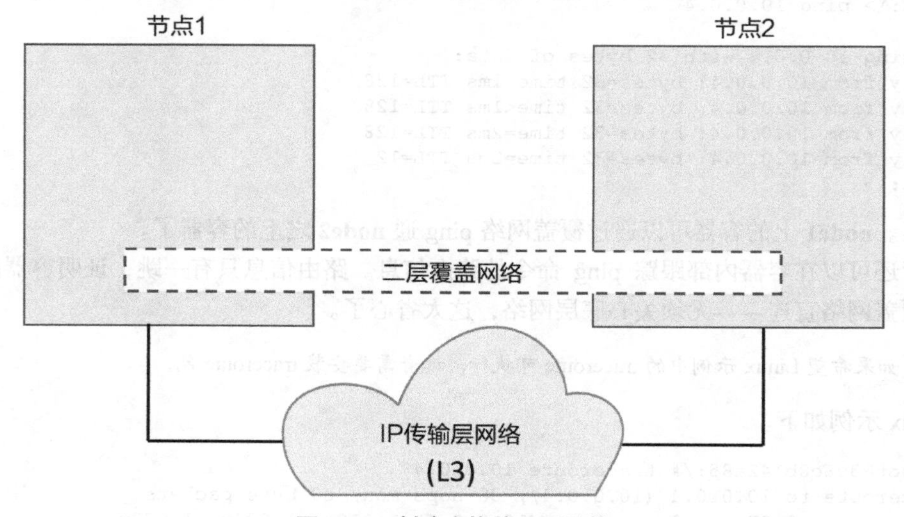

图 12.4　创建虚拟的二层网络

VXLAN 的美妙之处在于它是一种封装技术，能使现存的路由器和网络架构看起来就像普通的 IP/UDP 包一样，并且处理起来毫无问题。

为了创建二层覆盖网络，VXLAN 基于现有的三层 IP 网络创建了隧道。读者可能听过基础网络（Underlay Network）这个术语，它用于指代三层之下的基础部分。

VXLAN 隧道两端都是 VXLAN 隧道终端（VXLAN Tunnel Endpoint, VTEP）。VTEP 完成了封装和解压的步骤，以及一些功能实现所必需的操作，如图 12.5 所示。

2. 梳理一下两个容器的示例

在前面的示例中，读者通过 IP 网络将两台主机连接起来。每个主机运行了一个容器，之后又为容器连接创建了一个 VXLAN 覆盖网络。

为了实现上述场景，在每台主机上都新建了一个 Sandbox（网络命名空间）。正如前文所讲，

Sandbox 就像一个容器，但其中运行的不是应用，而是当前主机上独立的网络栈。

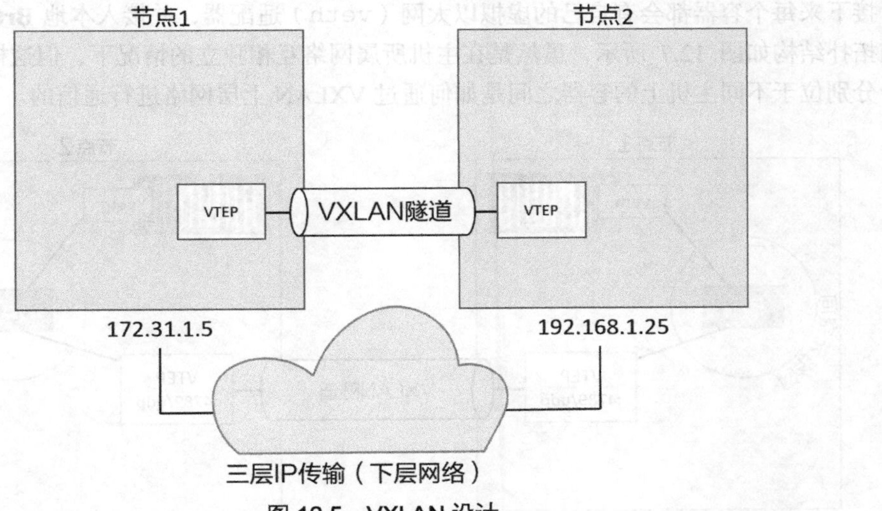

图 12.5 VXLAN 设计

在 Sandbox 内部创建了一个名为 **Br0** 的虚拟交换机（又称做虚拟网桥）。同时 Sandbox 内部还创建了一个 VTEP，其中一端接入到名为 **Br0** 的虚拟交换机当中，另一端接入主机网络栈（VTEP）。在主机网络栈中的终端从主机所连接的基础网络中获取到 IP 地址，并以 UDP Socket 的方式绑定到 4789 端口。不同主机上的两个 VTEP 通过 VXLAN 隧道创建了一个覆盖网络，如图 12.6 所示。

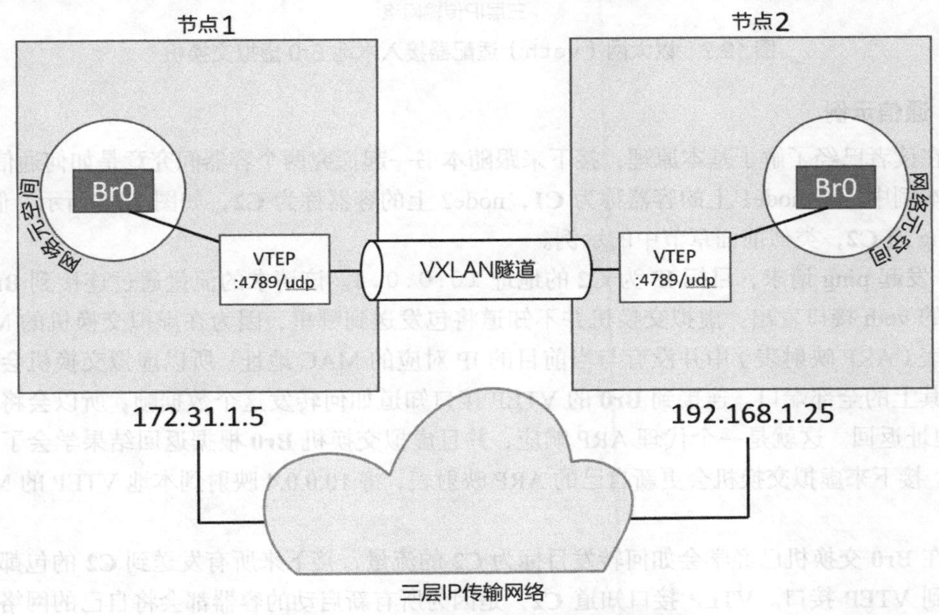

图 12.6 不同主机的 VTEP 创建覆盖网络

这是 VXLAN 上层网络创建和使用所必需的。

接下来每个容器都会有自己的虚拟以太网（veth）适配器，并接入本地 **Br0** 虚拟交换机。目前拓扑结构如图 12.7 所示，虽然是在主机所属网络互相独立的情况下，但这样能更容易看出两个分别位于不同主机上的容器之间是如何通过 VXLAN 上层网络进行通信的。

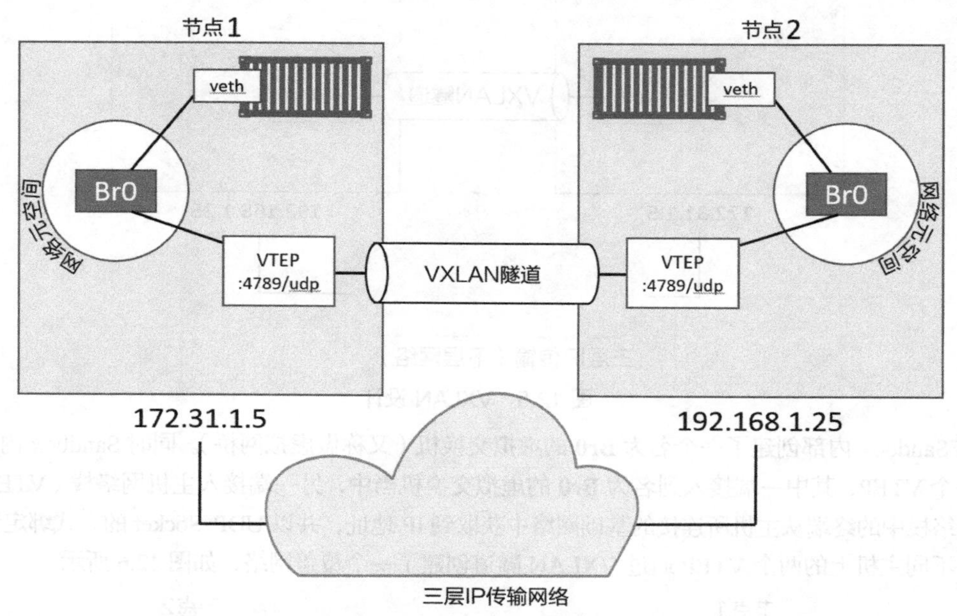

图 12.7 以太网（veth）适配器接入本地 Br0 虚拟交换机

3. 通信示例

现在读者已经了解了基本原理，接下来跟随本书一起探究两个容器间究竟是如何通信的。

在本例中，将 node1 上的容器称为 **C1**，node2 上的容器称为 **C2**，如图 12.8 所示。假设 **C1** 希望 ping 通 **C2**，类似前面章节中的示例。

C1 发起 ping 请求，目标 IP 为 **C2** 的地址 `10.0.0.4`。该请求的流量通过连接到 **Br0** 虚拟交换机的 veth 接口发出。虚拟交换机并不知道将包发送到哪里，因为在虚拟交换机的 MAC 地址映射表（ARP 映射表）中并没有与当前目的 IP 对应的 MAC 地址。所以虚拟交换机会将该包发送到其上的全部端口。连接到 **Br0** 的 VTEP 接口知道如何转发这个数据帧，所以会将自己的 MAC 地址返回。这就是一个代理 ARP 响应，并且虚拟交换机 **Br0** 根据返回结果学会了如何转发该包。接下来虚拟交换机会更新自己的 ARP 映射表，将 10.0.0.4 映射到本地 VTEP 的 MAC 地址上。

现在 **Br0** 交换机已经学会如何转发目标为 **C2** 的流量，接下来所有发送到 **C2** 的包都会被直接转发到 VTEP 接口。VTEP 接口知道 **C2**，是因为所有新启动的容器都会将自己的网络详情采用网络内置 Gossip 协议发送给相同 Swarm 集群内的其他节点。

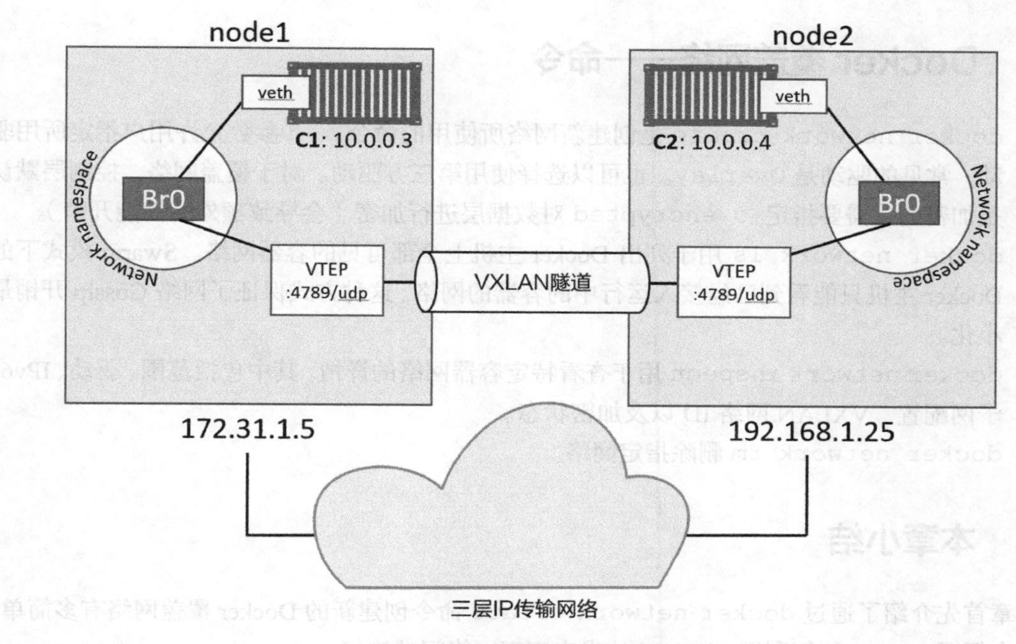

图 12.8　为容器设置了 IP 地址

交换机会将包转发到 VTEP 接口，VTEP 完成数据帧的封装，这样就能在底层网络传输。具体来说，封装操作就是把 VXLAN Header 信息添加以太帧当中。

VXLAN Header 信息包含了 VXLAN 网络 ID（VNID），其作用是记录 VLAN 到 VXLAN 的映射关系。每个 VLAN 都对应一个 VNID，以便包可以在解析后被转发到正确的 VLAN。封装的时候会将数据帧放到 UDP 包中，并设置 UDP 的目的 IP 字段为 node2 节点的 VTEP 的 IP 地址，同时设置 UDP Socket 端口为 4789。这种封装方式保证了底层网络即使不知道任何关于 VXLAN 的信息，也可以完成数据传输。

当包到达 node2 之后，内核发现目的端口为 UDP 端口 4789，同时还知道存在 VTEP 接口绑定到该 Socket。所以内核将包发给 VTEP，由 VTEP 读取 VNID，解压包信息，并根据 VNID 发送到本地名为 **Br0** 的连接到 VLAN 的交换机。在该交换机上，包被发送给容器 C2。

以上大体介绍了 Docker 覆盖网络是如何利用 VXLAN 技术的。

在本节只进行了比较基础的介绍，但应该足够读者开始着手 Docker 生产环境的部署了。同时这些知识也足以让读者与网络团队沟通 Docker 基础设置中网络相关的内容了。

最后一件需要注意的是，Docker 支持使用同样的覆盖网络实现三层路由。例如，读者可以创建包含两个子网的覆盖网络，Docker 会负责子网间的路由。创建的命令如 `docker network create --subnet=10.1.1.0/24 --subnet=11.1.1.0/24 -d overlay prod-net`。该命令会在 Sandbox 中创建两个虚拟交换机，默认支持路由。

12.3 Docker 覆盖网络——命令

- docker network create 是创建新网络所使用的命令。-d 参数允许用户指定所用驱动，常见的驱动是 Overlay。也可以选择使用第三方驱动。对于覆盖网络，控制层默认是加密的。需要指定-o encrypted 对数据层进行加密（会导致额外的性能开销）。
- docker network ls 用于列出 Docker 主机上全部可见的容器网络。Swarm 模式下的 Docker 主机只能看到已经接入运行中的容器的网络。这种方式保证了网络 Gossip 开销最小化。
- docker network inspect 用于查看特定容器网络的详情。其中包括范围、驱动、IPv6、子网配置、VXLAN 网络 ID 以及加密状态。
- docker network rm 删除指定网络。

12.4 本章小结

本章首先介绍了通过 docker network create 命令创建新的 Docker 覆盖网络有多简单。接下来介绍了 Docker 如何利用 VXLAN 技术来实现网络间的连接。

本章介绍的内容只是 Docker 覆盖网络全部功能的冰山一角。

第 13 章　卷与持久化数据

是时候了解 Docker 如何管理数据了。本书会关注持久化和非持久化数据。但在本章，会着重关注持久化数据。

本章内容按惯例分为 3 个部分。

- 简介。
- 详解。
- 命令。

13.1　卷与持久化数据——简介

数据主要分为两类，持久化的与非持久化的。

持久化数据是需要保存的数据。例如客户信息、财务、预定、审计日志以及某些应用日志数据。非持久化数据是不需要保存的那些数据。

两者都很重要，并且 Docker 均有对应的支持方式。

每个 Docker 容器都有自己的非持久化存储。非持久化存储自动创建，从属于容器，生命周期与容器相同。这意味着删除容器也会删除全部非持久化数据。

如果希望自己的容器数据保留下来（持久化），则需要将数据存储在卷上。卷与容器是解耦的，从而可以独立地创建并管理卷，并且卷并未与任意容器生命周期绑定。最终效果即用户可以删除一个关联了卷的容器，但是卷并不会被删除。

简介到此为止。接下来进行深入了解。

13.2　卷与持久化数据——详解

对于微服务设计模式来说，容器是不错的选择。通常与微服务挂钩的词有暂时以及无状态。所以，微服务就是无状态的、临时的工作负载，同时容器即微服务。因此，我们经常会轻易下结论，认为容器就是用于临时场景。

但这种说法是错误的，而且是大错特错！

13.2.1 容器与非持久数据

毫无疑问，容器擅长无状态和非持久化事务。

每个容器都被自动分配了本地存储。默认情况下，这是容器全部文件和文件系统保存的地方。读者可能听过一些非持久存储相关的名称，如本地存储、GraphDriver 存储以及 SnapShotter 存储。总之，非持久存储属于容器的一部分，并且与容器的生命周期一致——容器创建时会创建非持久化存储，同时该存储也会随容器的删除而删除。很简单。

在 Linux 系统中，该存储的目录在`/var/lib/docker/<storage-driver>/`之下，是容器的一部分。在 Windows 系统中位于`C:\ProgramData\Docker\windowsfilter\`目录之下。

如果在生产环境中使用 Linux 运行 Docker，需要确认当前存储驱动（GraphDriver）与 Linux 版本是否相符。下面列举了一些指导建议。

- RedHat Enterprise Linux：Docker 17.06 或者更高的版本中使用`Overlay2`驱动。在更早的版本中，使用`Device Mapper`驱动。这适用于 Oracle Linux 以及其他 Red Hat 相关发行版。
- Ubuntu：使用`Overlay2`或者`AUFS`驱动。如果读者正在使用 Linux4.x 或者更高版本的内核，建议使用`Overlay2`。
- SUSE Linux Enterprise Server：使用`Btrfs`存储驱动。
- Windows：Windows 只有一种驱动，已经默认设置。

上述清单只作为建议。随着时间发展，`Overlay2`驱动正在逐渐流行，可能在未来会成为大多数平台上的推荐存储驱动。如果读者使用 Docker 企业版（EE），并且有技术支持合约，建议通过咨询获取最新的兼容矩阵。

继续回到正题。

默认情况下，容器的所有存储都使用本地存储。所以默认情况下容器全部目录都是用该存储。

如果容器不产生持久化数据，那么本地存储即可满足需求并且能够正常使用。但是如果容器确实需要持久化数据，就需要阅读 13.2.2 节了。

13.2.2 容器与持久化数据

在容器中持久化数据的方式推荐采用卷。

总体来说，用户创建卷，然后创建容器，接着将卷挂载到容器上。卷会挂载到容器文件系统的某个目录之下，任何写到该目录下的内容都会写到卷中。即使容器被删除，卷与其上面的数据仍然存在。

如图 13.1 所示，Docker 卷挂载到容器的`/code`目录。任何写入`/code`目录的数据都会保存到卷当中，并且在容器删除后依然存在。

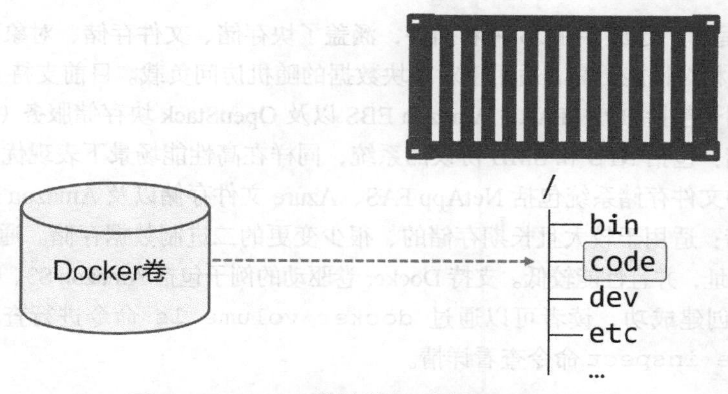

图 13.1 Docker 卷挂载到容器的/code 目录

图 13.1 中，/code 目录是一个 Docker 卷。容器其他目录均使用临时的本地存储。卷与目录/code 之间采用带箭头的虚线连接，这是为了表明卷与容器是非耦合的关系。

1. 创建和管理容器卷

Docker 中卷属于一等公民。抛开其他原因，这意味着卷在 API 中拥有一席之地，并且有独立的 docker volume 子命令。

使用下面的命令创建名为 myvol 的新卷。

```
$ docker volume create myvol
```

默认情况下，Docker 创建新卷时采用内置的 local 驱动。恰如其名，本地卷只能被所在节点的容器使用。使用-d 参数可以指定不同的驱动。

第三方驱动可以通过插件方式接入。这些驱动提供了高级存储特性，并为 Docker 集成了外部存储系统。图 13.2 展示的就是外部存储系统被用作卷存储。驱动集成了外部存储系统到 Docker 环境当中，同时能使用其高级特性。

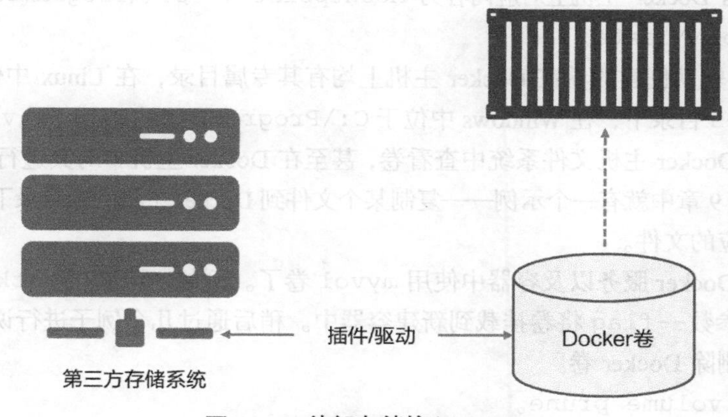

图 13.2 外部存储接入 Docker

截至本书撰写时，已经存在 25 种卷插件，涵盖了块存储、文件存储、对象存储等。

- **块存储：**相对性能更高，适用于对小块数据的随机访问负载。目前支持 Docker 卷插件的块存储例子包括 HPE 3PAR、Amazon EBS 以及 OpenStack 块存储服务（Cinder）。
- **文件存储：**包括 NFS 和 SMB 协议的系统，同样在高性能场景下表现优异。支持 Docker 卷插件的文件存储系统包括 NetApp FAS、Azure 文件存储以及 Amazon EFS。
- **对象存储：**适用于较大且长期存储的、很少变更的二进制数据存储。通常对象存储是根据内容寻址，并且性能较低。支持 Docker 卷驱动的例子包括 Amazon S3、Ceph 以及 Minio。

现在卷已经创建成功，读者可以通过 `docker volume ls` 命令进行查看，还可以使用 `docker volume inspect` 命令查看详情。

```
$ docker volume ls
DRIVER              VOLUME NAME
local               myvol

$ docker volume inspect myvol
[
    {
        "CreatedAt": "2018-01-12T12:12:10Z",
        "Driver": "local",
        "Labels": {},
        "Mountpoint": "/var/lib/docker/volumes/myvol/_data",
        "Name": "myvol",
        "Options": {},
        "Scope": "local"
    }
]
```

`inspect` 命令输出中有几点很有意思。Driver 和 Scope 都是 `local`。这意味着卷使用默认 `local` 驱动创建，只能用于当前 Docker 主机上的容器。`Mountpoint` 属性说明卷位于 Docker 主机上的位置。在本例中卷位于 Docker 主机的 `/var/lib/docker/volumes/myvol/_data` 目录。在 Windows Docker 主机上对应内容为 `Mountpoint": "C:\\ProgramData\\Docker\\volumes\\myvol\\_data`。

使用 `local` 驱动创建的卷在 Docker 主机上均有其专属目录，在 Linux 中位于 `/var/lib/docker/volumes` 目录下，在 Windows 中位于 `C:\ProgramData\Docker\volumes` 目录下。这意味着可以在 Docker 主机文件系统中查看卷，甚至在 Docker 主机中对其进行读取数据或者写入数据操作。在第 9 章中就有一个示例——复制某个文件到 Docker 主机的卷目录下，在容器该卷中立刻就能看到对应的文件。

读者可以在 Docker 服务以及容器中使用 `myvol` 卷了。例如，可以在 `docker container run` 命令后增加参数 `--flag` 将卷挂载到新建容器中。稍后通过几个例子进行说明。

有两种方式删除 Docker 卷。

- `docker volume prune`。
- `docker volume rm`。

docker volume prune 会删除未装入到某个容器或者服务的**所有卷**，所以**谨慎使用**！docker volume rm 允许删除指定卷。两种删除命令都不能删除正在被容器或者服务使用的卷。

因为没有使用 myvol 卷，所以请通过 prune 命令进行删除。

```
$ docker volume prune

WARNING! This will remove all volumes not used by at least one container.
Are you sure you want to continue? [y/N] y

Deleted Volumes:
myvol
Total reclaimed space: 0B
```

恭喜，现在已经完成创建、查看以及删除卷的操作了。上述操作均未涉及容器，这也验证了卷是独立的这一特性。

到目前，读者已经了解了卷的创建、列表、查看以及删除命令。此外，还可以通过在 Dockerfile 中使用 VOLUME 指令的方式部署卷。具体的格式为 VOLUME <container-mount- point。但是，在 Dockerfile 中无法指定主机目录。这是因为主机目录通常情况下是相对主机的一个目录，意味着这个目录在不同主机间会变化，并且可能导致构建失败。如果通过 Dockerfile 指定，那么每次部署时都需要指定主机目录。

2. 演示卷在容器和服务中的使用

现在读者已经了解了卷相关的基本命令，接下来看一下如何在容器和服务中使用卷。

接下来的内容是基于某个没有卷的系统，演示内容适用于 Linux 和 Windows。

使用下面的命令创建一个新的独立容器，并挂载一个名为 bizvol 的卷。

Linux 示例如下。

```
$ docker container run -dit --name voltainer \
    --mount source=bizvol,target=/vol \
    alpine
```

Windows 示例如下。

所有的 Windows 示例都在 PowerShell 中执行，请注意反引号（`）用于将命令拆至多行。

```
> docker container run -dit --name voltainer `
    --mount source=bizvol,target=c:\vol `
    microsoft/powershell:nanoserver
```

即使系统中没有叫作 bizvol 的卷，命令也应该能够成功运行。这里引出了很有意思的一点。

- 如果指定了已经存在的卷，Docker 会使用该卷。
- 如果指定的卷不存在，Docker 会创建一个卷。

在当前示例中，bizvol 这个卷并不存在，所以 Docker 新建一个卷并挂载到新容器内部。这意味着读者可以通过 docker volume ls 命令看到该卷。

```
$ docker volume ls
DRIVER              VOLUME NAME
local               bizvol
```

尽管容器和卷各自拥有独立的生命周期，Docker 也不允许删除正在被容器使用的卷。

```
$ docker volume rm bizvol
Error response from daemon: unable to remove volume: volume is in use -
[b44 d3f82...dd2029ca]
```

目前卷是空的。执行 exec 连接到容器并向卷中写入一部分数据。示例引用的是 Linux，如果读者使用 Windows 示例，则需要将 docker container exec 命令结尾的 sh 替换为 pwsh.exe。其他命令在 Linux 和 Windows 上面均可以生效。

```
$ docker container exec -it voltainer sh

/# echo "I promise to write a review of the book on Amazon" > /vol/file1

/# ls -l /vol
total 4

-rw-r--r-- 1 root root 50 Jan 12 13:49 file1

/# cat /vol/file1
I promise to write a review of the book on Amazon
```

输入 exit 命令返回到 Docker 主机 Shell 中，然后使用下面命令删除容器。

```
$ docker container rm voltainer -f
voltainer
```

即使容器被删除，卷依旧存在。

```
$ docker container ls -a
CONTAINER ID     IMAGE     COMMAND     CREATED     STATUS

$ docker volume ls
DRIVER              VOLUME NAME
local               bizvol
```

由于卷仍然存在，因此可以进入到其在主机的挂载点并查看前面写入的数据是否还在。

在 Docker 主机的终端上执行下面的命令。第一条命令会证明文件依然存在，第二条命令展示了文件的内容。

如果是 Windows 示例，一定要使用 C:\ProgramData\Docker\volumes\bizvol_data 目录。

```
$ ls -l /var/lib/docker/volumes/bizvol/_data/
total 4
-rw-r--r-- 1 root root 50 Jan 12 14:25 file1

$ cat /var/lib/docker/volumes/bizvol/_data/file1
I promise to write a review of the book on Amazon
```

太棒了，卷和数据都还在。

甚至将 bizvol 挂载到一个新的服务或者容器都是可以的。下面的命令会创建一个名为 hellcat 的新 Docker 服务，并且将 bizvol 挂载到该服务副本的/vol 目录。

```
$ docker service create \
  --name hellcat \
  --mount source=bizvol,target=/vol \
  alpine sleep 1d

overall progress: 1 out of 1 tasks
1/1: running [==================================================>]
verify: Service converged
```

上述命令没有指定--replicas 参数，所以服务只会部署一个副本。找到 Swarm 集群中运行了该服务的节点。

```
$ docker service ps hellcat
ID          NAME         NODE      DESIRED STATE    CURRENT STATE
l3nh...     hellcat.1    node1     Running          Running 19 seconds ago
```

在本例中，副本运行在 node1 节点上。登录到 node1 节点，然后获取服务副本容器 ID。

```
node1$ docker container ls
CTR ID      IMAGE            COMMAND      STATUS       NAMES
df6..a7b    alpine:latest    "sleep 1d"   Up 25 secs   hellcat.1.l3nh...
```

注意，容器的名称包括了 service-name、replica-number 以及 replica-ID，采用句号分隔。

登录到该容器并检查数据是否在/vol 中。在 exec 例子中会使用服务副本的容器 ID。如果读者使用 Windows 示例，记得将 sh 替换为 pwsh.exe。

```
node1$ docker container exec -it df6 sh

/# cat /vol/file1
I promise to write a review of the book on Amazon
```

这样卷中保存了原始数据，并且在新容器中也可以使用。

13.2.3 在集群节点间共享存储

Docker 能够集成外部存储系统，使得集群间节点共享外部存储数据变得简单。例如，独立存储 LUN 或者 NFS 共享可以应用到多个 Docker 主机，因此无论容器或者服务副本运行在哪个节点上，都可以共享该存储。图 13.3 展示了位于共享存储的卷被两个 Docker 节点共享的场景。接下来这些 Docker 节点可以将共享卷应用到容器之上。

构建这样的环境需要外部存储系统的相关知识，并了解应用如何从共享存储读取或者写入数据。这种配置主要关注数据损坏（**Data Corruption**）。

基于图 13.3，设想下面的场景：Node 1 上的容器 A 在共享卷中更新了部分数据。但是为了快速返回，数据实际写入了本地缓存而不是卷中。此时，容器 A 认为数据已经更新。但是，在 Node 1 的容器 A 将缓存数据刷新并提交到卷前，Node 2 的容器 B 更新了相同部分的数据，但是值不同，并且更新方式为直接写入卷中。此时，两个容器均认为自己已经将数据写入卷中，但实际上只有容器 B 写入了。容器 A 会在稍后将自己的缓存数据写入缓存，覆盖了 Node 2 的容器 B 所做的一些变更。但是 Node 2 上的容器 B 对此一无所知。数据损坏就是这样发生的。

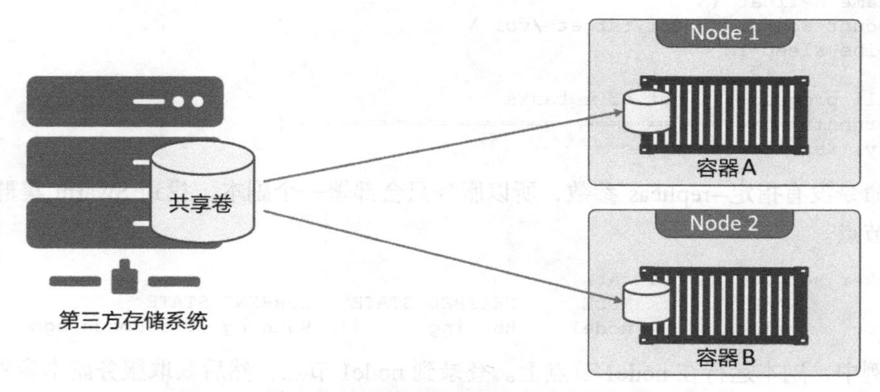

图 13.3　位于共享存储的卷被两个 Docker 节点共享

为了避免这种情况，需要在应用程序中进行控制。

13.3　卷与持久化数据——命令

- `docker volume create` 命令用于创建新卷。默认情况下，新卷创建使用 `local` 驱动，但是可以通过`-d` 参数来指定不同的驱动。
- `docker volume ls` 会列出本地 Docker 主机上的全部卷。
- `docker volume inspect` 用于查看卷的详细信息。可以使用该命令查看卷在 Docker 主机文件系统中的具体位置。
- `docker volume prune` 会删除未被容器或者服务副本使用的全部卷。谨慎使用！
- `docker volume rm` 删除未被使用的指定卷。

13.4　本章小结

数据主要分为两类：持久化和非持久化数据。持久化数据是需要保存的，而非持久化数据不需要。默认情况下，所有容器都有与自身生命周期相同的非持久化存储——本地存储，它非常适用于非持久化数据。但是，如果容器需要创建长期保存的数据，最好将数据存储到 Docker 卷中。

Docker 卷是 Docker API 中的一等公民，并使用 `docker volume` 子命令独立管理。这意味着删除容器并不会删除容器所使用的卷。

在 Docker 环境中，推荐使用卷来保存持久化数据。

第 14 章 使用 Docker Stack 部署应用

大规模场景下的多服务部署和管理是一件很难的事情。

幸运的是，Docker Stack 为解决该问题而生！Docker Stack 通过提供期望状态、滚动升级、简单易用、扩缩容、健康检查等特性简化了应用的管理！这些功能都封装在一个完美的声明式模型当中。太赞了！

如果读者现在是第一次接触这些术语，或者感觉难以理解，请不要担心！在阅读完本章后，就能理解这些概念了！

本章内容按惯例分为 3 个部分。

- 简介。
- 详解。
- 命令。

14.1 使用 Docker Stack 部署应用——简介

在笔记本上测试和部署简单应用很容易。但这只能算业余选手。在真实的生产环境进行多服务的应用部署和管理，这才是专业选手的水平！

幸运的是，Stack 正为此而生！Stack 能够在单个声明文件中定义复杂的多服务应用。Stack 还提供了简单的方式来部署应用并管理其完整的生命周期：初始化部署 > 健康检查 > 扩容 > 更新 > 回滚，以及其他功能！

步骤很简单。在 Compose 文件中定义应用，然后通过 `docker stack deploy` 命令完成部署和管理。就是这样！

Compose 文件中包含了构成应用所需的完整服务栈。此外还包括了卷、网络、安全以及应用所需的其他基础架构。

然后基于该文件使用 `docker stack deploy` 命令来部署应用，这很简单。

Stack 是基于 Docker Swarm 之上来完成应用的部署。因此诸如安全等高级特性，其实都是来自 Swarm。

简而言之，Docker 适用于开发和测试。Docker Stack 则适用于大规模场景和生产环境。

14.2　使用 Docker Stack 部署应用——详解

如果了解 Docker Compose，就会发现 Docker Stack 非常简单。事实上在许多方面，Stack 一直是期望的 Compose——完全集成到 Docker 中，并能够管理应用的整个生命周期。

从体系结构上来讲，Stack 位于 Docker 应用层级的最顶端。Stack 基于服务进行构建，而服务又基于容器，如图 14.1 所示。

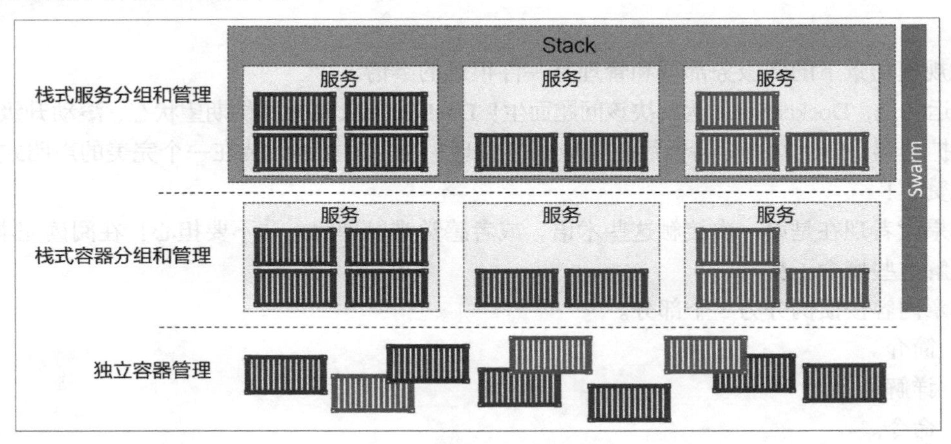

图 14.1　AtSea 商店架构图

接下来的章节分为如下几部分。

- 简单应用。
- 深入分析 Stack 文件。
- 部署应用。
- 管理应用。

14.2.1　简单应用

本章后续的内容会一直使用示例应用 **AtSea Shop**。该示例托管在 Github 的 `dockersamples/atsea-sample-shop-app` 库中，基于 Apache 2.0 许可证开源。

使用该应用是因为其复杂度适中，不会因为太复杂而难以完整解释。除此之外，该应用还是个多服务应用，并且利用了认证和安全相关的技术。应用架构如图 14.2 所示。

如图所示，该应用由 5 个服务、3 个网络、4 个密钥以及 3 组端口映射构成。具体细节将会结合 Stack 文件进行分析。

注：在本章中用到服务一词时，指的是 Docker 服务（由若干容器组成的集合，作为一个整体进行统一管理，并且在 Docker API 中存在对应的服务对象）。

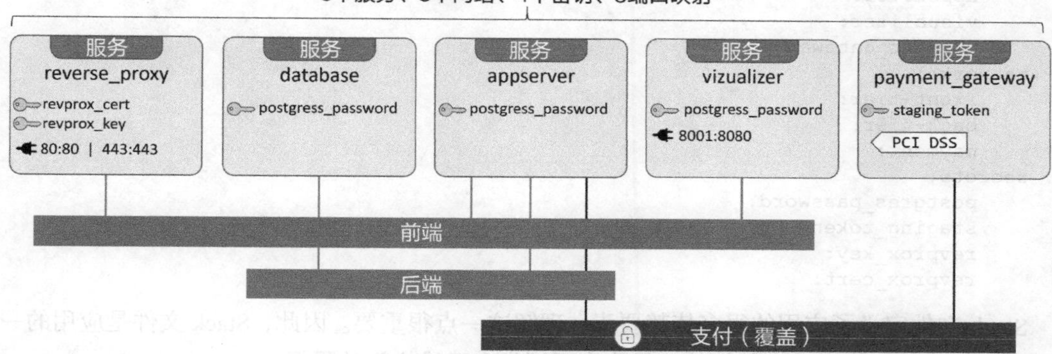

图 14.2 AtSea 商店架构图

复制 Github 仓库，以获取全部源代码文件。

```
$ git clone https://github.com/dockersamples/atsea-sample-shop-app.git Cloning
into 'atsea-sample-shop-app'...
remote: Counting objects: 636, done.
remote: Total 636 (delta 0), reused 0 (delta 0), pack-reused 636
Receiving objects: 100% (636/636), 7.23 MiB | 28.25 MiB/s, done.
Resolving deltas: 100% (197/197), done.
```

该应用的代码由若干目录和源码文件组成。读者可以随意浏览这些文件。但是接下来，重点关注的文件是 docker-stack.yml。该文件通常被称为 Stack 文件，在该文件中定义了应用及其依赖。

在该文件整体结构中，定义了 4 种顶级关键字。

```
version:
services:
networks:
secrets:
```

version 代表了 Compose 文件格式的版本号。为了应用于 Stack，需要 3.0 或者更高的版本。**services** 中定义了组成当前应用的服务都有哪些。**networks** 列出了必需的网络，**secrets** 定义了应用用到的密钥。

如果展开顶级的关键字，可以看到类似图 14.2 中的结构。Stack 文件由 5 个服务构成，分别为“reverse_proxy”“database”“appserver”“visualizer”“payment_gateway”。Stack 文件中包含 3 个网络，分别为“front-tier”“back-tier”“payment”。最后，Stack 文件中有 4 个密钥，分别为“postgres_password”“staging_token”“revprox_key”“revprox_cert”。

```
version: "3.2"
services:
    reverse_proxy:
```

```
    database:
    appserver:
    visualizer:
    payment_gateway:
networks:
    front-tier:
    back-tier:
    payment:
secrets:
    postgres_password:
    staging_token:
    revprox_key:
    revprox_cert:
```

Stack 文件定义了应用的很多依赖要素，理解这一点很重要。因此，Stack 文件是应用的一个自描述文件，并且作为一个很好的工具弥合了开发和运维之间的隔阂。

接下来一起深入分析 Stack 文件的细节。

14.2.2　深入分析 Stack 文件

Stack 文件就是 Docker Compose 文件。唯一的要求就是 `version:` 一项需要是“3.0”或者更高的值。具体可以关注 Docker 文档中关于 Compose 文件的最新版本信息。

在 Docker 根据某个 Stack 文件部署应用的时候，首先会检查并创建 `networks:` 关键字对应的网络。如果对应网络不存在，Docker 会进行创建。

一起看一下 Stack 文件中的网络定义。

1. 网络

```
networks:
  front-tier:
  back-tier:
  payment:
    driver: overlay
    driver_opts:
      encrypted: 'yes'
```

该文件中定义了 3 个网络：`front-tier`、`back-tier` 以及 `payment`。默认情况下，这些网络都会采用 `overlay` 驱动，新建对应的覆盖类型的网络。但是 `payment` 网络比较特殊，需要数据层加密。

默认情况下，覆盖网络的所有控制层都是加密的。如果需要加密数据层，有两种选择。

- 在 `docker network create` 命令中指定 `-o encrypted` 参数。
- 在 Stack 文件中的 `driver_opts` 之下指定 `encrypted:'yes'`。

数据层加密会导致额外开销，而影响额外开销大小的因素有很多，比如流量的类型和流量的多少。但是，通常额外开销会在 10%的范围之内。

正如前面提到的，全部的 3 个网络均会先于密钥和服务被创建。

2. 密钥

密钥属于顶级对象，在当前 Stack 文件中定义了 4 个。

```
secrets:
  postgres_password:
    external: true
  staging_token:
    external: true
  revprox_key:
    external: true
  revprox_cert:
    external: true
```

注意，4 个密钥都被定义为 external。这意味着在 Stack 部署之前，这些密钥必须存在。

当然在应用部署时按需创建密钥也是可以的，只需要将 `file: <filename>` 替换为 `external: true`。但该方式生效的前提是，需要在主机文件系统的对应路径下有一个文本文件，其中包含密钥所需的值，并且是未加密的。这种方式存在明显的安全隐患。

稍后会展示在部署的时候究竟是如何创建这些密钥的。现在，读者只需知道应用定义了 4 个密钥，并且需要提前创建即可。

下面对服务逐一进行分析。

3. 服务

部署中的主要操作都在服务这个环节。

每个服务都是一个 JSON 集合（字典），其中包含了一系列关键字。本书会依次介绍每个关键字，并解释操作的具体内容。

（1）reverse_proxy 服务

正如读者所见，`reverse_proxy` 服务定义了镜像、端口、密钥以及网络。

```
reverse_proxy:
  image: dockersamples/atseasampleshopapp_reverse_proxy
  ports:
    - "80:80"
    - "443:443"
  secrets:
    - source: revprox_cert
      target: revprox_cert
    - source: revprox_key
      target: revprox_key
networks:
  - front-tier
```

image 关键字是服务对象中唯一的必填项。顾名思义，该关键字定义了将要用于构建服务副本的 Docker 镜像。

Docker 是可选项，除非指定其他值，否则镜像会从 Docker Hub 拉取。读者可以通过在镜像前添加对应第三方镜像仓库服务 API 的 DNS 名称的方式，来指定某个镜像从第三方服务拉取。例如 Google 的容器服务的 DNS 名称为 `gcr.io`。

Docker Stack 和 Docker Compose 的一个区别是，Stack 不支持**构建**。这意味着在部署 Stack 之前，所有镜像必须提前构建完成。

ports 关键字定义了两个映射。

- `80:80` 将 Swarm 节点的 80 端口映射到每个服务副本的 80 端口。
- `443:443` 将 Swarm 节点的 443 端口映射到每个服务副本的 443 端口。

默认情况下，所有端口映射都采用 Ingress 模式。这意味着 Swarm 集群中每个节点的对应端口都会映射并且是可访问的，即使是那些没有运行副本的节点。另一种方式是 Host 模式，端口只映射到了运行副本的 Swarm 节点上。但是，Host 模式需要使用完整格式的配置。例如，在 Host 模式下将端口映射到 80 端口的语法如下所示。

```
ports:
  - target: 80
    published: 80
    mode: host
```

推荐使用完整语法格式，这样可以提高易读性，并且更灵活（完整语法格式支持 Ingress 模式和 Host 模式）。但是，完整格式要求 Compose 文件格式的版本至少是 3.2。

secret 关键字中定义了两个密钥：`revprox_cert` 以及 `revprox_key`。这两个密钥必须在顶级关键字 `secrets` 下定义，并且必须在系统上已经存在。

密钥以普通文件的形式被挂载到服务副本当中。文件的名称就是 stack 文件中定义的 `target` 属性的值，其在 Linux 下的路径为 `/run/secrets`，在 Windows 下的路径为 `C:\ProgramData\Docker\secrets`。Linux 将 `/run/secrets` 作为内存文件系统挂载，但是 Windows 并不会这样。

本服务密钥中定义的内容会在每个服务副本中被挂载，具体路径为 `/run/secrets/revprox_cert` 和 `/run/secrets/revprox_key`。若将其中之一挂载为 `/run/secrets/uber_secret`，需要在 stack 文件中定义如下内容。

```
secrets:
  - source: revprox_cert
    target: uber_secret
```

networks 关键字确保服务所有副本都会连接到 `front-tier` 网络。网络相关定义必须位于顶级关键字 networks 之下，如果定义的网络不存在，Docker 会以 Overlay 网络方式新建一个网络。

（2）database 服务

数据库服务也在 Stack 文件中定义了，包括镜像、网络以及密钥。除上述内容之外，数据库服务还引入了环境变量和部署约束。

```
database:
```

```
    image: dockersamples/atsea_db
    environment:
      POSTGRES_USER: gordonuser
      POSTGRES_DB_PASSWORD_FILE: /run/secrets/postgres_password
      POSTGRES_DB: atsea
    networks:
      - back-tier
    secrets:
      - postgres_password
    deploy:
      placement:
        constraints:
          - 'node.role == worker'
```

environment 关键字允许在服务副本中注入环境变量。在该服务中，使用了 3 个环境变量来定义数据库用户、数据库密码的位置（挂载到每个服务副本中的密钥）以及数据库服务的名称。

```
environment:
  POSTGRES_USER: gordonuser
  POSTGRES_DB_PASSWORD_FILE: /run/secrets/postgres_password
  POSTGRES_DB: atsea
```

注： *将三者作为密钥传递会更安全，因为这样可以避免将数据库名称和数据库用户以明文变量的方式记录在文件当中。*

该服务还在 deploy 关键字下定义了部署约束。这样保证了当前服务只会运行在 Swarm 集群的 worker 节点之上。

```
deploy:
  placement:
    constraints:
      - 'node.role == worker'
```

部署约束是一种拓扑感知定时任务，是一种很好的优化调度选择的方式。Swarm 目前允许通过如下几种方式进行调度。

- 节点 ID，如 node.id==o2p4kw2uuw2a。
- 节点名称，如 node.hostname==wrk-12。
- 节点角色，如 node.role!=manager。
- 节点引擎标签，如 engine.labels.operatingsystem==ubuntu16.04。
- 节点自定义标签，如 node.labels.zone==prod1。

注意==和!=操作符均支持。

（3）appserver 服务

appserver 服务使用了一个镜像，连接到 3 个网络，并且挂载了一个密钥。此外 appserver 服务还在 deploy 关键字下引入了一些额外的特性。

```
appserver:
```

```
    image: dockersamples/atsea_app
    networks:
      - front-tier
      - back-tier
      - payment
    deploy:
      replicas: 2
      update_config:
        parallelism: 2
      failure_action: rollback
      placement:
        constraints:
        - 'node.role == worker'
    restart_policy:
      condition: on-failure
      delay: 5s
      max_attempts: 3
      window: 120s
  secrets:
    - postgres_password
```

接下来进一步了解 deploy 关键字中新增的内容。

首先，services.appserver.deploy.replicas = 2 设置期望服务的副本数量为 2。缺省情况下，默认值为 1。如果服务正在运行，并且需要修改副本数，则读者需要显示声明该值。这意味着需要更新 stack 文件中的 services.appserver.deploy.replicas，设置一个新值，然后重新部署当前 stack。后面会进行具体展示，但是重新部署 stack 并不会影响那些没有改动的服务。

services.appserver.deploy.update_config 定义了 Docker 在服务滚动升级的时候具体如何操作。对于当前服务，Docker 每次会更新两个副本（parallelism），并且在升级失败后自动回滚。回滚会基于之前的服务定义启动新的副本。failure_action 的默认操作是 pause，会在服务升级失败后阻止其他副本的升级。failure_action 还支持 continue。

```
update_config:
  parallelism: 2
  failure_action: rollback
```

services.appserver.deploy.restart-policy定义了Swarm针对容器异常退出的重启策略。当前服务的重启策略是，如果某个副本以非 0 返回值退出（condition: onfailure），会立即重启当前副本。重启最多重试 3 次，每次都会等待至多 120s 来检测是否启动成功。每次重启的间隔是 5s。

```
restart_policy:
  condition: on-failure
  delay: 5s
  max_attempts: 3
  window: 120s
```

（4）visualizer 服务

visualizer 服务中指定了镜像，定义了端口映射规则、更新配置以及部署约束。此外还挂载了一个指定卷，并且定义了容器的优雅停止方式。

```
visualizer:
  image: dockersamples/visualizer:stable
  ports:
    - "8001:8080"
  stop_grace_period: 1m30s
  volumes:
    - "/var/run/docker.sock:/var/run/docker.sock"
  deploy:
    update_config:
      failure_action: rollback
    placement:
      constraints:
        - 'node.role == manager'
```

当 Docker 停止某个容器的时候，会给容器内部 PID 为 1 的进程发送 SIGTERM 信号。容器内 PID 为 1 的进程会有 10s 的优雅停止时间来执行一些清理操作。如果进程没有处理该信号，则 10s 后就会被 SIGKILL 信号强制结束。stop_grace_period 属性可以调整默认为 10s 的优雅停止时长。

volumes 关键字用于挂载提前创建的卷或者主机目录到某个服务副本当中。在本例中，会挂载 Docker 主机的/var/run/docker.sock 目录到每个服务副本的/var/run/docker.sock 路径。这意味着在服务副本中任何对/var/run/docker.sock 的读写操作都会实际指向 Docker 主机的对应目录中。

/var/run/docker.sock 恰巧是 Docker 提供的 IPC 套接字，Docker daemon 通过该套接字对其他进程暴露其 API 终端。这意味着如果给某个容器访问该文件的权限，就是允许该容器接收全部的 API 终端，即等价于给予了容器查询和管理 Docker daemon 的能力。在大部分场景下这是决不允许的。但是，这是一个实验室环境中的示例应用。

该服务需要 Docker 套接字访问权限的原因是需要以图形化方式展示当前 Swarm 中服务。为了实现这个目标，当前服务需要能访问管理节点的 Docker daemon。为了确保能访问管理节点 Docker daemon，当前服务通过部署约束的方式，强制服务副本只能部署在管理节点之上，同时将 Docker 套接字绑定挂载到每个服务副本中。绑定挂载如图 14.3 所示。

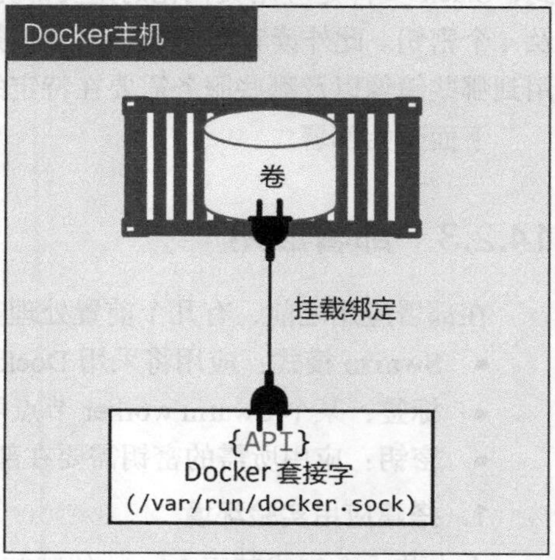

图 14.3 绑定挂载

（5）payment_gateway 服务

payment_gateway 服务中指定了镜像，挂载了一个密钥，连接到网络，定义了部分部署策略，并且使用了两个部署约束。

```
payment_gateway:
  image: dockersamples/atseasampleshopapp_payment_gateway
  secrets:
    - source: staging_token
      target: payment_token
  networks:
    - payment
  deploy:
    update_config:
      failure_action: rollback
    placement:
      constraints:
        - 'node.role == worker'
        - 'node.labels.pcidss == yes'
```

除了部署约束 node.label 之外，其余配置项在前面都已经出现过了。通过 docker node update 命令可以自定义节点标签，并添加到 Swarm 集群的指定节点。因此，node.label 配置只适用于 Swarm 集群中指定的节点上（不能用于单独的容器或者不属于 Swarm 集群的容器之上）。

在本例中，payment_gateway 服务被要求只能运行在符合 PCI DSS（支付卡行业标准，译者注）标准的节点之上。为了使其生效，读者可以将某个自定义节点标签应用到 Swarm 集群中符合要求的节点之上。本书在搭建应用部署实验环境的时候完成了该操作。

因为当前服务定义了两个部署约束，所以服务副本只会部署在两个约束条件均满足的节点之上，即具备 pcidss=yes 节点标签的 **worker** 节点。

关于 Stack 文件的分析到这里就结束了，目前对于应用需求应该有了较好的理解。前文中提到，Stack 文件是应用文档化的重要部分之一。读者已经了解该应用包含 5 个服务、3 个网络以及 4 个密钥。此外读者还知道了每个服务都会连接到哪个网络、有哪些端口需要发布、应用会使用到哪些镜像以及哪些服务需要在特定的节点上发布。

下面开始部署。

14.2.3 部署应用

在部署应用之前，有几个前置处理需要完成。

- **Swarm 模式**：应用将采用 Docker Stack 部署，而 Stack 依赖 Swarm 模式。
- **标签**：某个 Swarm worker 节点需要自定义标签。
- **密钥**：应用所需的密钥需要在部署前创建完成。

1．搭建应用实验环境

在本节中会完成基于 Linux 的三节点 Swarm 集群搭建，同时能满足上面应用的全部前置依赖。完成之后，实验环境如图 14.4 所示。

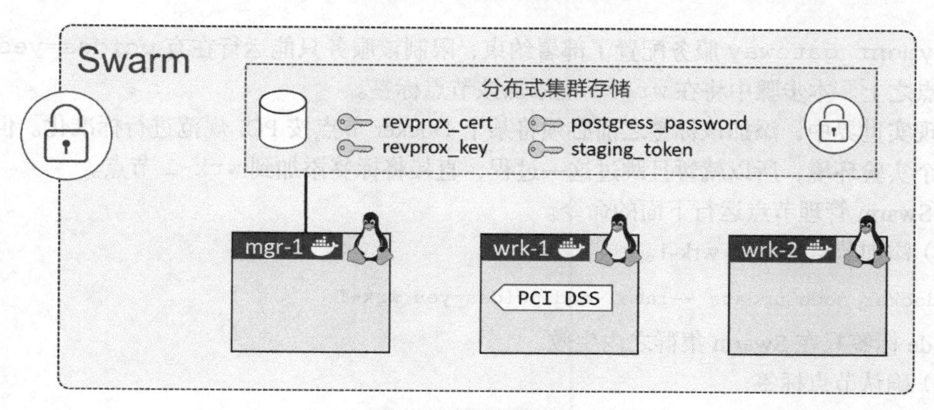

图 14.4 示例环境

接下来内容分为 3 个步骤。

（1）创建新的 Swarm。

（2）添加节点标签。

（3）创建密钥。

首先创建新的三节点 Swarm 集群。

（1）初始化 Swarm。

在读者期望成为 Swarm 管理节点的机器上，运行下面的命令。

```
$ docker swarm init
Swarm initialized: current node (lhma...w4nn) is now a manager.
<Snip>
```

（2）添加工作节点。

复制前面输出中出现的 docker swarm join 命令。将复制内容粘贴到工作节点上并运行。

```
//Worker 1 (wrk-1)
wrk-1$ docker swarm join --token SWMTKN-1-2hl6...-...3lqg 172.31.40.192:2377
This node joined a swarm as a worker.

//Worker 2 (wrk-2)
wrk-2$ docker swarm join --token SWMTKN-1-2hl6...-...3lqg 172.31.40.192:2377
This node joined a swarm as a worker.
```

（3）确认当前 Swarm 由一个管理节点和两个工作节点构成。在管理节点中运行下面的命令。

```
$ docker node ls
ID            HOSTNAME  STATUS   AVAILABILITY   MANAGER STATUS
lhm...4nn *   mgr-1     Ready    Active         Leader
b74...gz3     wrk-1     Ready    Active
o9x...um8     wrk-2     Ready    Active
```

Swarm 集群目前就绪。

payment_gateway 服务配置了部署约束，限制该服务只能运行在有 pcidss=yes 标签的工作节点之上。本步骤中将在 wrk-1 上添加该节点标签。

在现实世界中，添加该标签之前必须将某个 Docker 节点按 PCI 规范进行标准化。但是，这只是一个实验环境，所以就暂且跳过这一过程，直接将标签添加到 wrk-1 节点。

在 Swarm 管理节点运行下面的命令。

（1）添加节点标签到 wrk-1。

```
$ docker node update --label-add pcidss=yes wrk-1
```

Node 标签只在 Swarm 集群之内生效。

（2）确认节点标签。

```
$ docker node inspect wrk-1
[
{
    "ID": "b74rzajmrimfv7hood6l4lgz3",
    "Version": {
        "Index": 27
    },
    "CreatedAt": "2018-01-25T10:35:18.146831621Z",
    "UpdatedAt": "2018-01-25T10:47:57.189021202Z",
    "Spec": {
        "Labels": {
            "pcidss": "yes"

        },
        <Snip>
```

wrk-1 工作节点现在已经配置完成，所以该节点可以运行 payment_gateway 服务副本了。

应用定义了 4 个密钥，这些都需要在应用部署前创建。

- postgress_password。
- staging_token。
- revprox_cert。
- revprox_key。

在管理节点运行下面的命令，来创建这些密钥。

（1）创建新的键值对。

密钥中有 3 个是需要加密 key 的。在本步骤中会创建加密 key，下一步会将加密 key 放到 Docker 密钥文件当中。

```
$ openssl req -newkey rsa:4096 -nodes -sha256 \
  -keyout domain.key -x509 -days 365 -out domain.crt
```

（2）创建 revprox_cert、revprox_key 以及 postgress_password 密钥。

```
$ docker secret create revprox_cert domain.crt
cqblzfpyv5cxb5wbvtrbpvrrj
```

```
$ docker secret create revprox_key domain.key
jqd1ramk2x7g0s2e9ynhdyl4p

$ docker secret create postgres_password domain.key
njpdklhjcg8noy64aileyod6l
```

（3）创建 stage_token 密钥。

```
$ echo staging | docker secret create staging_token -
sqy21qep9w17h04k3600o6qsj
```

（4）列出所有密钥。

```
$ docker secret ls
ID          NAME                CREATED              UPDATED
njp...d6l   postgres_password   47 seconds ago       47 seconds ago
cqb...rrj   revprox_cert        About a minute ago   About a minute ago
jqd...l4p   revprox_key         About a minute ago   About a minute ago
sqy...qsj   staging_token       23 seconds ago       23 seconds ago
```

上面已经完成了全部的前置准备。是时候开始部署应用了！

2．部署示例应用

如果还没有代码，请先复制应用的 GitHub 仓库到 Swarm 管理节点。

```
$ git clone https://github.com/dockersamples/atsea-sample-shop-app.git
Cloning into 'atsea-sample-shop-app'...
remote: Counting objects: 636, done.
Receiving objects: 100% (636/636), 7.23 MiB | 3.30 MiB/s, done. remote:
Total 636 (delta 0), reused 0 (delta 0), pack-reused 636 Resolving
deltas: 100% (197/197), done.
Checking connectivity... done.

$ cd atsea-sample-shop-app
```

现在已经拥有了源码，可以开始部署应用了。

Stack 通过 `docker stack deploy` 命令完成部署。基础格式下，该命令允许传入两个参数。

- Stack 文件的名称。
- Stack 的名称。

应用的 GitHub 仓库中包含一个名为 docker-stack.yml 的 Stack 文件。这里会使用该文件。本书中为 Stack 起名 seastack，如果读者不喜欢，也可以选择其他名称。

在 Swarm 管理节点的 `atsea-sample-shop-app` 目录下运行下面的命令。

部署 Stack（应用）。

```
$ docker stack deploy -c docker-stack.yml seastack
Creating network seastack_default
Creating network seastack_back-tier
Creating network seastack_front-tier
Creating network seastack_payment
Creating service seastack_database
Creating service seastack_appserver
```

```
Creating service seastack_visualizer
Creating service seastack_payment_gateway
Creating service seastack_reverse_proxy
```

读者可以运行 docker network ls 以及 docker service ls 命令来查看应用的网络和服务情况。

下面是命令输出中几个需要注意的地方。

网络是先于服务创建的。这是因为服务依赖于网络，所以网络需要在服务启动前创建。

Docker 将 Stack 名称附加到由他创建的任何资源名称前作为前缀。在本例中，Stack 名为 seastack，所以所有资源名称的格式都如：seastack_<resource>。例如，payment 网络的名称是 seastack_payment。而在部署之前创建的资源则没有被重命名，比如密钥。

另一个需要注意的点是出现了新的名为 seastack_default 的网络。该网络并未在 Stack 文件中定义，那为什么会创建呢？每个服务都需要连接到网络，但是 visualizer 服务并没有指定具体的网络。因此，Docker 创建了名为 seastack_default 的网络，并将 visualizer 连接到该网络。

读者可以通过两个命令来确认当前 Stack 的状态。docker stack ls 列出了系统中全部 Stack，包括每个 Stack 下面包含多少服务。docker stack ps <stack-name>针对某个指定 Stack 展示了更详细的信息，例如期望状态以及当前状态。下面一起来了解下这两条命令。

```
$ docker stack ls
NAME                SERVICES
Seastack            5

$ docker stack ps seastack
NAME                         NODE    DESIRED STATE    CURRENT STATE
seastack_reverse_proxy.1     wrk-2   Running          Running 7 minutes ago
seastack_payment_gateway.1   wrk-1   Running          Running 7 minutes ago
seastack_visualizer.1        mgr-1   Running          Running 7 minutes ago
seastack_appserver.1         wrk-2   Running          Running 7 minutes ago
seastack_database.1          wrk-2   Running          Running 7 minutes ago
seastack_appserver.2         wrk-1   Running          Running 7 minutes ago
```

在服务启动失败时，docker stack ps 命令是首选的问题定位方式。该命令展示了 Stack 中每个服务的概况，包括服务副本所在节点、当前状态、期望状态以及异常信息。从下面的输出信息中能看出 reverse_proxy 服务在 wrk-2 节点上两次尝试启动副本失败。

```
$ docker stack ps seastack
NAME                NODE     DESIRED     CURRENT ERROR
                             STATE       STATE
reverse_proxy.1     wrk-2    Shutdown    Failed   "task: non-zero exit (1)"
\_reverse_proxy.1   wrk-2    Shutdown    Failed   "task: non-zero exit (1)"
```

如果想查看具体某个服务的详细信息，可以使用 docker service logs 命令。读者需要将服务名称/ID 或者副本 ID 作为参数传入。如果传入服务名称或 ID，读者可以看到所有服务副本的日志信息。如果传入的是副本 ID，读者只会看到对应副本的日志信息。

下面的 docker service logs 命令展示了 seastack_reverse_proxy 服务的全部副本日志，其中包含了前面输出中的两次副本启动失败的日志。

```
$ docker service logs seastack_reverse_proxy
seastack_reverse_proxy.1.zhc3cjeti9d4@wrk-2 | [emerg] 1#1: host not found...
seastack_reverse_proxy.1.6m1nmbzmwh2d@wrk-2 | [emerg] 1#1: host not found...
seastack_reverse_proxy.1.6m1nmbzmwh2d@wrk-2 | nginx: [emerg] host not found..
seastack_reverse_proxy.1.zhc3cjeti9d4@wrk-2 | nginx: [emerg] host not found..
seastack_reverse_proxy.1.1tmya243m5um@mgr-1 | 10.255.0.2 "GET / HTTP/1.1" 302
```

输出内容为了适应页面展示，已经经过裁剪，但是读者还是可以看到全部 3 个服务副本的日志（两个启动失败，1 个正在运行）。每行的开始都是副本的名称，包括服务名称、副本序号、副本 ID 以及副本所在主机的名称。接下来是具体的日志输出。

注： 读者可能已经注意到前面日志中全部副本的序号都是 1。这是因为 Docker 每次只创建一个副本，并且只有当前面的副本启动失败时才会创建新的。

因为输出内容经过裁剪，所以具体原因很难明确，但看起来前两次副本启动失败原因是其依赖的某个服务仍然在启动中（一种启动时服务间依赖导致的竞争条件）。

读者可以继续跟踪日志（--follow），查看日志尾部内容（--tail），或者获取额外的详细信息（--details）。

现在 Stack 已经启动并且处于运行中，看一下如何管理 stack。

14.2.4 管理应用

Stack 是一组相关联的服务和基础设施，需要进行统一的部署和管理。虽然这句话里充斥着术语，但仍提醒我们 Stack 是由普通的 Docker 资源构建而来：网络、卷、密钥、服务等。这意味着可以通过普通的 Docker 命令对其进行查看和重新配置，例如 docker network、docker volume、docker secret、docker service 等。

在此前提之下，通过 docker service 命令来管理 Stack 中某个服务是可行的。一个简单的例子是通过 docker service scale 命令来扩充 appserver 服务的副本数。但是，这并不是推荐的方式！

推荐方式是通过声明式方式修改，即将 Stack 文件作为配置的唯一声明。这样，所有 Stack 相关的改动都需要体现在 Stack 文件中，然后更新重新部署应用所需的 Stack 文件。

下面是一个简单例子，阐述了为什么通过命令修改的方式不好（通过 CLI 进行变更）。

假设读者已经部署了一个 Stack，采用的 Stack 文件是前面章节中从 GitHub 复制的仓库中的 docker-stack.yml。这意味着目前 appserver 服务有两个副本。如果通过 docker service scale 命令将副本修改为 4 个，当前运行的集群会有 4 个副本，但是 Stack 文件中仍然是两个。得承认目前看起来还不是特别糟糕。但是，假设读者又通过修改 Stack 文件对 Stack 做了某些改动，然后通过 docker stack deploy 命令进行滚动部署。这会导致 appserver 服务副本数被回滚到两个，因为 Stack 文件就是这么定义的。因此，推荐对 Stack 所有的变更都通过修改 Stack 文件来进行，并且将该文件放到一个合适的版本控制系统当中。

一起来回顾对 Stack 进行两个声明式修改的过程。目标是进行如下改动。

- 增加 appserver 副本数，数量为 2～10。
- 将 visualizer 服务的优雅停止时间增加到 2min。

修改 docker-stack.yml 文件，更新两个值：services.appserver.deploy.replicas=10 和 services.visualizer.stop_grace_period=2m。

目前，Stack 文件中的内容如下。

```
<Snip>
appserver:
  image: dockersamples/atsea_app
  networks:
    - front-tier
    - back-tier
    - payment
  deploy:
    replicas: 10             <<Updated value
<Snip>
visualizer:
  image: dockersamples/visualizer:stable
  ports:
    - "8001:8080"
stop_grace_period: 2m        <<Updated value
<Snip
```

保存文件并重新部署应用。

```
$ docker stack deploy -c docker-stack.yml seastack
Updating service seastack_reverse_proxy (id: z4crmmrz7zi83o0721heohsku)
Updating service seastack_database (id: 3vvpkgunetxaatbvyqxfic115)
Updating service seastack_appserver (id: ljht639w33dhv0dmht1q6mueh)
Updating service seastack_visualizer (id: rbwoyuciglre01hsm5fviabjf)
Updating service seastack_payment_gateway (id: w4gsdxfnb5gofwtvmdiooqvxs)
```

以上重新部署应用的方式，只会更新存在变更的部分。

运行 docker stack ps 命令来确认 appserver 副本数量确实增加。

```
$ docker stack ps seastack
NAME                    NODE  DESIRED STATE CURRENT STATE
seastack_visualizer.1   mgr-1 Running       Running 1 second ago
seastack_visualizer.1   mgr-1 Shutdown      Shutdown 3 seconds ago
seastack_appserver.1    wrk-2 Running       Running 24 minutes ago
seastack_appserver.2    wrk-1 Running       Running 24 minutes ago
seastack_appserver.3    wrk-2 Running       Running 1 second ago
seastack_appserver.4    wrk-1 Running       Running 1 second ago
seastack_appserver.5    wrk-2 Running       Running 1 second ago
seastack_appserver.6    wrk-1 Running       Starting 7 seconds ago
seastack_appserver.7    wrk-2 Running       Running 1 second ago
seastack_appserver.8    wrk-1 Running       Starting 7 seconds ago
```

```
seastack_appserver.9     wrk-2 Running        Running 1 second ago
seastack_appserver.10    wrk-1 Running        Starting 7 seconds ago
```

为了本书的排版效果，输出内容有所裁剪，只展示了受变更影响的服务。

注意关于 `visualizer` 服务有两行内容。其中一行表示某个副本在 3s 前停止，另一行表示新副本已经运行了 1s。这是因为刚才对 `visualizer` 服务作了修改，所以 Swarm 集群终止了正在运行的副本，并且启动了新的副本，新副本中更新了 `stop_grace_period` 的值。

还需要注意的是，`appserver` 服务目前拥有 10 个副本，但不同副本的"CURRENT STATE"一列状态并不相同：有些处于 running 状态，而有些仍在 starting 状态。

经过足够的时间，集群的状态会完成收敛，期望状态和当前状态就会保持一致。在那时，集群中实际部署和观察到的状态，就会跟 Stack 文件中定义的内容完全一致。这真是让人开心的事情。

所有应用/Stack 都应采用该方式进行更新。**所有的变更都应该通过 Stack 文件进行声明，然后通过 `docker stack deploy` 进行部署。**

正确的删除某个 Stack 方式是通过 `docker stack rm` 命令。一定要谨慎！删除 Stack 不会进行二次确认。

```
$ docker stack rm seastack
Removing service seastack_appserver
Removing service seastack_database
Removing service seastack_payment_gateway
Removing service seastack_reverse_proxy
Removing service seastack_visualizer
Removing network seastack_front-tier
Removing network seastack_payment
Removing network seastack_default
Removing network seastack_back-tier
```

注意，网络和服务已经删除，但是密钥并没有。这是因为密钥是在 Stack 部署前就创建并存在了。在 Stack 最上层结构中定义的卷同样不会被 `docker stack rm` 命令删除。这是因为卷的设计初衷是保存持久化数据，其生命周期独立于容器、服务以及 Stack 之外。

恭喜！读者现在学会了如何通过 Docker Stack 部署和管理一个多服务应用。

14.3 使用 Docker Stack 部署应用——命令

- `docker stsack deploy` 用于根据 Stack 文件（通常是 `docker-stack.yml`）部署和更新 Stack 服务的命令。
- `docker stack ls` 会列出 Swarm 集群中的全部 Stack，包括每个 Stack 拥有多少服务。
- `docker stack ps` 列出某个已经部署的 Stack 相关详情。该命令支持 Stack 名称作为其主要参数，列举了服务副本在节点的分布情况，以及期望状态和当前状态。
- `docker stack rm` 命令用于从 Swarm 集群中移除 Stack。移除操作执行前并不会进行二次确认。

14.4　本章小结

Stack 是 Docker 原生的部署和管理多服务应用的解决方案。Stack 默认集成在 Docker 引擎中，并且提供了简单的声明式接口对应用进行部署和全生命周期管理。

在本章开始提供了应用代码以及一些基础设施需求，比如网络、端口、卷和密钥。接下来的内容完成了应用的容器化，并且将全部应用服务和基础设施需求集成到一个声明式的 Stack 文件当中。在 Stack 文件中设置了服务副本数、滚动升级以及重启策略。然后通过 `docker stack deploy` 命令基于 Stack 文件完成了应用的部署。

对于已部署应用的更新操作，应当通过修改 Stack 文件完成。首先需要从源码管理系统中检出 Stack 文件，更新该文件，然后重新部署应用，最后将改动后的 Stack 文件重新提交到源码控制系统中。

因为 Stack 文件中定义了像服务副本数这样的内容，所以读者需要自己维护多个 Stack 文件以用于不同的环境，比如 dev、test 以及 prod。

第 15 章 Docker 安全

好的安全性是基于分层隔离的，而 Docker 恰好有很多分层。Docker 支持所有主流 Linux 安全机制，同时 Docker 自身还提供了很多简单的并且易于配置的安全技术。

本章主要介绍 Docker 中保障容器安全运行的一些技术。

在本章的深入探索中，内容划分为以下两部分。

- Linux 安全技术。
- Docker 平台安全技术。

本章大部分章节内容仅适用于 Linux。但是，**Docker 平台安全技术**部分是跨平台的，可以应用于 Linux 以及 Windows。

15.1 Docker 安全——简介

安全本质就是分层！通俗地讲，拥有更多的安全层，就能拥有更多的安全性。而 Docker 提供了很多安全层。图 15.1 展示了本章接下来会介绍的一部分安全技术。

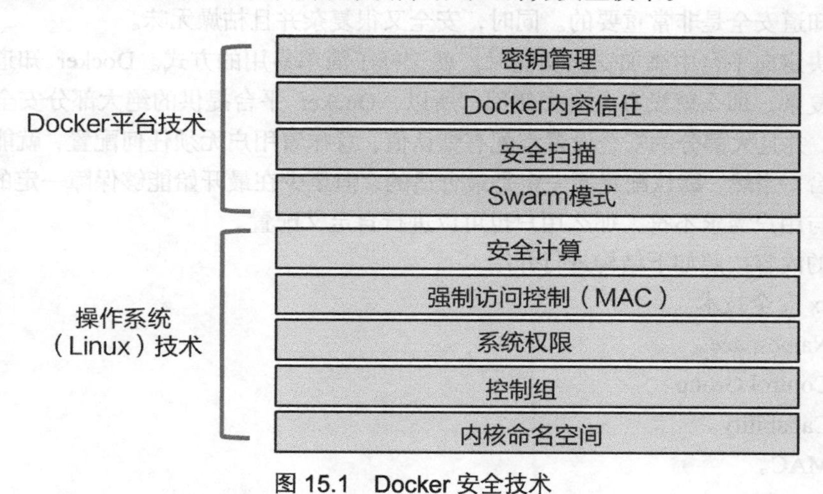

图 15.1　Docker 安全技术

Linux Docker 利用了大部分 Linux 通用的安全技术。这些技术包括了命名空间（Namespace）、控制组（CGroup）、系统权限（Capability），强制访问控制（MAC）系统以及安全计算（Seccomp）。对于上述每种技术，Docker 都设置合理的默认值，实现了流畅的并且适度安全的开箱即用体验。同时，Docker 也允许用户根据特定需求自定义调整每项安全配置。

Docker 平台本身也提供了一些非常棒的原生安全技术。并且重要的是，这些技术**使用起来都很简单**！

- **Docker Swarm 模式：**默认是开启安全功能的。无须任何配置，就可以获得加密节点 ID、双向认证、自动化 CA 配置、自动证书更新、加密集群存储、加密网络等安全功能。
- **Docker 内容信任（Docker Content Trust, DCT）：**允许用户对镜像签名，并且对拉取的镜像的完整度和发布者进行验证。
- **Docker 安全扫描（Docker Security Scanning）：**分析 Docker 镜像，检查已知缺陷，并提供对应的详细报告。
- **Docker 密钥：**使安全成为 Docker 生态系统中重要的一环。Docker 密钥存储在加密集群存储中，在容器传输过程中实时解密，使用时保存在内存文件系统，并运行了一个最小权限模型。

重要的是，要知道 Docker 在使用主流 Linux 安全技术的同时，还提供了额外的扩展以及一些新的安全技术。Linux 安全技术看起来可能略为复杂，但是 Docker 平台的安全技术却非常简单。

15.2 Docker 安全——详解

大家都知道安全是非常重要的。同时，安全又很复杂并且枯燥无味。

在最初决定向平台中添加安全功能时，就选择了简单易用的方式。Docker 知道如果安全相关配置特别复杂，那么就没有人会去使用。所以，Docker 平台提供的绝大部分安全功能使用起来都很简单。并且大部分的安全设置都配有默认值，意味着用户无须任何配置，就能得到一个相当安全的平台。当然，默认配置不一定是最合适的，但至少在最开始能够保障一定的安全性。如果默认配置与用户需求不符，那么用户也可以进行自定义配置。

接下来的内容按照如下结构进行介绍。

- Linux 安全技术。
  - Namespace。
  - Control Group。
  - Capability。
  - MAC。
  - Seccomp。
- Docker 平台安全技术。

- Swarm 模式。
- Docker 安全扫描。
- Docker 内容信任机制。
- Docker 密钥。

15.2.1 Linux 安全技术

每个优秀的容器平台都应该使用命名空间和控制组技术来构建容器。最佳的容器平台还会集成其他容器安全技术，例如系统权限、强制访问控制系统（如 SELinux 和 AppArmor）以及安全计算。正如用户所期望的，Docker 中集成了上述全部安全技术！

在本节中会对 Docker 中用到的主要 Linux 技术进行简要介绍。之所以不进行深入介绍，是因为在本书中希望将重点放在 Docker 平台技术上。

1. Namespace

内核命名空间属于容器中非常核心的一部分！ 该技术能够将操作系统（OS）进行拆分，使一个操作系统看起来像多个互相独立的操作系统一样。这种技术可以用来做一些非常酷的事情，比如在相同的 OS 上运行多个 Web 服务，同时还不存在端口冲突的问题。该技术还允许多个应用运行在相同 OS 上并且不存在竞争，同时还能共享配置文件以及类库。

举两个简单的例子。

- 用户可以在相同的 OS 上运行多个 Web 服务，每个端口都是 443。为了实现该目的，可以将两个 Web 服务应用分别运行在自己的网络命名空间中。这样可以生效的原因是每个网络命名空间都拥有自己的 IP 地址以及对应的全部端口。也可能需要将每个 IP 映射到 Docker 主机的不同端口之上，但是使用 IP 上的哪个端口则无须其他额外配置。
- 用户还可以运行多个应用，应用间共享类库和配置文件，但是版本可能不同。为了实现该目标，需要在自己的挂载命名空间中运用每个应用程序。这样做能生效的原因，是每个挂载命名空间内都有系统上任意目录的独立副本。

图 15.2 展示了一个抽象的例子，两个应用运行在相同的主机上，并且同时使用 443 端口。每个 Web 服务应用都运行在自己的网络命名空间之内。

Linux Docker 现在利用了下列内核命名空间。

- 进程 ID（PID）。
- 网络（NET）。
- 文件系统/挂载（MNT）。
- 进程内通信（IPC）。
- 用户（USER）。
- UTS。

下面会简要介绍每种技术都做了些什么。但重要的是要理解，**Docker 容器是由各种命名**

空间组合而成的。再次强调一遍，**Docker 容器本质就是命名空间的有组织集合**。

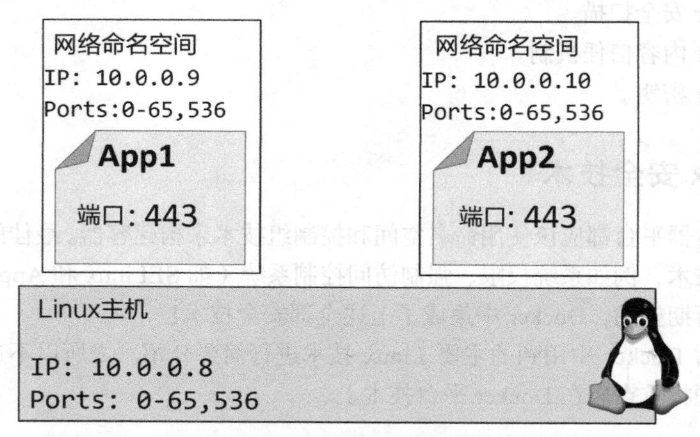

图 15.2 两个应用运行在相同主机并同时使用 443 端口

例如，每个容器都由自己的 PID、NET、MNT、IPC、UTS 构成，还可能包括 USER 命名空间。这些命名空间有机的组合就是所谓的容器。图 15.3 展示了两个运行在相同 Linux 主机上的容器。

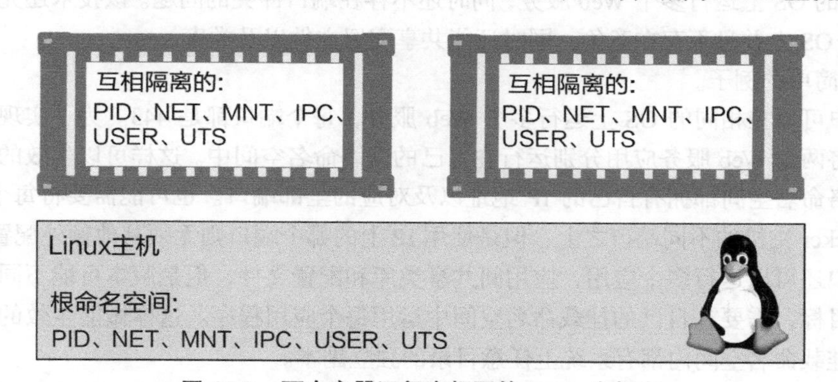

图 15.3 两个容器运行在相同的 Linux 主机上

接下来简要介绍一下 Docker 是如何使用每个命名空间的。

- 进程 ID 命名空间：Docker 使用 `PID` 命名空间为每个容器提供互相独立的容器树。每个容器都拥有自己的进程树，意味着每个容器都有自己的 PID 为 1 的进程。PID 命名空间也意味着容器不能看到其他容器的进程树，或者其所在主机的进程树。
- 网络命名空间：Docker 使用 `NET` 命名空间为每个容器提供互相隔离的网络栈。网络栈中包括接口、IP 地址、端口地址以及路由表。例如，每个容器都有自己的 eth0 网络接口，并且有自己独立的 IP 和端口地址。
- 挂载点命名空间：每个容器都有互相隔离的根目录`/`。这意味着每个容器都有自己的`/etc`、`/var`、`/dev` 等目录。容器内的进程不能访问 Linux 主机上的目录，或者其他容器的目录，只能访问自己容器的独立挂载命名空间。

- 进程内通信命名空间：Docker 使用 IPC 命名空间在容器内提供共享内存。IPC 提供的共享内存在不同容器间也是互相独立的。
- 用户命名空间：Docker 允许用户使用 USER 命名空间将容器内用户映射到 Linux 主机不同的用户上。常见的例子就是将容器内的 root 用户映射到 Linux 主机的非 root 用户上。用户命名空间对于 Docker 来说还属于新生事物且非必选项。该部分内容在未来可能出现改变。
- UTS 命名空间：Docker 使用 UTS 命名空间为每个容器提供自己的主机名称。

如图 15.4 所示，容器本质就是命名空间的有机组合！

图 15.4 容器是命名空间的有机组合

2. Control Group

如果说命名空间用于隔离，那么控制组就是用于限额。

假设容器就是酒店中的房间。每个容器间都是互相独立的，但是每个房间都共享一部分公共资源，比如供应水电、共享游泳池、共享健身、共享早餐餐吧等。CGroup 允许用户设置一些限制（以酒店作为类比）来保证不会存在单一容器占用全部的公共资源，如用光全部水或者吃光早餐餐吧的全部食物。

抛开酒店的例子，在 Docker 的世界中，容器之间是互相隔离的，但却共享 OS 资源，比如 CPU、RAM 以及硬盘 I/O。CGroup 允许用户设置限制，这样单个容器就不能占用主机全部的 CPU、RAM 或者存储 I/O 资源了。

3. Capability

以 root 身份运行容器不是什么好主意，root 拥有全部的权限，因此很危险。但是，如果以非 root 身份在后台运行容器的话，非 root 用户缺少权限，处处受限。所以用户需要一种技术，能选择容器运行所需的 root 用户权限。了解一下 Capability！

在底层，Linux root 用户是由许多能力组成的。其中一部分包括以下几点。

- CAP_CHOWN：允许用户修改文件所有权。
- CAP_NET_BIND_SERVICE：允许用户将 socket 绑定到系统端口号。

- CAP_SETUID：允许用户提升进程优先级。
- CAP_SYS_BOOT：允许用户重启系统。

Docker 采用 Capability 机制来实现用户在以 root 身份运行容器的同时，还能移除非必须的 root 能力。如果容器运行只需要 root 的绑定系统网络端口号的能力，则用户可以在启动容器的同时移除全部 root 能力，然后再将 CAP_NET_BIND_SERVICE 能力添加回来。

4．MAC

Docker 采用主流 Linux MAC 技术，例如 AppArmor 以及 SELinux。

基于用户的 Linux 发行版本，Docker 对新容器增加了默认的 AppArmor 配置文件。根据 Docker 文档的描述，默认配置文件提供了“适度的保护，同时还能兼容大部分应用”。

Docker 允许用户在启动容器的时候不设置相应策略，还允许用户根据需求自己配置合适的策略。

5．Seccomp

Docker 使用过滤模式下的 Seccomp 来限制容器对宿主机内核发起的系统调用。

按照 Docker 的安全理念，每个新容器都会设置默认的 Seccomp 配置，文件中设置了合理的默认值。这样做是为了在不影响应用兼容性的前提下，提供适度的安全保障。

用户同样可以自定义 Seccomp 配置，同时也可以通过向 Docker 传递指定参数，使 Docker 启动时不设置任何 Seccomp 配置。

6．Linux 安全技术总结

Docker 基本支持所有的 Linux 重要安全技术，同时对其进行封装并赋予合理的默认值，这在保证了安全的同时也避免了过多的限制，如图 15.5 所示。

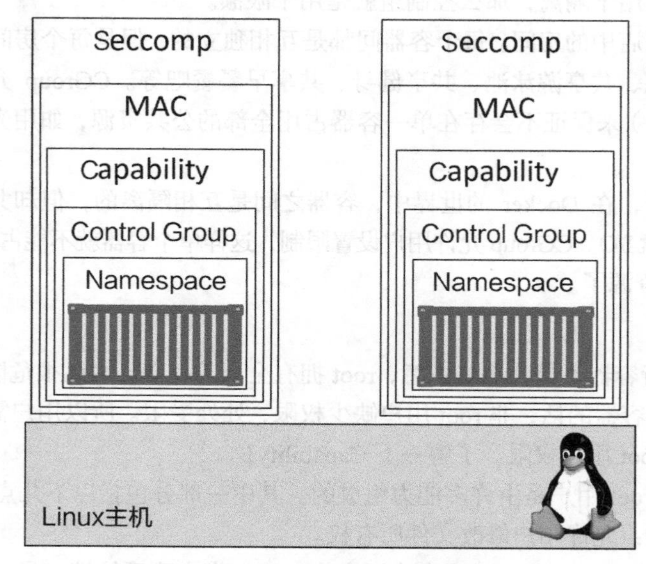

图 15.5 Docker 支持 Linux 重要安全技术

自定义设置某些安全技术会非常复杂，因为这需要用户深入理解安全技术的运作原理，同时还要了解 Linux 内核的工作机制。希望这些技术在未来能够简化配置的过程，但就现阶段而言，使用 Docker 在对安全技术的封装中提供的默认值是很不错的选择。

15.2.2 Docker 平台安全技术

本节会介绍由 Docker 平台提供的主要的安全技术。

1. Swarm 模式

Swarm 模式是 Docker 未来的趋势。Swarm 模式支持用户集群化管理多个 Docker 主机，同时还能通过声明式的方式部署应用。每个 Swarm 都由管理者和工作者节点构成，节点可以是 Linux 或者 Windows。管理者节点构成了集群中的控制层，并负责集群配置以及工作负载的分配。工作者节点就是运行应用代码的容器。

正如所预期的，Swarm 模式包括很多开箱即用的安全特性，同时还设置了合理的默认值。这些安全特性包括以下几点。

- 加密节点 ID。
- 基于 TLS 的认证机制。
- 安全准入令牌。
- 支持周期性证书自动更新的 CA 配置。
- 加密集群存储（配置 DB）。
- 加密网络。

接下来将详细介绍如何构建安全的 Swarm，以及如何进行安全相关的配置。

为了完成下面的内容，读者需要至少 3 个 Docker 主机，每个都运行 1.13 或者更高版本的 Docker。示例中 3 个 Docker 主机分别叫作“mgr1”“mgr2”“wrk1”。每台主机上都安装 Ubuntu 16.04，其上运行了 Docker 18.01.0-ce。同时还有一个网络负责联通 3 台主机，并且主机之间可以通过名称互相 ping 通。安装完成后如图 15.6 所示。

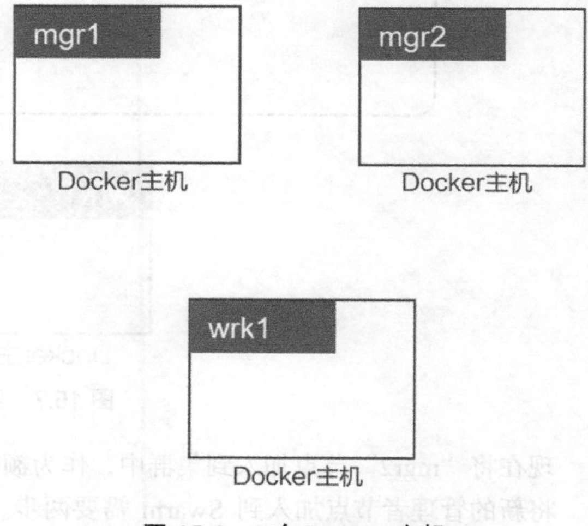

图 15.6 3 个 Docker 主机

（1）配置安全的 Swarm 集群

读者可以在其 Swarm 集群管理者节点上运行下面的命令。在本例中，命令运行于“mgr1”节点之上。

```
$ docker swarm init
```

```
Swarm initialized: current node (7xam...662z) is now a manager.

To add a worker to this swarm, run the following command:

    docker swarm join --token \
     SWMTKN-1-1dmtwu...r17stb-ehp8g...hw738q 172.31.5.251:2377

To add a manager to this swarm, run 'docker swarm join-token manager'
and follow the instructions.
```

上面的命令就是配置安全 Swarm 集群所要做的全部工作！

“mgr1”被配置为 Swarm 集群中的第一个管理节点，也是根 CA 节点。Swarm 集群已经被赋予了加密 Swarm ID，同时“mgr1”节点为自己发布了一个客户端认证信息，标明自己是 Swarm 集群管理者。证书的更新周期默认设置为 90 天，集群配置数据库也已经配置完成并且处于加密状态。安全令牌也已经成功创建，允许新的管理者和工作者节点加入到 Swarm 集群中。以上全部内容都只需要**一条命令**！

实验环境如图 15.7 所示。

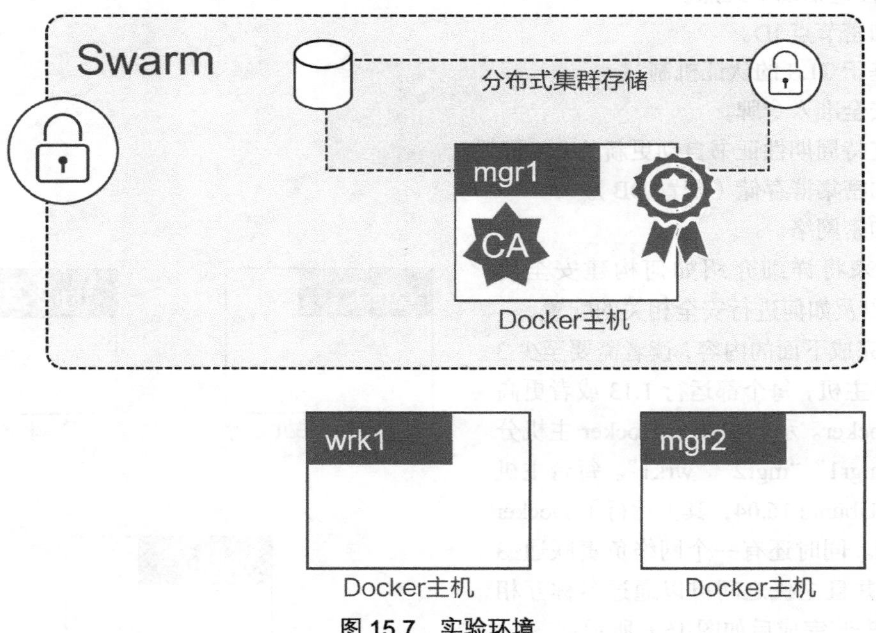

图 15.7 实验环境

现在将“mgr2”节点加入到集群中，作为额外的管理者节点。

将新的管理者节点加入到 Swarm 需要两步。第一步，需要提取加入管理者到集群中所需的令牌；第二步，在“mgr2”节点上执行 `docker swarm join` 命令。只要将管理者准入令牌作为 `docker swarm join` 命令的一部分，“mgr2”就作为管理者节点加入 Swarm。

在“mgr1”上运行下面的命令获取管理者准入令牌。

```
$ docker swarm join-token manager
To add a manager to this swarm, run the following command:

    docker swarm join --token \
    SWMTKN-1-1dmtwu...r17stb-2axi5...8p7glz \
    172.31.5.251:2377
```

命令输出内容给出了管理者加入 Swarm 所需运行的准确命令。准入令牌和 IP 地址在读者自己的实验环境中是不一样的。

复制该命令并在“mgr2”节点上运行。

```
$ docker swarm join --token SWMTKN-1-1dmtwu...r17stb-2axi5...8p7glz \
> 172.31.5.251:2377

This node joined a swarm as a manager.
```

“mgr2”现在已经作为另一个管理者加入 Swarm。

注：join 命令的格式是 `docker swarm join --token <manager-join-token> <ip-of-existing-manager>:<swarm-port>`。

可以通过在任意管理者节点上运行 `docker node ls` 命令来确认上述操作。

```
$ docker node ls
ID                 HOSTNAME  STATUS  AVAILABILITY  MANAGER STATUS
7xamk...ge662z     mgr1      Ready   Active        Leader
i0ue4...zcjm7f *   mgr2      Ready   Active        Reachable
```

上述输出内容中显示“mgr1”和“mgr2”都加入了 Swarm，并且都是 Swarm 管理者。最新的配置如图 15.8 所示。

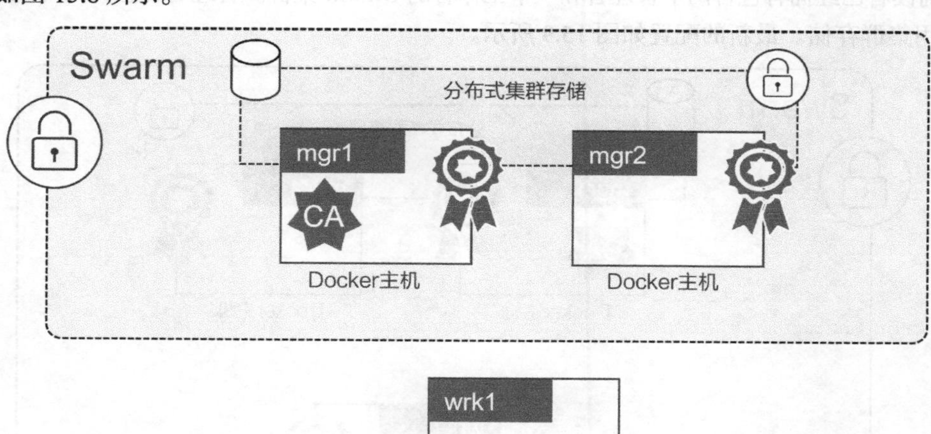

图 15.8 “mgr1”和“mgr2”都加入了 Swarm

两个管理者这个数量，大概是最糟糕的一种情况了。但是这只是一个实验环境，而不是什么核心业务生产环境，所以糟糕点也无所谓。

向 Swarm 中加入工作者也只需两步。第一步需要获取新工作者的准入令牌，第二步是在工作者节点上运行 docker swarm join 命令。

在任意管理者节点上运行下面的命令，获取工作者准入令牌。

```
$ docker swarm join-token worker

To add a worker to this swarm, run the following command:

    docker swarm join --token \
    SWMTKN-1-1dmtw...17stb-ehp8g...w738q \
    172.31.5.251:2377
```

读者可以在指定工作者的节点上运行该命令。准入令牌和 IP 地址会有所不同。

复制如下所示命令到“wrk1”上并且运行。

```
$ docker swarm join --token SWMTKN-1-1dmtw...17stb-ehp8g...w738q \
> 172.31.5.251:2377

This node joined a swarm as a worker.
```

在任意 Swarm 管理者上运行 docker node ls 命令。

```
$ docker node ls
ID                  HOSTNAME   STATUS   AVAILABILITY   MANAGER STATUS
7xamk...ge662z *    mgr1       Ready    Active         Leader
ailrd...ofzv1u      wrk1       Ready    Active
i0ue4...zcjm7f      mgr2       Ready    Active         Reachable
```

目前读者已经拥有包含两个管理者和一个工作者的 Swarm 集群。管理者配置为高可用（HA），并且复用集群存储。最新的配置如图 15.9 所示。

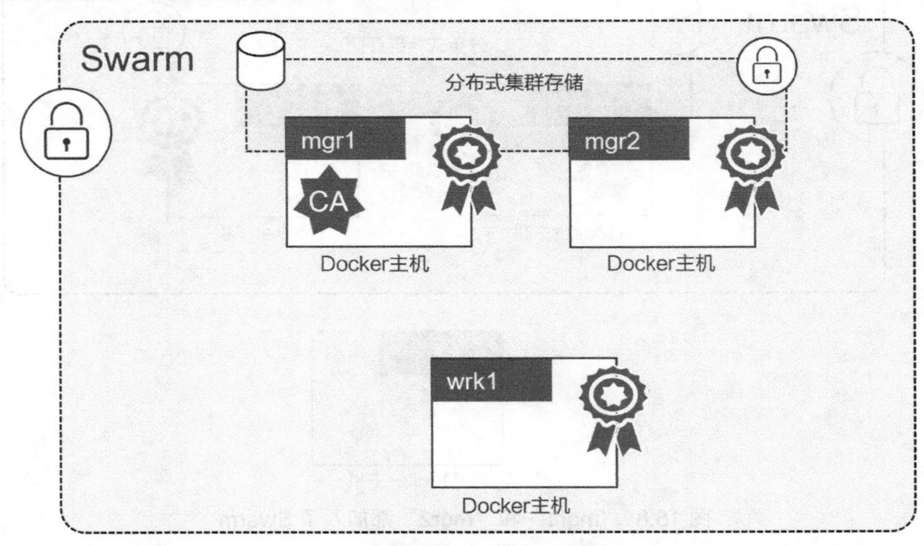

图 15.9　将管理者配置为高可用（HA）

（2）了解 Swarm 安全背后的原理

到目前为止，读者已经成功搭建了安全的 Swarm 集群。接下来一起花费几分钟了解一下这背后涉及的安全技术。

1）Swarm 准入令牌

向某个现存的 Swarm 中加入管理者和工作者所需的唯一凭证就是准入令牌。因此，保证准入令牌的安全十分关键！不要将其发布到公开的 Github 仓库中。

每个 Swarm 都包含两种不同准入令牌。

- 管理者所需准入令牌。
- 工作者所需准入令牌。

有必要理解 Swarm 准入令牌的格式。每个准入令牌都由 4 个不同的字段构成，中间采用虚线（-）连接。

```
PREFIX - VERSION - SWARM ID - TOKEN
```

PREFIX 永远是“SWMTKN”，这样允许读者通过表达式匹配到该令牌，以避免意外将其发布到公共环境当中；VERSION 这一列则展示了 Swarm 的版本信息；SWARM ID 列是 Swarm 认证信息的一个哈希值；TOKEN 这一列的内容决定了该令牌是管理者还是工作者的准入令牌。

如下所示，对于指定 Swarm 的管理者和工作者准入令牌，除了最后 TOKEN 字段的内容之外没有任何区别。

- 管理者：SWMTKN-1-1dmtwusdc...r17stb-**2axi53zjbs45lqxykaw8p7glz**。
- 工作者：SWMTKN-1-1dmtwusdc...r17stb-**ehp8gltji64jbl45zl6hw738q**。

如果用户认为当前准入令牌存在风险，仅用一条命令就可以取消该准入令牌授权，同时发布新的准入令牌。在下面的示例中，取消了已经授权的管理者准入令牌，之后又发布了新的令牌。

```
$ docker swarm join-token --rotate manager

Successfully rotated manager join token.

To add a manager to this swarm, run the following command:

    docker swarm join --token \
     SWMTKN-1-1dmtwu...r17stb-1i7txlh6k3hb921z3yjtcjrc7 \
     172.31.5.251:2377
```

需要注意的是，新旧令牌只有最后字段存在区别。SWARM ID 还是相同的。

准入令牌保存在集群配置的数据库中，默认是加密的。

2）TLS 和双向认证

每个加入 Swarm 的管理者和工作者节点，都需要发布自己的客户端证书。这个证书用于双向认证。证书中定义了节点相关信息，包括从属的 Swarm 集群以及该节点在集群中的身份（管理者还是工作者）。

在 Linux 主机上，读者可以指定使用下面的命令查看指定节点的客户端证书。

```
$ sudo openssl x509 \
  -in /var/lib/docker/swarm/certificates/swarm-node.crt \
  -text

  Certificate:
      Data:
          Version: 3 (0x2)
          Serial Number:
              80:2c:a7:b1:28...a8:af:89:a1:2a:51:89
      Signature Algorithm: ecdsa-with-SHA256
          Issuer: CN=swarm-ca
          Validity
              Not Before: Jul 19 07:56:00 2017 GMT
              Not After : Oct 17 08:56:00 2017 GMT
              Subject: O=mfbkgjm2tlametbnfqt2zid8x, OU=swarm-manager,
              CN=7xamk8w3hz9q5kgr7xyge662z
              Subject Public Key Info:
<SNIP>
```

上述输出中，Subject 中用到了 O、OU 以及 CN 字段分别表示 Swarm ID、节点角色以及节点 ID 信息。

- 组织字段 O 保存的是 Swarm ID。
- 组织单元字段 OU 保存的是节点在 Swarm 中的角色。
- 规范名称字段 CN 保存的是节点的加密 ID。

如图 15.10 所示。

图 15.10　Subject 中使用的字段

在 Validity 中，还可以直接看到证书的更新周期。

上述信息可以在 docker system info 命令的输出中得到验证。

```
$ docker system info
<SNIP>
Swarm: active
 NodeID: 7xamk8w3hz9q5kgr7xyge662z     << Relates to the CN field Is
 Manager: true                          << Relates to the OU field
 ClusterID: mfbkgjm2tlametbnfqt2zid8x << Relates to the O field ...
 <SNIP>
 ...
 CA Configuration:

  Expiry Duration: 3 months            << Relates to Validity field
  Force Rotate: 0
 Root Rotation In Progress: false
 <SNIP>
```

3）配置一些 CA 信息

通过 docker swarm update 命令可以配置 Swarm 证书的更新周期。下面的示例中，将 Swarm 的证书更新周期修改为 30 天。

```
$ docker swarm update --cert-expiry 720h
```

Swarm 允许节点在证书过期前重新创建证书，这样可以保证 Swarm 中全部节点不会在同一时间尝试更新自己的证书信息。

读者可以在创建 Swarm 的时候，通过在 docker swarm init 命令中增加--external-ca 参数来指定外部的 CA。

docker swarm ca 命令可以用于管理 CA 相关配置。可以在运行该命令时指定--help 来查看命令功能。

```
$ docker swarm ca --help

Usage: docker swarm ca [OPTIONS]

Manage root CA

Options:
      --ca-cert pem-file                 Path to the PEM-formatted root CA
                                         certificate to use for the new cluster Path
      --ca-key pem-file                  to the PEM-formatted root CA
                                         key to use for the new cluster
      --cert-expiry duration             Validity period for node certificates
                                         (ns|us|ms|s|m|h) (default 2160h0m0s)
  -d, --detach                           Exit immediately instead of waiting for the
                                         root rotation to converge Specifications of
      --external-ca external-ca          one or more certificate signing endpoints
                                         Print usage
      --help                             Suppress progress output
  -q, --quiet                            Rotate the swarm CA - if no certificate
      --rotate                           or key are provided, new ones will be gene\
```

4）集群存储

集群存储是 Swarm 的大脑，保存了集群配置和状态数据。

存储目前是基于 etcd 的某种实现，并且会在 Swarm 内所有管理者之间自动复制。存储默认也是加密的。

集群存储正逐渐成为很多 Docker 平台的关键技术。例如，Docker 网络和 Docker 密钥都用到了集群存储。Docker 平台的很多部分都已经用到了集群存储，未来对集群存储的利用会更多，而这也是 Swarm 模式在 Docker 规划中占据重要地位的原因之一。这还意味着，如果不使用 Swarm 模式运行 Docker，很多 Docker 特性就无法使用。

集群存储的日常维护由 Docker 自动完成。但是，在生产环境中，需要为集群存储提供完整的备份和恢复方案。

Swarm 模式安全部分的内容到此为止。

2. Docker 安全扫描

快速发现代码缺陷的能力至关重要。Docker 安全扫描功能使得对 Docker 镜像中已知缺陷的检测工作变得简单。

注： 在本书编写之时，Docker 安全扫描已经可以用于 Docker Hub 上私有仓库的镜像了。同时该技术还可以作为 Docker 可信服务本地化部署解决方案的一部分。最后，所有官方 Docker 镜像都经过了安全扫描，扫描报告在其仓库中可以查阅。

Docker 安全扫描对 Docker 镜像进行二进制代码级别的扫描，对其中的软件根据已知缺陷数据库（CVE 数据库）进行检查。在扫描执行完成后，会生成一份详细报告。

打开浏览器访问 Docker Hub，并搜索 Alpine 仓库。图 15.11 展示了官方 Alpine 仓库的 Tags 标签页。

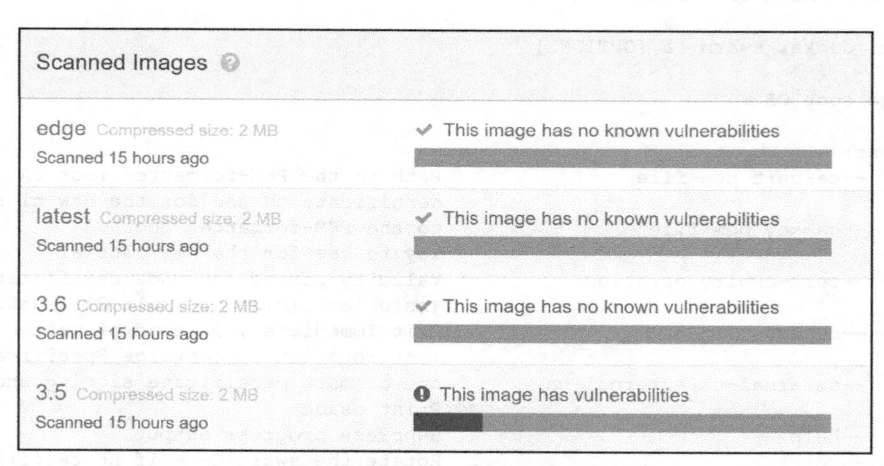

图 15.11　官方 Alpine 仓库的 Tags 标签页

Alpine 仓库是官方仓库，这意味着该仓库会自动扫描并生成对应报告。可以看到，镜像标签为 edge、latest 以及 3.6 的镜像都通过了已知缺陷的检查。但是 alpine:3.5 镜像存在已知缺陷（标红）。

如果打开 alpine:3.5 镜像，可以发现如图 15.12 所示的详细信息。

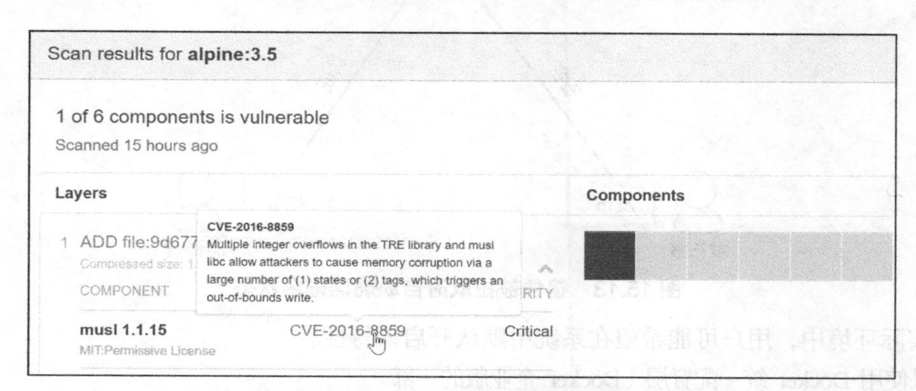

图 15.12 alpine:3.5 镜像的详细信息

这是发现自己软件中已知缺陷详情的一种简单方式。

Docker 可信镜像仓库服务（Docker Trusted Registry, DTR），属于 Docker 企业版中本地化镜像仓库服务的一部分内容，提供了相同的 Capability，同时还允许用户自行控制其镜像扫描时机以及扫描方式。例如，DTR 允许用户选择镜像是在推送时自动触发扫描，还是只能手工触发。同时 DTR 还允许用户手动更新 CVE 数据库，这对于 DTL 无法进行联网来自动更新 CVE 数据的场景来说，是一种理想的解决方案。

这就是 Docker 安全扫描，一种深入检测 Docker 镜像是否存在已知安全缺陷的好方式。当然，能力越大责任越大，当用户发现缺陷后，就需要承担解决相应缺陷的责任了。

3. Docker 内容信任

Dockr 内容信任（Docker Content Trust，DCT）使得用户很容易就能确认所下载镜像的完整性以及其发布者。在不可信任的网络环境中下载镜像时，这一点很重要。

从更高层面来看，DCT 允许开发者对发布到 Docker Hub 或者 Docker 可信服务的镜像进行签名。当这些镜像被拉取的时候，会自动确认签名状态。图 15.13 展示了这一过程。

DCT 还可以提供关键上下文，如镜像是否已被签名从而可用于生产环境，镜像是否被新版本取代而过时等。

在本书编写之际，DCT 提供的上下文还在初期，配置起来相当复杂。

在 Docker 主机上启用 DCT 功能，所要做的只是在环境中将 DOCKER_CONTENT_TRUST 变量设置为 1。

```
$ export DOCKER_CONTENT_TRUST=1
```

服务
签名
认证
发布
拉取
发布者
消费者

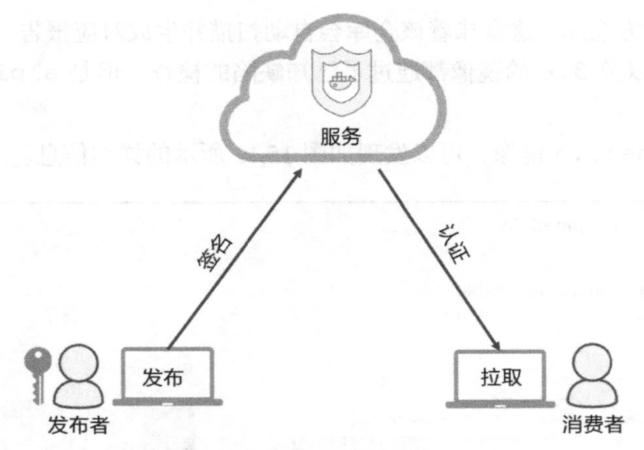

图 15.13　镜像被拉取时自动确认签名状态

在实际环境中，用户可能希望在系统中默认开启该特性。

如果使用 Docker 统一配置层（Docker 企业版的一部分），需要勾选图中 15.14 所示 `Run Only Signed Images` 复选项。这样会强制所有在 UCP 集群中的节点只运行已签名镜像。

Admin Settings
CONTENT TRUST SETTINGS
Run Only Signed Images
Any UCP user can sign
secops

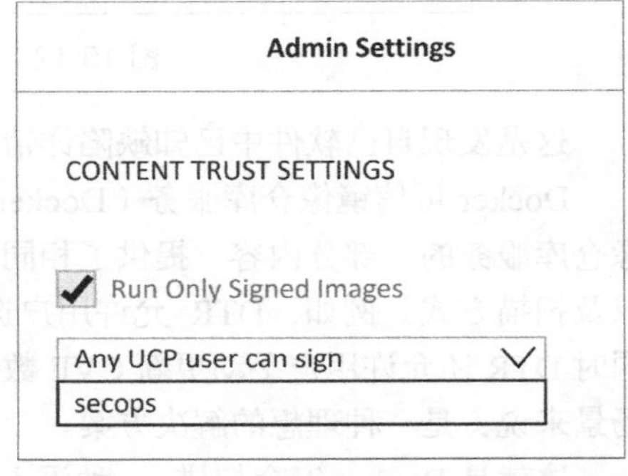

图 15.14　勾选 `Only run signed images` 复选项

由图 15.14 中可知，UCP 在 DCT 的基础上进行进一步封装，提供了已签名镜像的安全首选项信息。例如，用户可能有这样的需求：在生产环境中只能使用由 `secops` 签名的镜像。

一旦 DCT 功能开启，就不能获取并使用未签名镜像了。图 15.15 展示了开启 DCT 之后，如果再次尝试通过 Docker CLI 或者 UCP Web UI 界面拉取未签名镜像时所报的错误（两个示例都尝试拉取标签为“unsigned”的镜像）。

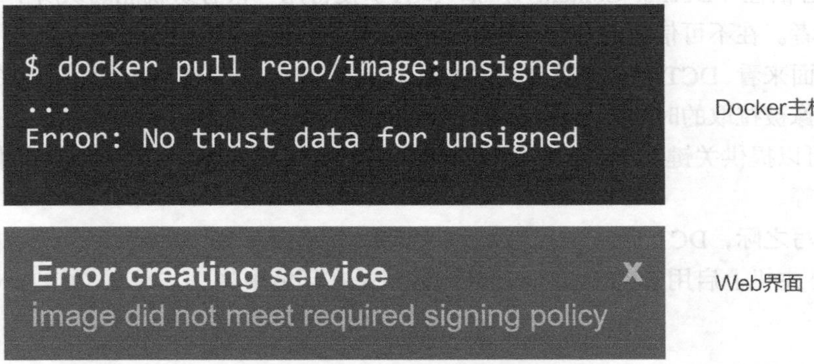

$ docker pull repo/image:unsigned
...
Error: No trust data for unsigned
Docker主机
Error creating service
x
image did not meet required signing policy
Web界面

图 15.15　拉取未签名镜像时报错

图 15.16 展示了 DCT 是如何阻止 Docker 客户端拉取一个被篡改的镜像的。图 15.17 展示了 DCT 如何阻止客户端拉取旧镜像。

```
$ docker pull repo/image:fakesignature
Warning: potential malicious behavior - trust data has
insufficient signatures for remote repository
docker.io/repo/image: valid signatures did not match threshold
```

图 15.16 拉取被篡改的镜像

```
$ docker pull repo/image:stale

Error: remote repository docker.io/repo/image out-of-date:
targets expired at Sun Mar 26 03:56:12 PDT 2017
```

图 15.17 拉取旧镜像

Docker 内容信任是一种很重要的技术，能帮助用户检查从 Docker 服务中拉取的镜像。该技术的基础模式配置起来非常简单，但是类似上下文等一些高级特性，现阶段配置起来还是非常复杂的。

4. Docker 密钥

很多应用都需要密钥。比如密码、TLS 证书、SSH key 等。

在 Docker1.13 版本之前，没有一种标准且安全的方式能让密钥在应用间实现共享。常见的方式是开发人员将密钥以文本的方式写入环境变量（我们都这么做过）。这与理想状态差距甚远。

Docker1.13 引入了 Docker 密钥，将密钥变成 Docker 生态系统中的一等公民。例如，增加了一个新的子命令 `docker secret` 来管理密钥。在 Docker 的 UCP 界面中，也有专门的地方来创建和管理密钥。在后台，密钥在创建后以及传输中都是加密的，使用时被挂载到内存文件系统，并且只对那些已经被授权了的服务开放访问。这确实是一种综合性的端到端解决方案。

图 15.18 展示了其总体流程。

下面依次介绍图 15.18 中所示工作流的每一步。

（1）密钥被创建，并且发送到 Swarm。

（2）密钥存放在集群存储当中，并且是加密的（每个管理者节点都能访问集群存储）。

（3）B 服务被创建，并且使用了该密钥。

（4）密钥传输到 B 服务的任务节点（容器）的过程是加密的。

（5）B 服务的容器将密钥解密并挂载到路径 `/run/secrets` 下。这是一个临时的内存文件系统（在 Windows Docker 中该步骤有所不同，因为 Windows 中没有内存文件系统这个概念）。

（6）一旦容器（服务任务）完成，内存文件系统关闭，密钥也随之删除。

（7）A 服务中的容器不能访问该密钥。

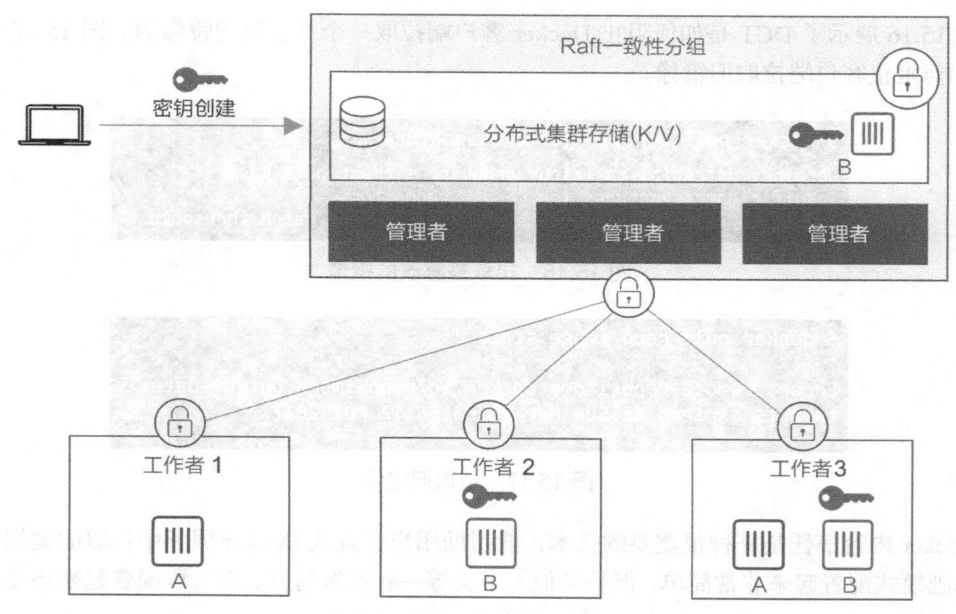

图 15.18 引入 Docker 密钥

用户可以通过 docker secret 子命令来管理密钥，可以通过在运行 docker service create 命令时附加--secret，从而为某个服务指定密钥。

15.3 本章小结

Docker 可以通过配置变得特别安全。Docker 支持全部的 Linux 主流安全技术，包括 Namespace、Control Group、Capability、MAC 以及 Seccomp。Docker 为这些安全技术设定了合理的默认值，但是用户也可以自行修改配置，或者禁用这些安全技术。

在通用的 Linux 安全技术之上，Docker 平台还引入了大量自有安全技术。Swarm 模式基于 TLS 构建，并且配置上极其简单灵活。安全扫描对镜像进行二进制源码级别扫描，并提供已知缺陷的详细报告。Docker 内容信任允许用户对内容进行签名和认证，密钥目前也是 Docker 中的一等公民。

最终结论就是，无论用户希望 Docker 环境有多安全，Docker 都可以实现。这一切都取决于用户如何配置 Docker。

第 16 章　企业版工具

在本章中，主要关注 Docker 提供的一些企业级工具，包括如何安装、如何配置、如何备份以及存储。

本章内容会比较长，并且大部分都是技术细节的分步介绍。本书尽量保证内容有趣，不过这确实很难。

本章会集中关注 Docker 公司提供的工具。

让我们直接开始吧。

16.1　企业版工具——简介

Docker 和容器就像风暴一样席卷了整个应用开发世界——构建、打包以及运行应用从未变得如此简单。所以各大企业纷纷介入也没有什么好奇怪的。但与追求最前沿技术的开发者相比，企业有着更严格的需求。

企业需要 Docker 能实现私有化部署。这通常意味着 Docker 需要一个本地化部署方案，并且由企业自己掌控和维护。这还意味着角色和安全功能需要满足企业内部的组织结构，并且在安全部门的监管之下。同时还需要一份重要的售后支持协议。

Docker 企业版（Enterprise Edition，EE）应运而生！

Docker EE 是企业版的 Docker。其内部包括了上百个引擎、操作界面以及私有安全注册。用户可以本地化部署，并且其中包括了一份支持协议。

上层架构如图 16.1 所示。

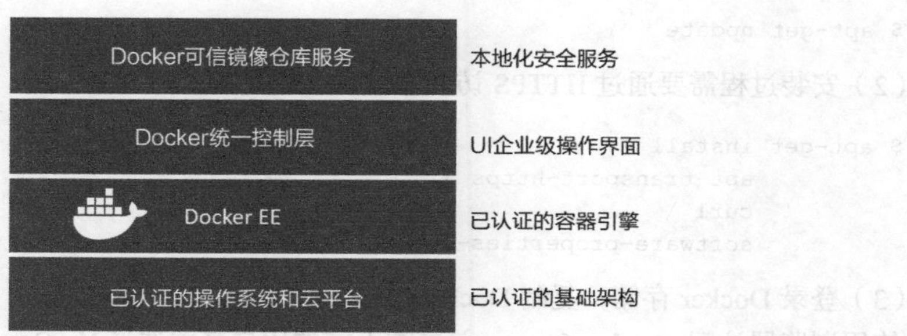

图 16.1　Docker EE

16.2 企业版工具——详解

本节内容按如下方式划分。

- Docker EE 引擎。
- Docker 统一控制平台（UCP）。
- Docker 可信镜像仓库服务（DTR）。

接下来会介绍如何安装每项功能，以及在适用的情况下配置 HA（高可用），并且执行备份和修复工作。

16.2.1 Docker EE 引擎

Docker 引擎提供 Docker 全部核心功能。核心功能包括镜像、容器管理、网络、卷、集群、安全等。在本书编写之时，包括两个版本：社区版（CE）和企业版（EE）。

两个版本最大的不同，也是用户最关心的，就是发布周期和相应支持了。

Docker EE 是按季度发布，采用基于时间版本的方案。例如，2018 年 6 月发布的 Docker EE 叫作 `18.06.x-ee`。Docker 公司提供持续一年的支持，并且为每个版本打补丁。

安装 Docker EE

安装 Docker EE 很简单。但是，不同平台的安装方式略有不同。本书会介绍在 Ubuntu 16.04 的安装过程，但其他平台的安装也非常简单。

Docker EE 是基于订阅模式的服务，所以用户需要一个 Docker ID 并且激活订阅。然后就可以获得专享 Docker EE 仓库，在接下来的步骤中会用到。试用许可证通常也是可行的。

注：在 Windows 服务器上的 Docker 通常都安装 Docker EE。参考第 3 章内容可以了解如何在 Windows Server 2016 上安装 Docker EE。

下面的命令可能需要 sudo 前缀。

（1）检查是否拥有最新包列表

```
$ apt-get update
```

（2）安装过程需要通过 HTTPS 访问 Docker EE。

```
$ apt-get install -y \
        apt-transport-https \
        curl \
        software-properties-common
```

（3）登录 Docker 存储，复制 Docker EE 仓库 URL。

使用浏览器访问 Docker Store。单击右上方的用户名并选择 `My Content`。选择某个已经订阅的 Docker EE，单击 Setup，如图 16.2 所示。

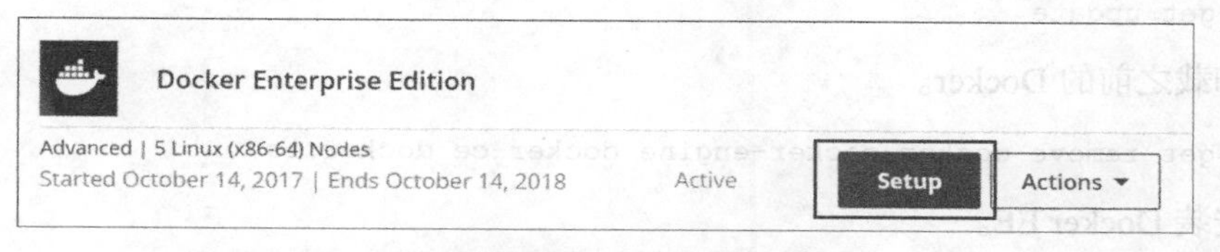

图 16.2 选择已订阅的 Docker EE，单击 Setup

复制 Resources 面板下面的仓库 URL。

下载许可证，如图 16.3 所示。

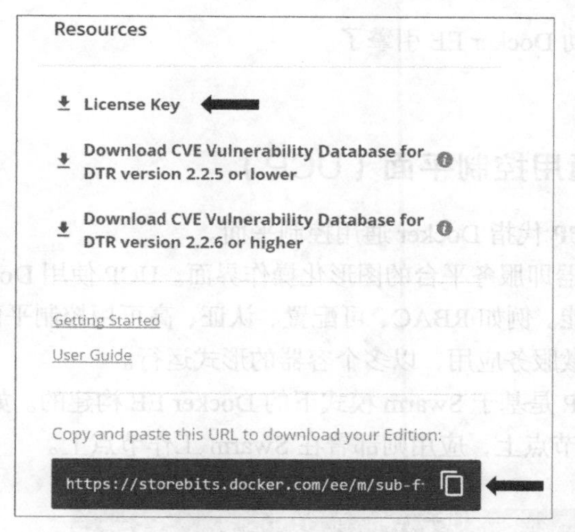

图 16.3 下载许可证

本书演示了如何设置 Ubuntu 的仓库。但是，当前 Docker 存储页面还包括其他 Linux 发行版的设置教程。

（4）在环境变量中设置专享的 Docker EE 仓库 URL。

```
$ DOCKER_EE_REPO=<paste-in-your-unique-ee-url>
```

（5）将官方 Docker GPG 密钥加入全部密钥环（keyring）。

```
$ curl -fsSL "${DOCKER_EE_REPO}/ubuntu/gpg" | sudo apt-key add -
```

（6）设置最新的稳定版仓库。可能要用最新的稳定版本替换最后一行的值。

```
$ add-apt-repository \
   "deb [arch=amd64] $DOCKER_EE_REPO/ubuntu \
   $(lsb_release -cs) \
   stable-17.06"
```

（7）运行 apt-get update，从刚设置的 Docker EE 仓库中拉取最新包列表。

```
$ apt-get update
```

（8）卸载之前的 Docker。

```
$ apt-get remove docker docker-engine docker-ce docker.io
```

（9）安装 Docker EE。

```
$ apt-get install docker-ee -y
```

（10）检查安装是否成功。

```
$ docker --version
Docker version 17.06.2-ee-6, build e75fdb8
```

安装完成，可以启动 Docker EE 引擎了。

接下来安装 UCP。

16.2.2　Docker 通用控制平面（UCP）

本节接下来使用 **UCP** 代指 Docker 通用控制平面。

UCP 是企业级的容器即服务平台的图形化操作界面。UCP 使用 Docker 引擎，并添加了各种企业喜欢以及需要的功能。例如 RBAC、可配置、认证、高可用控制平面以及简单界面。在 UCP 内部，是一个容器化的微服务应用，以多个容器的形式运行。

架构层面上讲，UCP 是基于 Swarm 模式下的 Docker EE 构建的。如图 16.4 所示，UCP 控制平面运行在 Swarm 管理节点上，应用则部署在 Swarm 工作节点上。

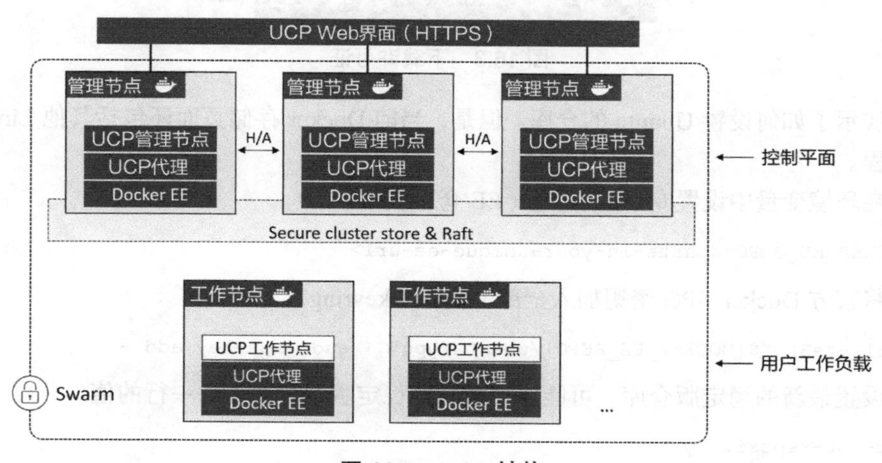

图 16.4　UCP 结构

截至本书编写时，UCP 管理节点必须是 Linux。工作节点既可以 Windows，也可以是 Linux。

1. 规划UCP安装

在规划 UCP 安装的时候，合理设置集群大小和规格十分重要。下面介绍该过程中需要考虑的一些方面。

集群中全部节点的时钟需要同步（例如NTP）。如果没有同步，可能导致一些很难定位的问题。

全部节点都要有自己的静态IP地址和固定的DNS名称。

默认情况下，UCP 管理节点不运行用户工作负载。推荐使用这种最佳实践，并建议用户在生产环境中强制使用。该方式使得管理节点只需关注控制平面职责。同时也能简化问题定位。

用户需要保证管理节点数量为奇数。这样就能避免出现脑裂等类似场景时，会导致管理节点不可用，或者与集群割裂的现象。理想数量为3、5或者7，3或者5是较常用的。多于7的话，可能导致后台Raft算法或者集群一致性的问题。如果不能提供3个管理节点，1个要好于2个！

如果配置了后台计划（用户应当配置）并进行日常备份，可能需要部署5个管理节点。这是因为Swarm和UCP的备份操作需要停止Docker和UCP服务。5个管理节点可以保证在执行类似操作时集群的弹性。

管理节点应当根据数据中心可用域进行部署。用户最不想见到的场景，就是全部UCP管理节点所在的域都不可用。但是，管理节点之间的通信必须经由高速可靠的网络完成。因此如果数据中心可用域之间网络状况不佳，最好还是将所有管理节点部署在相同域之中。有件事已经约定成俗，即在公有云上部署时，需要将管理节点部署在同区域内的可用域中。跨区域通常会受到低可靠性和高延迟网络的影响。

工作节点的数量可以根据需求设置，因为它们并不会参与到集群 Raft 操作当中，所以就不会影响控制平面操作。

规划工作节点的规格和数量，需要理解计划部署在集群上的应用需求。例如，理解之后能帮助用户确定需要多少 Windows 节点和 Linux 节点。同时还需要知道应用是否有特殊需求，需要工作节点的定制化来支持，例如PCI类工作负载。

此外，虽然 Docker 引擎是轻量级的，但其上运行的容器化应用不一定也是。出于这样的考虑，根据应用的CPU、RAM、网络以及磁盘I/O需求规划节点数目就很重要了。

确定合理的节点配置并不是什么好玩的事儿，这完全取决于工作负载。但是，Docker 网站上对Linux Docker UCP 2.2.4的最低配置有如下建议。

- UCP管理节点运行DTR：8GB RAM，3GB磁盘空间。
- UCP工作节点：4GB RAM，3GB空闲磁盘空间。

推荐配置如下。

- 运行DTR的UCP管理节点：8GB RAM，4核CPU，100GB磁盘。
- UCP工作节点：4GB RAM，25-100GB空闲磁盘空间。

该建议仅供参考，用户在确定配置时需要自己多加练习。

有一点是确认的：Window镜像会比Linux镜像稍大一些。所以规划时务必考虑该因素。

关于需求规划最后多说一点。Docker Swarm 和 Docker UCP 简化了管理节点和工作节点的添加/删除工作。新加入的管理节点被自动加入到 HA 控制平面，新加入的工作节点马上就能参与到工作负载调度当中。类似的，删除管理节点和工作节点也非常简单。只要拥有多个管理节点，就可以在不影响集群操作的情况下移除其中一个。移除工作节点时，需要清理该节点上的工作负载，然后从运行中的集群移除。上述特点使得 UCP 对管理节点和工作节点的变更做到不感知。

记住前面的内容后，就可以开始安装 UCP 了。

2. 安装 Docker UCP

本节主要介绍在新集群的第一个管理节点上安装 Docker UCP 的完整过程。

（1）在某个 Linux Docker EE 节点上运行下面的命令，该节点应是计划中作为 UCP 集群的第一个管理节点。

关于命令需要补充说明，示例在安装 UCP 时，使用了 `docker/ucp:2.2.5` 镜像，用户需要替换为适合自己的版本。`--host-address` 设置了 Web 界面访问地址。如果用户在 AWS 上完成安装，并且计划通过互联网访问公司的网络，这里就需要设置 AWS 的公共 IP 地址。

```
$ docker container run --rm -it --name ucp \
  -v /var/run/docker.sock:/var/run/docker.sock \
  docker/ucp:2.2.5 install \
  --host-address <node-ip-address> \
  --interactive
```

（2）配置管理员账号。安装过程会提示用户输入用户名和密码，作为 UCP 管理员账号。这是一个本地账号，建议遵守公司规范来创建用户名和密码。创建后千万不要忘记。

（3）主体别名（Subject Alternative Name，SAN）。安装程序会提示输入能访问 UCP 的 IP 地址和名称列表。列表内容可以是私有 IP 地址以及 DNS 名称，并且会加入到账号当中。

安装过程还需注意以下的一些内容。

UCP 基于 Docker Swarm，这意味着 UCP 管理节点需要运行在 Swarm 管理节点上。如果在某个节点上以单引擎模式（Single-Engine Mode）安装 UCP，则该节点会默认切换为 Swarm 模式。

安装程序拉取 UCP 服务所需的全部镜像，并完成相应容器的启动。下面列举了部分由安装程序拉取的镜像。

```
INFO[0008] Pulling required images... (this may take a while)
INFO[0008] Pulling docker/ucp-auth-store:2.2.5
INFO[0013] Pulling docker/ucp-hrm:2.2.5
INFO[0015] Pulling docker/ucp-metrics:2.2.5
INFO[0020] Pulling docker/ucp-swarm:2.2.5
INFO[0023] Pulling docker/ucp-auth:2.2.5
INFO[0026] Pulling docker/ucp-etcd:2.2.5
INFO[0028] Pulling docker/ucp-agent:2.2.5
INFO[0030] Pulling docker/ucp-cfssl:2.2.5
INFO[0032] Pulling docker/ucp-dsinfo:2.2.5
```

```
INFO[0080] Pulling docker/ucp-controller:2.2.5
INFO[0084] Pulling docker/ucp-proxy:2.2.5
```

部分比较值得关注的镜像包括以下几点。

- ucp-agent 这是 UCP 核心代理。该代理会部署到集群的全部节点上，用于确保 UCP 所需容器全部启动并运行。
- ucp-etcd 集群持久化键值对存储。
- ucp-auth 共享鉴权服务（在 DTR 的单点登录中也用到了）。
- ucp-proxy 控制对本地 Docker Socket 端口的访问，这样未认证的客户端就不能擅自篡改集群了。
- ucp-swarm 提供对底层 Swarm 的适配。

最终，安装程序创建了一对根 CA：一个用于集群内部通信，另一个用于外部访问。CA 使用自签名证书，这对于实验和测试环境来说很好，但是不适用于生产环境。

为了完成可信 CA 证书的 UCP 安装，需要使用下面 3 个文件完成证书绑定。

- ca.pem：可信 CA 证书（通常是公司内部 CA）。
- cert.pem：UCP 的公开证书。该证书包含了全部被授权访问集群的 IP 地址和 DNS 名称，包括位于集群之前的负载均衡器。
- key.pem：UCP 的私钥。

如果已经有了上述文件，则需要将其挂载到 Dockerucp-controller-server-certs 卷下，并且使用 --external-ca 参数指定卷。用户也可以在安装完成后，通过 Web 界面中的管理员设置（Admin Setting）页面来修改证书。

UCP 安装程序输出中的最后一段内容，就是访问所用的 URL。

```
<Snip>
INFO[0049] Login to UCP at https://<IP or DNS>:443
```

通过 Web 浏览器访问该地址并且登录。如果使用自签名证书，则需要确认浏览器的告警信息。同时还需要指定许可证文件，该文件可以从 Docker 商店的 My Content 中下载。

登录后即可访问 UCP 管理面板，如图 16.5 所示。

到目前为止，一个单点登录 UCP 集群已经就绪。

可以通过管理面板底部的 Add Nodes 链接为集群添加更多的管理节点和工作节点。

图 16.6 展示了添加节点的界面。用户可以选择添加管理节点或者工作节点，然后界面中就会给出对应的命令，在待添加节点上运行即可。示例中选择添加 Linux 工作节点。注意，这是一个 docker swarm 命令。

添加的节点会加入 Swarm 集群，并且配置所需的 UCP 服务。如果添加的是管理节点，推荐在连续添加之间稍作等待。这样可以给 Docker 留出下载并运行所需 UCP 容器的机会，同时也允许集群注册新的管理节点并达到法定人数。

新加入的管理节点会自动配置到高可用（HA）的一致性 Raft 组当中，并且被授权可以访问集群存储。此外，虽然外部负载均衡器通常不被认作 UCP HA 的核心部分，但其本身对外提供了稳定的 DNS 名称，屏蔽了一些后端场景，如某个节点挂掉。

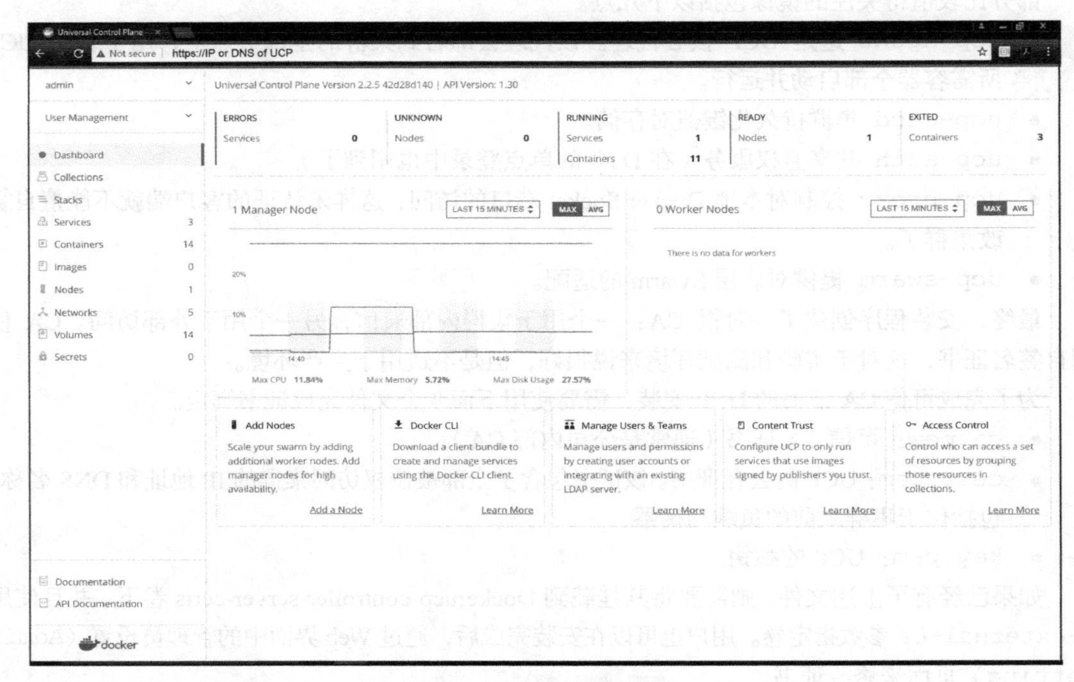

图 16.5 UCP 管理面板

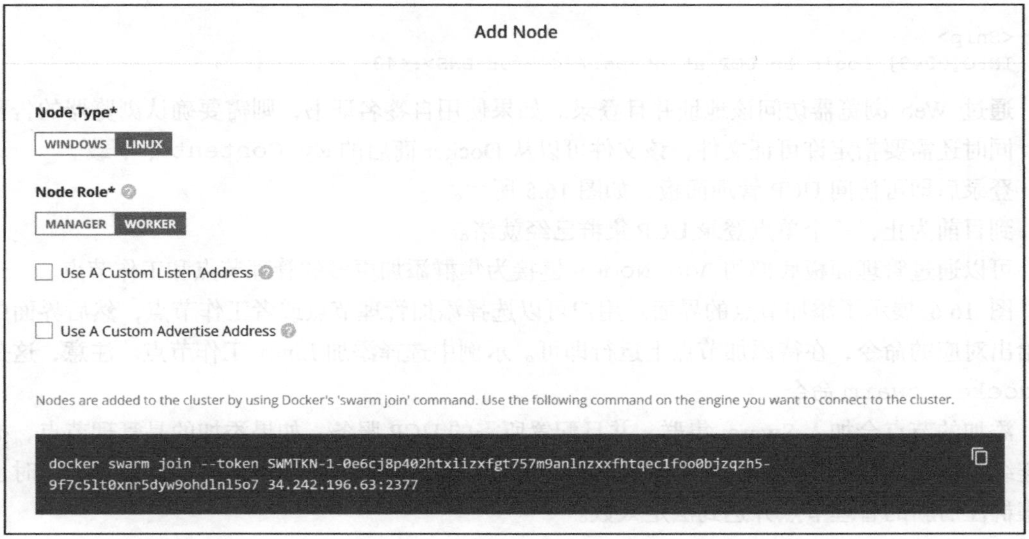

Add Node

Node Type*

WINDOWS LINUX

Node Role*

MANAGER WORKER

Use A Custom Listen Address

Use A Custom Advertise Address

Nodes are added to the cluster by using Docker's 'swarm join' command. Use the following command on the engine you want to connect to the cluster.

```
docker swarm join --token SWMTKN-1-0e6cj8p402htxiizxfgt757m9anlnzxxfhtqec1foo0bjzqzh5-
9f7c5lt0xnr5dyw9ohdln15o7 34.242.196.63:2377
```

图 16.6 添加节点的界面

用户需要为 443 端口的 TCP 透传配置外部的负载均衡器，通过自定义的 HTTPS 心跳检查 https://<ucp_man-ager>/_ping 确认 UCP 管理节点的状态。

现在一个工作状态的 UCP 已经搭建完成，可以通过 Admin Settings 页面查看相关选项，如图 16.7 所示。

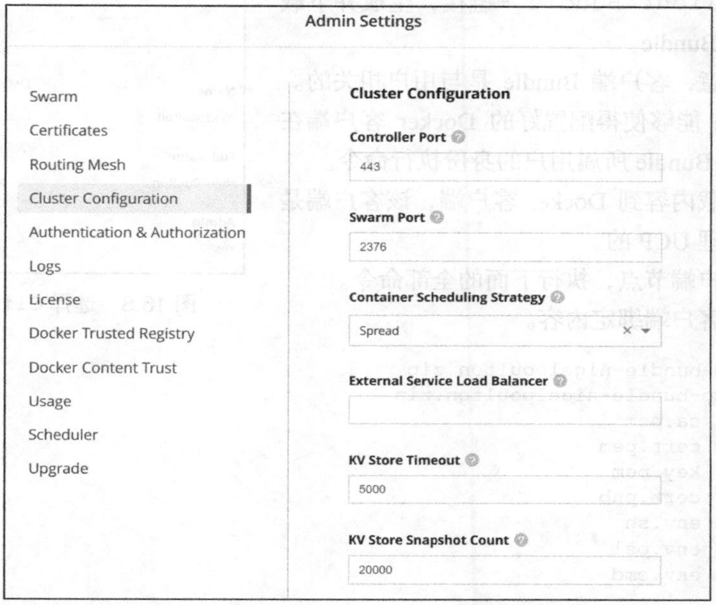

Admin Settings

Swarm
Certificates
Routing Mesh
Cluster Configuration
Authentication & Authorization
Logs
License
Docker Trusted Registry
Docker Content Trust
Usage
Scheduler
Upgrade

Cluster Configuration
Controller Port
443
Swarm Port
2376
Container Scheduling Strategy
Spread
External Service Load Balancer
KV Store Timeout
5000
KV Store Snapshot Count
20000

图 16.7 通过 Admin Settings 页面查看相关选项

本页面的配置信息包含了大部分的 UCP 后台配置信息。

3. UCP 的访问控制

所有对 UCP 的访问，都经由身份管理子系统。这意味着用户在集群上执行任何操作前，首先需要通过用户名和密码进行认证。这些操作包括集群的管理，以及服务的部署和管理。

用户使用 UI 界面的时候已经体验过了，必须使用用户名和密码才能登录。在 CLI 中也是一样的，用户不能在未登录的情况下通过 UCP 执行命令！这是因为 UCP 集群中本地 Docker Socket 受到 ucp-proxy 服务的保护，不会接受未认证命令。

4. 客户端绑定

每个运行 Docker CLI 的节点，都能部署并管理 UCP 集群的工作负载，**只要该节点存在一个有效 UCP 用户认证**。

本节中会创建一个新 UCP 用户，新建并下载该用户的绑定证书，接着创建一个 Docker 客户端并使用该证书。在完成上述步骤后，会解释其工作原理。

（1）如果还没就绪，则以管理员身份登录 UCP。

（2）单击 User Management > Users，创建一个新用户。因为还未讨论角色和权限相关的内容，所以将用户设置为 Docker EE 管理员。

（3）在新用户选中状态下，单击 Configure 下拉框，然后选择 Client Bundle，如图 16.8 所示。

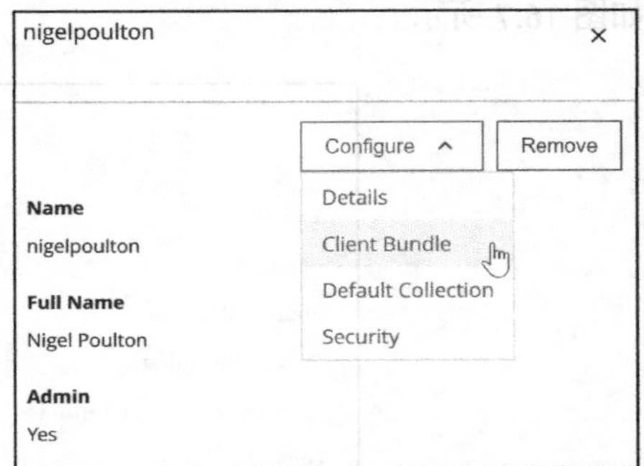

图 16.8 选择 Client Bundle

（4）单击 Client Bundle +链接，生成并下载该用户的客户端 Bundle。

此时需要注意，客户端 Bundle 是与用户相关的。因此，该 Bundle 能够使得配置好的 Docker 客户端在 UCP 集群上以该 Bundle 所属用户的身份执行命令。

（5）复制下载内容到 Docker 客户端，该客户端是用户配置用于管理 UCP 的。

（6）登录客户端节点，执行下面的全部命令。

（7）解压缩客户端绑定内容。

```
$ unzip ucp-bundle-nigelpoulton.zip
Archive: ucp-bundle-nigelpoulton.zip
extracting: ca.pem
extracting: cert.pem
extracting: key.pem
extracting: cert.pub
extracting: env.sh
extracting: env.ps1
extracting: env.cmd
```

示例使用 Linux 的 unzip 包将客户端绑定解压缩到当前目录。需要将命令中客户端绑定的名称替换为自己环境中的名称。

（8）使用恰当的脚本配置 Docker 客户端。env.sh 可以在 Linux 和 Mac 上使用，env.ps 和 env.cmd 可以在 Windows 上使用。

运行脚本需要管理员/root 权限。

示例在 Windows 和 Linux 上均可以执行。

```
$ eval "$(<env.sh)"
```

此时，客户端节点配置已经完成。

（9）测试权限。

```
$ docker version
 <Snip>

Server:
 Version:       ucp/2.2.5
 API version:   1.30 (minimum version 1.20)
 Go version:    go1.8.3
 Git commit:    42d28d140
```

```
Built:         Wed Jan 17 04:44:14 UTC 2018
OS/Arch:       linux/amd64
Experimental:  false
```

注意到输出中的 Server 部分显示其版本为 ucp/2.2.5，这就说明 Docker 客户端已经成功连接到 UCP 节点的 daemon 了。

实际上，脚本共配置了 3 个环境变量：DOCKER_HOST、DOCKER_TLS_VERIFY 和 DOCKER_CERT_PATH。

DOCKER_HOST 将客户端指向了远端位于 UCP 控制层中的 Docker daemon。比如 DOCKER_HOST=tcp://34.242.196.63:443，可以看到，是通过 443 端口访问的。

DOCKER_TLS_VERIFY 设置为 1，告诉客户端使用 TLS 认证的客户端模式。

DOCKER_CERT_PATH 告诉 Docker 客户端绑定证书的具体位置。

最终结果就是所有 Docker 命令都会在客户端使用用户证书签名，然后经由网络发送到远端的 UCP 管理节点，如图 16.9 所示。

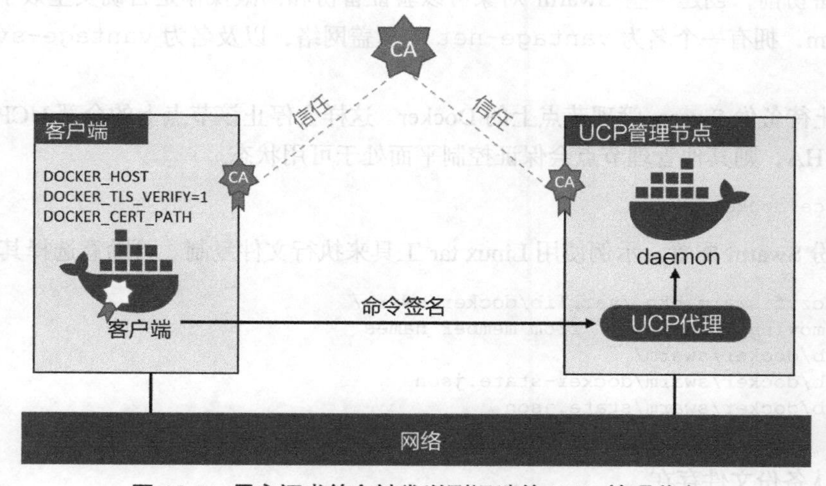

图 16.9　用户证书签名被发送到远端的 UCP 管理节点

下面来了解一下如何备份并恢复 UCP。

5. UCP 备份

首先并且最重要的是，高可用（HA）并不等价于备份！

思考下面的例子。有一个包含 5 个管理节点的 UCP 集群。所有管理节点都处于健康状态，并且控制平面开启了复制功能。某个心怀怨恨的员工对集群进行破坏（或者删除了全部用户账户）。破坏操作会复制到全部 5 个管理节点，导致集群被破坏。这种场景下 HA 没有丝毫帮助。此时需要的，是备份！

一个 UCP 集群主要由 3 个部分构成，也是需要分别备份的内容：Swarm、UCP 和 Docker 可信镜像仓库服务（DTR）。

接下来会展示如何完成 Swarm 和 UCP 的备份，有关 DTR 备份的内容本章会在稍后进行介绍。

虽然 UCP 位于 Swarm 上层，但是它们是互相独立的。Swarm 维护了全部节点关系、网络以及服务定义。UCP 在其上层构建，维护自己的数据库和卷存储来记录用户、组、授权、Bundle、许可证文件、认证等信息。

一起来看一下如何进行 **Swarm 备份**。

Swarm 配置和状态保存在`/var/lib/docker/swarm`中，其中包含了 Raft 日志密钥，并且会复制到每个管理节点。Swarm 备份就是复制该目录下的所有文件。

因为该信息会复制到每个管理节点，所以用户可以在任何管理节点上进行备份。

备份时需要在待执行备份操作的节点上停止 Docker。这意味着在主管理节点上执行备份操作不是一个好的选择，因为这样会导致重新选主。执行备份时最好选择在业务的低峰期进行，虽然对于拥有多管理节点的 Swarm 来说，停止某个管理节点并不会出现问题，但这种操作还是会增加集群在另一管理节点宕机时出现高可用有效节点数不足的情况。

在执行备份前，创建一些 Swarm 对象可以验证备份和回滚操作是否确实生效了。示例中待备份的 Swarm，拥有一个名为`vantage-net`的覆盖网络，以及名为`vantage-svc`的 Swarm 服务。

（1）停止待备份 Swarm 管理节点上的 Docker。这样会停止该节点上的全部 UCP 容器。如果 UCP 配置了 HA，则其他管理节点会保证控制平面处于可用状态。

```
$ service docker stop
```

（2）备份 Swarm 配置。示例使用 Linux tar 工具来执行文件复制。可随意选择其他工具。

```
$ tar -czvf swarm.bkp /var/lib/docker/swarm/
tar: Removing leading `/' from member names
/var/lib/docker/swarm/
/var/lib/docker/swarm/docker-state.json
/var/lib/docker/swarm/state.json
<Snip>
```

（3）确认备份文件存在。

```
$ ls -l
-rw-r--r-- 1 root root 450727 Jan 29 14:06 swarm.bkp
```

备份文件的保存周期需要视公司具体的备份策略而定。

（4）重启 Docker。

```
$ service docker restart
```

现在 Swarm 备份完成，是时候**备份 UCP** 了。

在开始 UCP 备份前，需要注意如下几点。

因为 UCP 备份任务以容器方式运行，所以如果想进行备份，需要 Docker 保持运行状态。

可以在集群中的任意一台 UCP 管理节点上运行备份，并且只需要在一个节点上运行即可（UCP 复制功能会将配置信息复制到全部管理节点，所以没有必要备份多节点）。

对 UCP 进行备份会停止所在管理节点上的全部 UCP 容器。在该前提下，备份操作需要运行在一个高可用 UCP 集群上，并且最好是在业务低峰期运行。

自始至终，执行备份的管理节点上的用户工作负载并不会停止。但是，并不建议在 UCP 管理节点上执行用户工作负载。

下面开始备份 UCP。

在某个 UCP 管理节点上执行下面的命令。该节点的 Docker 需要保持运行状态。

```
$ docker container run --log-driver none --rm -i --name ucp \
  -v /var/run/docker.sock:/var/run/docker.sock \
  docker/ucp:2.2.5 backup --interactive \
  --passphrase "Password123" > ucp.bkp
```

该命令很长，一起来看一下每个步骤的内容。

第一行是标准的 docker container run 命令，让 Docker 运行某个容器，运行时不开启日志，在运行结束后进行删除，同时调用 ucp；第二行将 Docker socket 挂载到容器中，这样容器可以通过访问 Docker API 来停止运行；第三行是告诉 Docker 在容器内基于 docker/ucp:2.2.5 镜像运行 backup --interactive 命令；最后一行创建了名为 ucp.bkp 的加密文件，并且用密码进行安全保护。

下面是值得注意的几点。

指定具体的 UCP 镜像版本（标签）是一个好办法，示例中指定为 docker/ucp:2.2.5。这样做是因为进行备份和恢复操作的时候，建议使用相同版本的镜像。如果没有显示指定镜像版本，Docker 会默认使用标签为 latest 的镜像，这可能导致执行备份和恢复操作时镜像版本存在差异。

每次备份都应当使用--passphrase 来保护备份内容，此外可以改进示例中的密码，使其对用户更加友好。

建议根据用户的备份要求对备份文件进行目录化管理，并保存一个离线备份。此外建议配置备份计划和对应的检查任务。

现在已经完成了 Swarm 和 UCP 的备份，可以在灾难性事件发生后安全地进行恢复了。

6. 恢复 UCP

在介绍恢复 UCP 之前，有句话不得不提前说明：从备份进行恢复是最后的手段，只能在整个集群都宕机或者全部管理节点都丢失的情况下使用！

如果 HA 集群下仅丢失某个管理节点，并不需要从备份进行恢复。该情况下，很容易就能创建新管理节点并加入集群。

下面会先介绍如何从备份恢复 Swarm，然后是 UCP。

在欲恢复的 Swarm/UCP 管理节点上执行下面的任务。

（1）停止 Docker。

```
$ service docker stop
```

（2）删除全部已存在的 Swarm 配置。

```
$ rm -r /var/lib/docker/swarm
```

（3）从 Swarm 备份中恢复配置信息。

示例中使用了名为 swarm.bkp 的压缩文件，格式为 tar。该命令需要指定恢复到根目录下，因为备份文件解压为原始文件的操作中会包含全路径信息。读者环境可能略有不同。

```
$ tar -zxvf swarm.bkp -C /
```

（4）初始化新的 Swarm 集群。

切记，当前执行的操作并不是恢复某个节点然后重新加入集群。该操作是恢复一个不可用的 Swarm 集群，其中不包含任何存活的管理节点。--force-new-cluster 参数告诉 Docker 创建新集群，使用的配置保存在当前节点/var/lib/docker/swarm 目录下。

```
$ docker swarm init --force-new-cluster
Swarm initialized: current node (jhsg...3l9h) is now a manager.
```

（5）检查网络和服务是恢复操作中的一部分。

```
$ docker network ls
NETWORK ID          NAME          DRIVER      SCOPE
snkqjy0chtd5        vantage-net   overlay     swarm

$ docker service ls
ID             NAME          MODE         REPLICAS   IMAGE
w9dimu8jfrze   vantage-svc   replicated   5/5        alpine:latest
```

恭喜。Swarm 集群完成恢复。

（6）为 Swarm 集群增加新的管理节点和工作节点，并刷新备份。

在恢复 Swarm 之后，可以恢复 UCP。

在示例中，UCP 备份到了当前目录下名为 ucp.bkp 的文件中。虽然文件名是备份文件，但其本质是一个 Linux 打包工具。

在欲恢复 UCP 的节点上执行下面的命令。该节点可以是刚刚执行 Swarm 恢复操作的节点。

（1）删除已经存在并且可能崩溃的 UCP 安装。

```
$ docker container run --rm -it --name ucp \
  -v /var/run/docker.sock:/var/run/docker.sock \
  docker/ucp:2.2.5 uninstall-ucp --interactive

INFO[0000] Your engine version 17.06.2-ee-6, build e75fdb8 is compatible
INFO[0000] We're about to uninstall from this swarm cluster.
Do you want to proceed with the uninstall? (y/n): y
INFO[0000] Uninstalling UCP on each node...
INFO[0009] UCP has been removed from this cluster successfully.
INFO[0011] Removing UCP Services
```

（2）从备份中恢复UCP。

```
$ docker container run --rm -i --name ucp \
  -v /var/run/docker.sock:/var/run/docker.sock \
  docker/ucp:2.2.5 restore --passphrase "Password123" < ucp.bkp

INFO[0000] Your engine version 17.06.2-ee-6, build e75fdb8 is compatible
<Snip>
time="2018-01-30T10:16:29Z" level=info msg="Parsing backup file"
time="2018-01-30T10:16:38Z" level=info msg="Deploying UCP Agent Service"
time="2018-01-30T10:17:18Z" level=info msg="Cluster successfully restored.
```

（3）登录UCP Web界面，确认之前创建的用户还存在（或者是任何之前环境中存在的UCP对象）。

恭喜。现在已经知道了如何备份并恢复Docker Swarm以及Docker UCP。

接下来将目光转移到Docker可信镜像仓库服务。

16.2.3　Docker可信镜像仓库服务（DTR）

Docker可信镜像仓库服务，是安全、高可用并且支持本地部署的Docker服务，通常使用DTR代指。如果知道Docker Hub是什么，可以将DTR理解为私有的Docker Hub，可以在本地部署，并且自行管理。

在安装前有几点需要说明。

如果条件允许，使用专用节点来运行DTR。在DTR生产环境节点中绝对不要运行用户工作负载。

在UCP中，需要运行奇数个DTR实例。3个或者5个实例有较好的容错性。生产环境下的推荐配置如下。

- 3个专用UCP管理节点。
- 3个专用DTR实例。
- 按应用需求增加工作节点。

接下来会在单个节点上完成DTR的安装和配置。

1．安装DTR

在UCP集群中配置首个DTR实例包括下面几个步骤。

为了完成下面步骤，需要一个用于安装DTR的UCP节点和一个监听443端口的负载均衡，并处于TCP透传模式，同时在443端口开启了`/health`健康检查。图16.10展示了完整架构图。配置负载均衡器超出了本书范围，但是图中展示了与DTR相关配置中重要的部分。

（1）登录UCP Web界面，单击`Admin > Admin Settings > Docker Trusted Registry`。

（2）填写DTR配置表。

- DTR外部URL（`DTR EXTERNAL URL`）：设置外部负载均衡器的URL。
- UCP节点（`UCP NODE`）：选择希望安装DTR的节点名称。

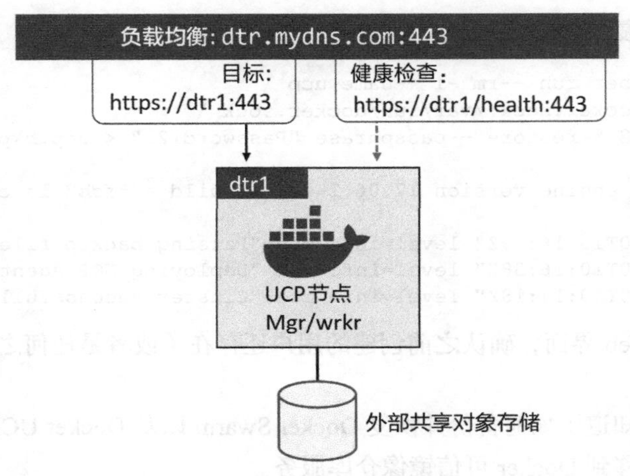

图 16.10 DTR 完整架构

- 禁用 UCP 的 TLS 认证（`Disable TLS Verification For UCP`）：如果使用自签名证书，勾选该复选框。

（3）复制表格底部的长命令。

（4）将命令粘贴到 UCP 管理节点。

命令中包含`--ucp-node`，告诉 UCP 需要执行该命令的具体节点。

下面示例中的 DTR 安装命令与图 16.10 中的配置相符。示例中假设当前已经在 dtr.mydns.com 配置了负载均衡器。

```
$ docker run -it --rm docker/dtr install \
  --dtr-external-url dtr.mydns.com \
  --ucp-node dtr1 \
  --ucp-url https://34.252.195.122 \
  --ucp-username admin --ucp-insecure-tls
```

（5）一旦安装完成，就可以通过浏览器访问负载均衡器。访问后会自动登录 DTR，如图 16.11 所示。

DTR 已经应用，但尚未为其配置 HA。

2．为 DTR 配置高可用

配置多副本的高可用 DTR 依赖共享存储。共享存储可以是 NFS 或者对象存储，可以本地部署或者在公有云上部署。下面的步骤中会采用 Amazon S3 Bucket 作为共享存储来完成高可用 DTR 配置。

（1）登录 DTR 控制台，进入 `Settings`。

（2）选择存储（`Storage`）标签页，并配置共享存储。

图 16.12 展示了如何将位于 `eu-west-1` 可用域中名为 `deep-dive-dtr` 的 AWS S3 bucket 存储配置为 DTR 的共享存储。读者在本地不能使用该存储。

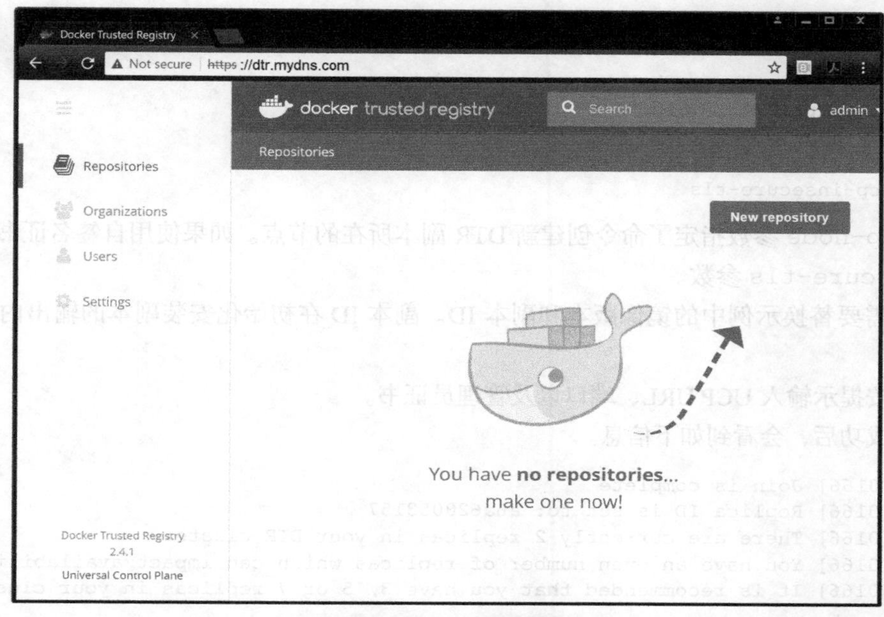

图 16.11 自动登录 DTR

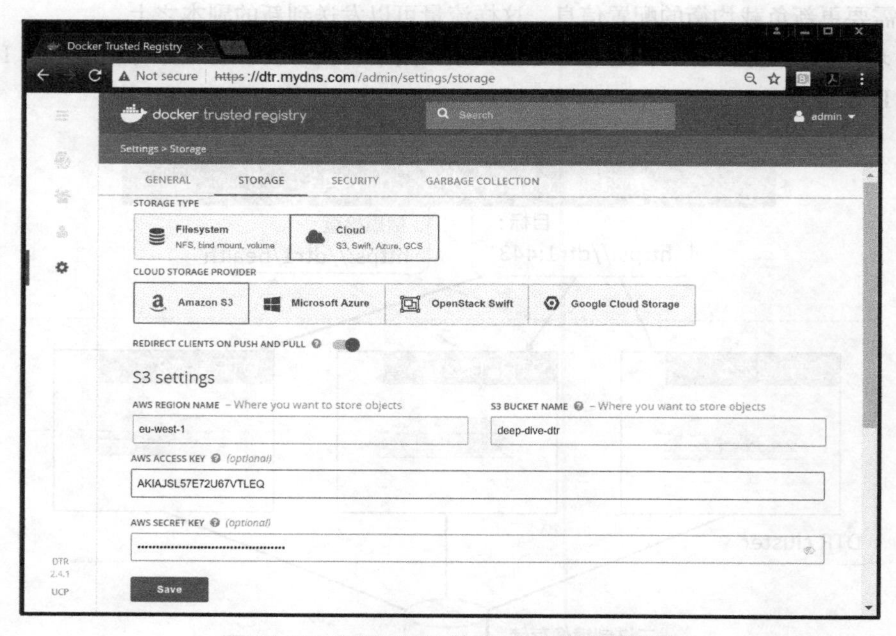

图 16.12 用于 AWS 的 DTR 共享存储配置

DTR 现在配置了共享存储，可以开始增加额外的副本了。

（1）在 UCP 集群管理节点运行下面命令。

```
$ docker run -it --rm \
  docker/dtr:2.4.1 join \
  --ucp-node dtr2 \
  --existing-replica-id 47f20fb864cf \
  --ucp-insecure-tls
```

--ucp-node 参数指定了命令创建新 DTR 副本所在的节点。如果使用自签名证书，必须指定--insecure-tls 参数。

读者需要替换示例中的镜像版本和副本 ID。副本 ID 在初始化安装副本的输出内容中可以找到。

（2）按提示输入 UCP URL、端口以及管理员证书。

添加成功后，会看到如下信息。

```
INFO[0166] Join is complete
INFO[0166] Replica ID is set to: a6a628053157
INFO[0166] There are currently 2 replicas in your DTR cluster
INFO[0166] You have an even number of replicas which can impact availability
INFO[0166] It is recommended that you have 3, 5 or 7 replicas in your cluster
```

一定要遵循前面的建议来安装副本，保证数量为奇数。

这时需要更新负载均衡的配置信息，这样流量可以发送到新的副本之上。

DTR 现在已经配置了 HA，这意味着现在某个副本宕机不会影响服务可用性。图 16.13 展示了高可用 DTR 配置。

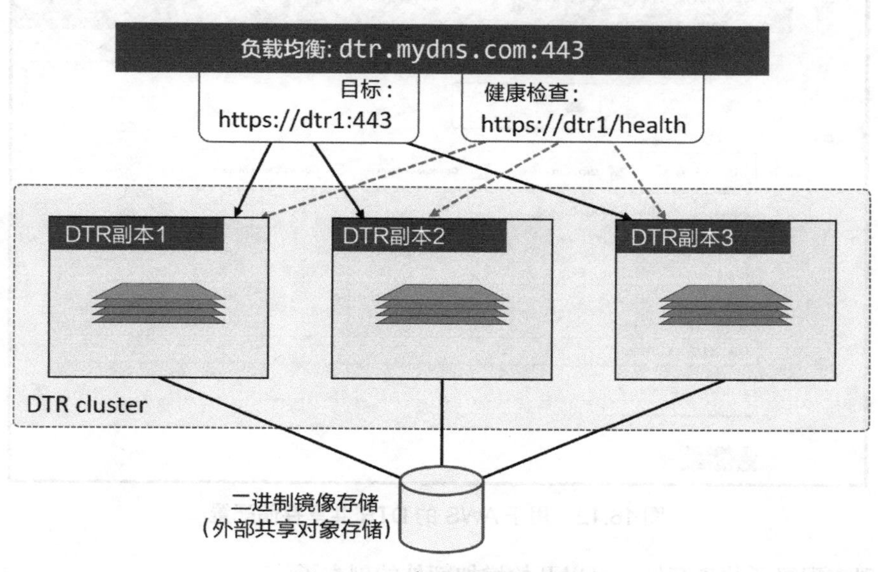

图 16.13 高可用 DTR 配置

需要注意，当前负载均衡器会向全部 3 个 DTR 副本发送流量，也会对全部 3 个节点执行健康检查。全部 3 个 DTR 副本共享同一个外部存储。

在图中，负载均衡器和共享存储都是第三方产品，按照单点部署进行展示（非高可用）。为了保证整体环境的高可用，建议确认这些产品都支持高可用，并且对其内容和配置信息进行备份（例如保证负载均衡器和存储系统原生支持高可用，并且配置了备份策略）。

3. 备份 DTR

因为使用了 UCP 的缘故，DTR 自带 `backup` 命令，属于安装 DTR 所用镜像的一部分。该备份命令会将分散于多个卷的 DTR 配置信息进行备份，包括以下几种。

- DTR 配置。
- 仓库原生信息。
- 公证信息。
- 证书。

DTR 自带备份并不支持对镜像的备份功能。通常镜像保存在高可用的存储后端，依赖非 Docker 工具执行自己独立的备份计划。

在 UCP 管理节点执行下面命令对 DTR 进行备份。

```
$ read -sp 'ucp password: ' UCP_PASSWORD; \
    docker run --log-driver none -i --rm \
    --env UCP_PASSWORD=$UCP_PASSWORD \
    docker/dtr:2.4.1 backup \
    --ucp-insecure-tls \
    --ucp-username admin \
    > ucp.bkp
```

解释一下该命令都做了什么。

`read` 命令会提示用户输入 UCP 管理账户的密码，并保存到 `UCP_PASSWORD` 变量当中；第二行告诉 Docker 启动新的临时容器来执行备份操作；第三行将 UCP 密码设置为容器的环境变量；第四行执行了备份命令；第五行使用自签名证书保证命令可执行；第六行设置 UCP 用户名为“admin”；最后一行指定备份文件为当前目录下的 `ucp.bkp`。

按照提示输入 UCP URL 和副本 ID。该信息也可以在备份命令中指定，只不过本书并不想解释一个长达 9 行的命令！

备份结束后，会在当前工作目录下新增一个名为 `ucp.bkp` 的文件。该文件应当按照公司的备份策略，由公司备份工具进行统一管理。

4. 从备份恢复 DTR

从备份恢复 DTR 是下策，只有副本都宕机，并且没有其他方式恢复时才可以尝试。在只是单副本宕机，其他副本仍然可用的情况下，应当使用 `dtr join` 命令增加新的副本。

如果确定需要从副本恢复，步骤如下。

（1）停止并删除 DTR 节点（可能已经停止）。

（2）恢复共享存储中的镜像（可能不需该步骤）。

（3）恢复 DTR。

在准备恢复 DTR 的节点上执行下面的命令。当然该节点必须是要恢复的 DTR 所在 UCP 集群中的一员。在恢复时需要使用与创建备份相同版本的 docker/dtr 镜像。

（1）停止并删除 DTR。

```
$ docker run -it --rm \
  docker/dtr:2.4.1 destroy \
  --ucp-insecure-tls

INFO[0000] Beginning Docker Trusted Registry replica destroy
ucp-url (The UCP URL including domain and port): https://34.252.195.122:443
ucp-username (The UCP administrator username): admin
ucp-password:
INFO[0020] Validating UCP cert
INFO[0020] Connecting to UCP
INFO[0021] Searching containers in UCP for DTR replicas
INFO[0023] This cluster contains the replicas: 47f20fb864cf a6a628053157
Choose a replica to destroy [47f20fb864cf]:
INFO[0030] Force removing replica
INFO[0030] Stopping containers
INFO[0035] Removing containers
INFO[0045] Removing volumes
INFO[0047] Replica removed.
```

按提示输入 UCP URL、管理证书以及要删除的副本 ID。

如果有多副本，可以多次运行该命令来删除。

（2）如果镜像在共享存储中丢失，需要首先恢复镜像。该步内容超出了本书所介绍的范围，需要视后端共享存储类型而定。

（3）使用下面的命令恢复 DTR。

需要将第 5 行与第 6 行中的内容替换为本地环境的值。不幸的是，因为 restore 命令不支持交互式，所以当 restore 命令开始执行后，没有提示输入前面的内容。

```
$ read -sp 'ucp password: ' UCP_PASSWORD; \
docker run -i --rm \
--env UCP_PASSWORD=$UCP_PASSWORD \
docker/dtr:2.4.1 restore \
--ucp-url <ENTER_YOUR_ucp-url> \
--ucp-node <ENTER_DTR_NODE_hostname> \
--ucp-insecure-tls \
--ucp-username admin \
< ucp.bkp
```

DTR 现在已经恢复。

恭喜。现在读者已经了解如何备份并恢复 Swarm、UCP 以及 DTR。

在本章圆满结束前，只剩下一件事：网络端口！

UCP 管理节点、工作节点以及 DTR 节点需要通过网络互相通信。图 16.14 总结了端口需求。

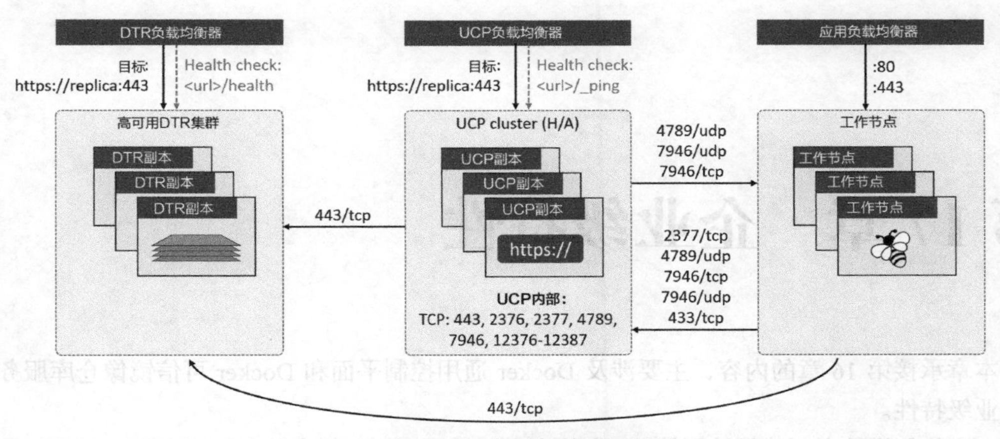

图 16.14　UCP 集群网络端口需求

16.3　本章小结

Docker 企业版（Docker Enterprise Edition，EE）是一款面向企业的容器及服务平台产品。Docker EE 由上百个 Docker 引擎、一个可视化界面以及安全服务等部分组成。所有组件都可以实现本地化部署，并且进行自主管理。Docker EE 还包括一份支持协议。

Docker 统一控制平台（UCP）为传统企业运维团队提供一个简单易用的 Web UI 界面。UCP 支持原生高可用（HA）并且提供了相应的备份和恢复工具。一旦启动并运行，UCP 就会提供全套的企业级功能，在下一章会继续讨论。

Docker 可信镜像仓库服务（DTR）基于 UCP 构建，并提供高可用的安全服务。与 UCP 一样，DTR 也支持本地化部署，同样位于企业“防火墙”保护之内，同时还提供了备份和恢复工具。

第 17 章　企业级特性

本章承接第 16 章的内容，主要涉及 Docker 通用控制平面和 Docker 可信镜像仓库服务提供的企业级特性。

本章将假设读者已经阅读了第 16 章的内容，并且了解如何安装和配置它们，以及如何执行备份和恢复操作。

本章内容将分两部分展开。

- 简介。
- 详解。

17.1　企业级特性——简介

企业希望使用 Docker 和容器，但它们需要整套打包、有完备支持的真正意义上的企业应用。它们还需要诸如基于角色的权限控制（Role-Based Access Control，RBAC）以及与类似活动目录（Active Directory）的企业目录服务的集成。这时就需要企业版 Docker 出马了。

企业版 Docker 是一个强化版本，包含 Docker 引擎、运维界面、安全镜像库以及一系列面向企业的特性。它可以被部署在私有云或公有云上，用户可自行管理，并会获取一份支持协议。

综上，企业版 Docker 是一套可以部署在企业自有的安全的数据中心上的容器即服务（Container-as-a-Service）平台。

17.2　企业级特性——详解

本节内容将分为如下几个方面。

- 基于角色的权限控制（RBAC）。
- 集成活动目录。
- Docker 内容信任机制（DCT）。
- 配置 Docker 可信镜像仓库服务（DTR）。
- 使用 Docker 可信镜像仓库服务。
- 镜像提升。

- HTTP 路由网格（HRM）。

17.2.1 基于角色的权限控制（RBAC）

我在最近 10 年职业生涯中的大部分时光从事的是财务服务部门的 IT 运营。在我工作的大多数环境中，基于角色的权限控制（RBAC）和对活动目录（AD）的集成都是必须的。因此，如果想销售不包含这两个特性的产品，用户通常是不买账的！幸运的是，Docker EE 具备这两个特性。这一节先讨论 RBAC。

UCP 通过一种称为授权（Grant）的东西实现了 RBAC。大体上，一个授权有以下 3 个概念构成。

- 主体（Subject）。
- 角色（Role）。
- 集合（Collection）。

主体即一个或多个用户，或一个团队。角色是一系列权限的组合，而集合则是权限作用的资源，如图 17.1 所示。

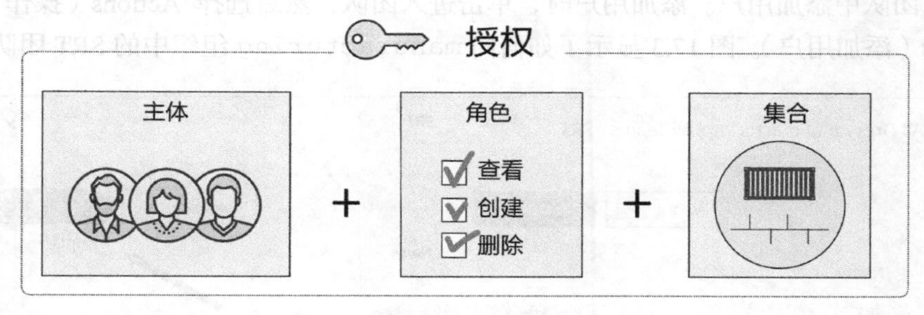

图 17.1　授权

如图 17.2 所示，SRT 团队具有对/zones/dev/srt 集合中所有资源的 container-full-control 权限。

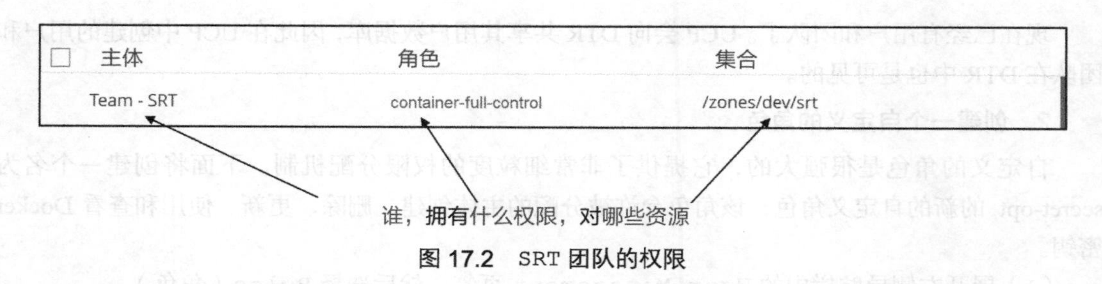

图 17.2　SRT 团队的权限

创建一个授权包含如下步骤。

（1）创建用户和团队。

（2）创建一个自定义的角色。

（3）创建一个集合。

（4）创建一个授权。

只有 UCP 管理员才可以创建和管理用户、团队、角色、集合和授权。因此读者需要以 UCP 管理员的身份登录才能进行下面的操作。

1. 创建用户和团队

将用户置于团队中进行组管理，然后为团队分配授权是一种最佳实践。当然也可以为单独的用户分配授权，但并不推荐。下面创建一些用户和团队。

（1）登录到 UCP。

（2）展开 `User Management`（用户管理），然后单击 `Users`（用户）。这里可以创建用户。

（3）单击 `Organization & Teams`（组织&团队）。这里可以创建组织。在本例后续的步骤中，将会使用一个称为“`manufacturing`”的组织。

（4）单击 `manufacturing` 组织，并创建一个团队。团队存在于组织中，不能在组织之外创建一个团队，并且一个团队只能存在于一个组织中。

（5）向团队中添加用户。添加用户时，单击进入团队，然后选择 Actions（操作）菜单中的 `Add Users`（添加用户）。图 17.3 显示了如何向 `manufacturing` 组织中的 SRT 团队添加用户。

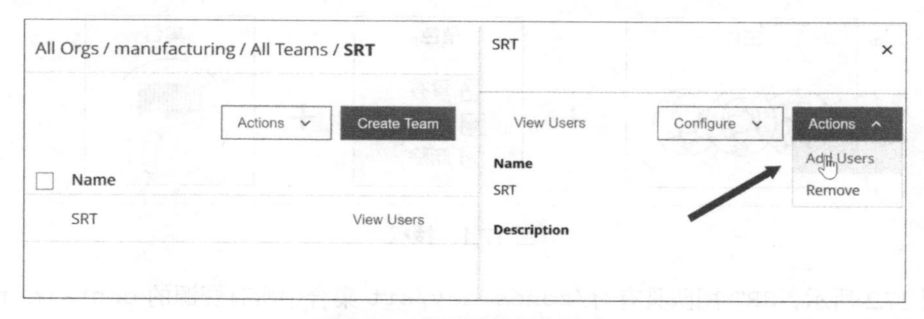

图 17.3 往团队中添加用户

现在已经有用户和团队了。UCP 会向 DTR 共享其用户数据库，因此在 UCP 中创建的用户和团队在 DTR 中也是可见的。

2. 创建一个自定义的角色

自定义的角色是很强大的，它提供了非常细粒度的权限分配机制。下面将创建一个名为 secret-opt 的新的自定义角色，该角色允许被分配的主体创建、删除、更新、使用和查看 Docker 密钥。

（1）展开左侧导航栏中的 `User Management` 页签，然后选择 `Roles`（角色）。

（2）创建一个新角色。

（3）给角色命名。本例会创建一个名为“`secret-opts`”的自定义角色，并放开所有与密钥相关的操作权限。

（4）选择 SECRET OPERATIONS（密钥选项）并浏览可分配给角色的操作项列表。列表较长，可以用来指定具体的某个操作项。

（5）选择希望分配给角色的 API 操作。本例中，分配所有与密钥相关的 API 操作，如图 17.4 所示。

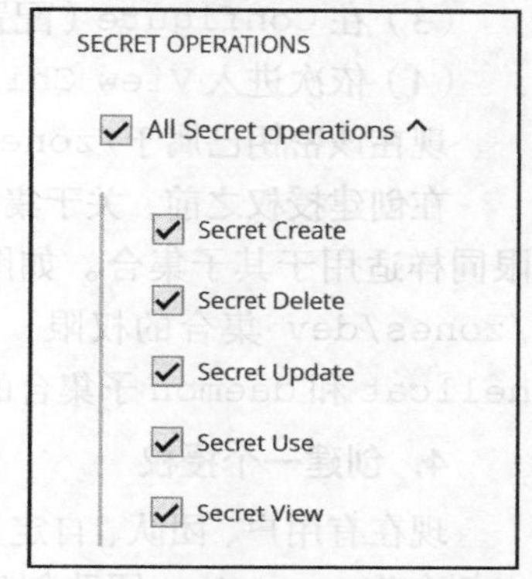

图 17.4　分配 API 操作权限给自定义角色

（6）单击 Create（创建）。

这个角色已经在系统中创建好，并可以被分配给多个授权。下面创建一个集合。

3. 创建一个集合

通过第 16 章的介绍，读者已经了解了网络、卷、密钥、服务以及节点都是 Swarm 资源——它们保存在 Swarm 配置文件 /var/lib/docker/swarm。使用集合可以根据组织架构和 IT 需要来对资源进行分组。例如，IT 基础架构可能会分为 3 个域（zone）：prod、test 和 dev。这种情况下，就可以创建 3 个集合，然后分别分配资源，如图 17.5 所示。

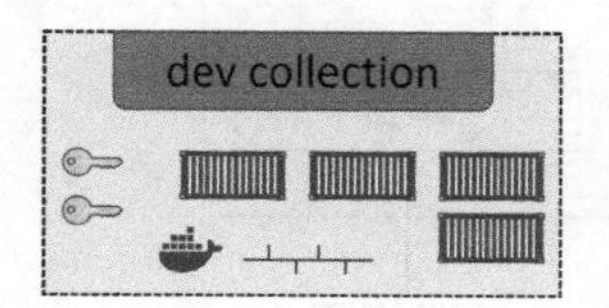

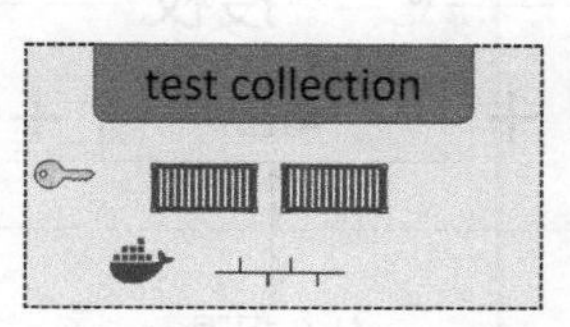

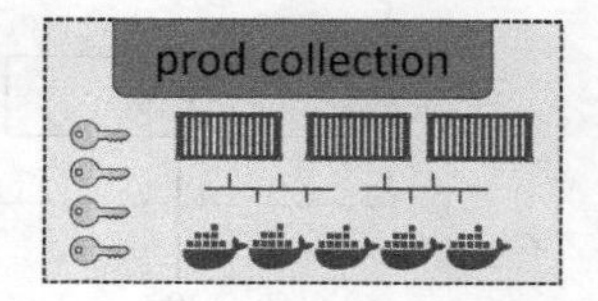

图 17.5　集合示意图

每一个资源只可以存在于某一个集合中。

下面，创建一个新的名为 zones/dev/srt 的资源，然后给它分配一个密钥。集合是支持层次结构的，因此本例中应依次创建 3 个嵌套的集合：zones > dev > srt。

在 Docker UCP Web 界面中进行如下操作。

（1）在左侧导航栏中选择 Collections（集合），然后选择 Create Collection（创建集合）。

（2）创建名为 zones 的根集合。

（3）单击/zones 集合的 View Children（查看子集合）。

（4）创建一个名为 dev 的内嵌子集合。

（5）单击/zones/dev 集合的 View Children（查看子集合）。

（6）创建名为 srt 的子集合。

到此为止，/zones/dev/srt 集合就创建好了。然而，它还是空的。下面将为其添加一个密钥。

（1）创建一个新的密钥。读者可以用命令行或 UCP Web 界面创建它。这里介绍 Web 界面的方式。在 UCP Web 界面单击 Secrets > Create Secret（创建密钥）。填写名称等信息，然后单击 Save。在创建密钥的同时也可以为其配置集合，但是这里并不这样操作。

（2）在 UCP Web 界面中选择该密钥。

（3）在 Configure（配置）下拉菜单中单击 Collection。

（4）依次进入 View Children 层次结构并最终选择/zones/dev/srt，然后单击 Save。现在该密钥已属于/zones/dev/srt 集合，并且无法再加入其他集合。

在创建授权之前，关于集合还有一点需要注意。集合采用的是层次结构，适用于某集合的权限同样适用于其子集合。如图 17.6 所示，dev 团队具有对/zones/dev 集合的权限，因此，该团队自动具有 srt、hellcat 和 daemon 子集合的权限。

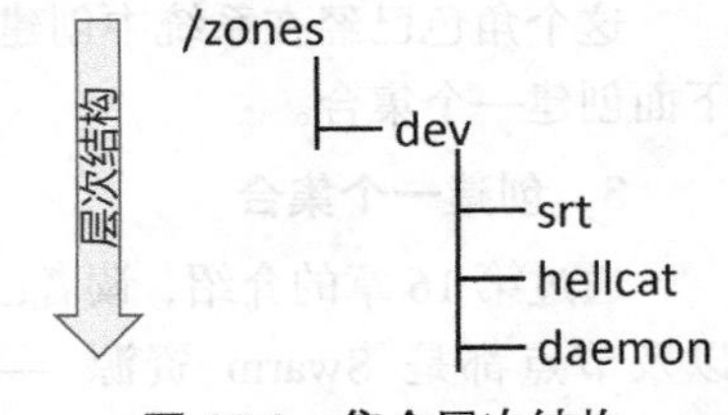

图 17.6　集合层次结构

4．创建一个授权

现在有用户、团队、自定义角色和集合，可以创建授权了。本例会为 srt-dev 团队创建一个授权，该授权对/zones/dev/srt 集合中的所有资源拥有自定义角色 secret-ops 的权限。

授权即配置谁，对哪些资源，拥有什么权限，如图 17.7 所示。

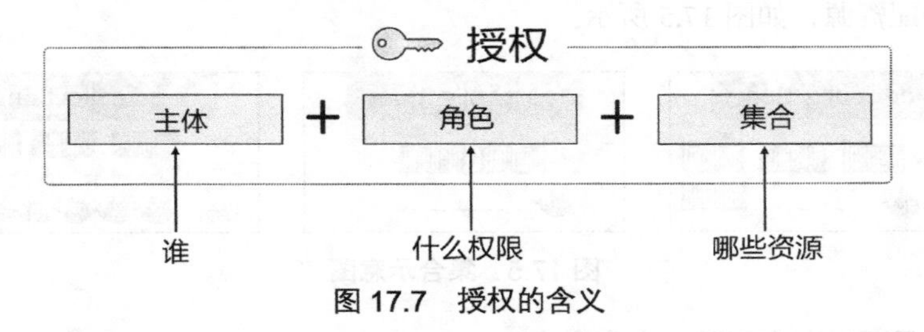

图 17.7　授权的含义

（1）在左侧导航栏展开 User Management 页签，然后单击 Grant（授权）。

（2）创建一个新的授权。

（3）单击 Subject（主体），然后选择 manufacturing 组织下的 SRT 团队。也可以选择整个组织。这样的话，组织中的所有团队都会被包含在该授权中。

（4）单击 Role，然后选择自定义的 secret-ops 角色。

（5）单击 Collections，然后选择/zones/dev/srt 集合。此时可能需要在顶级 Swarm 集合下查找子集合/zones。

（6）单击 Save 来创建授权。

现在授权已经创建好了，在系统的所有授权的列表中可以找到它，如图 17.8 所示。manufacturing/SRT 团队中的所有用户都有权对/zones/dev/srt 集合中的资源进行与密钥相关的操作。

授权生效后仍然可以进行修改。例如，可以添加用户到团队或添加资源到集合。但是无法修改分配给角色的 API 操作。当想要修改角色中的权限时，需要创建一个新的配置有所需权限的角色。

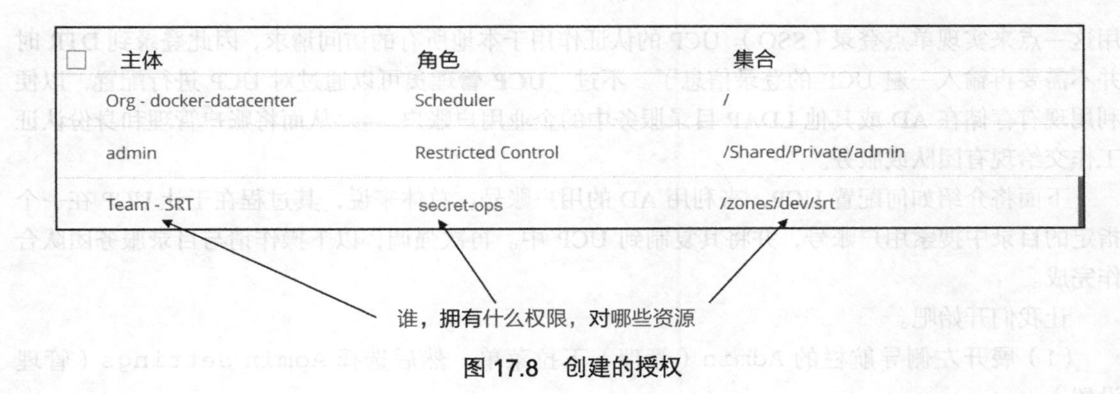

图 17.8 创建的授权

5. 节点 RBAC

这是最后一点关于 RBAC 的介绍。为了调度将集群中的工作节点进行分组是可行的。例如，有时会为开发、测试和 QA 负载运行一个集群——用一个集群可能会减少管理开销，并且可以轻松地将节点分配给 3 个不同的环境。但此时仍然希望能够对工作节点进行区分，从而实现诸如仅 dev 团队的用户才可以对 dev 集合中的节点进行调度的效果。

这同样可以基于授权来实现。首先，需要将 UCP 工作节点分配给自定义的集合。然后，基于该集合、内置的 Scheduler 角色以及希望为其分配权限的团队，来创建授权。

图 17.9 中所示的简单示例表示允许 dev 团队中的成员将服务和容器调度到/zones/dev 集合中的工作节点。

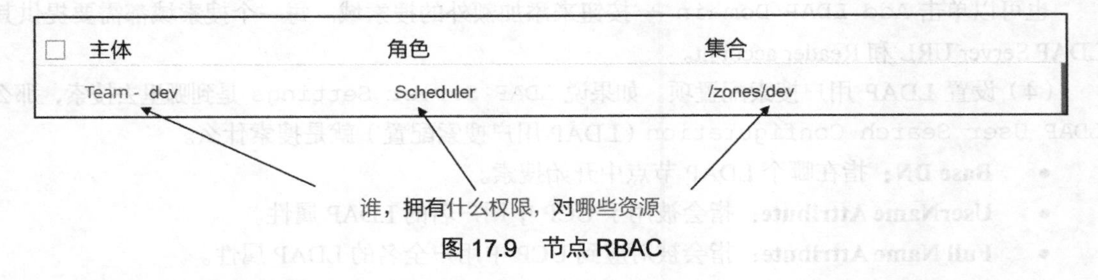

图 17.9 节点 RBAC

现在读者已经了解如何在 Docker UCP 中实现 RBAC 了。

17.2.2 集成活动目录

与所有优秀的企业级工具一样，UCP 能够与活动目录及其他 LDAP 目录服务进行集成，从而利用组织中现有的单点登录系统中的用户和组。

在开始更加深入的介绍之前，请务必与负责组织目录服务的团队讨论 AD/LDAP 的集成方案。让他们从集成之初就参与进来，从而使得集成方案的制定和实施尽可能顺利进行。

UCP 的用户和组的数据存储在一个本地数据库中，从而使 DTR 能够“开箱即用”地直接利用这一点来实现单点登录（SSO）。UCP 的认证作用于本地所有的访问请求，因此登录到 DTR 时并不需要再输入一遍 UCP 的登录信息了。不过，**UCP 管理员**可以通过对 UCP 进行配置，以便利用现有存储在 AD 或其他 LDAP 目录服务中的企业用户账户 ——从而将账户管理和身份认证工作交给现有团队或服务。

下面将介绍如何配置 UCP，来利用 AD 的用户账号。总体来说，其过程在于让 UCP 在一个指定的目录中搜索用户账号，并将其复制到 UCP 中。再次强调，以下操作请与目录服务团队合作完成。

让我们开始吧。

（1）展开左侧导航栏的 Admin（管理）下拉菜单，然后选择 Admin Settings（管理设置）。

（2）选择 Authentication & Authorization（认证&授权），并在 LDAP Enabled（**启用** LDAP 标题下单击 Yes。

（3）配置 LDAP 服务器设置。总体来说，LDAP Server Settings（LDAP 服务设置）可以理解为到哪里去搜索。也就是，到哪个目录中去查询用户账号。

这里填写的内容以读者的实际环境为准。

LDAP Server URL（LDAP 服务器 URL）指域中要去搜索账户的 LDAP 服务器。例如 ad.mycompany.internal。

Reader DN 和 Reader Password 是在目录中有搜索权限的用户信息。该账户必须是在目录中存在且可信的。最好的实践方式是使用对目录具有只读权限的账户。

也可以单击 Add LDAP Domain + 按钮来添加额外的搜索域。每一个搜索域都需要提供其 LDAP Server URL 和 Reader account。

（4）设置 LDAP 用户搜索配置项。如果说 LDAP Server Settings 是到哪里去搜索，那么 LDAP User Search Configuration（LDAP 用户搜索配置）就是搜索什么。

- **Base DN：**指在哪个 LDAP 节点中开始搜索。
- **UserName Attribute：**指会被用于 UCP 中用户名的 LDAP 属性。
- **Full Name Attribute：**指会被对应到 UCP 中用户全名的 LDAP 属性。

其他高级设置请查看文档。当然，在配置与 LDAP 集成的时候还应咨询目录服务团队。

（5）一旦完成了 LDAP 的配置，UCP 会在 LDAP 搜索匹配的用户，并在 UCP 的用户数据库创建它们。之后，UCP 会根据在 Sync Interval (Hours)（同步周期（小时））的设置进行周期性的同步。

如果勾选 Just-In-Time User Provisioning（即时用户置备）复选框，UCP 会将创建用户的操作延迟到该用户第一次登录时进行。

（6）在单击 Save 前，尽量在 LDAP Test Login（LDAP 登录测试）下进行登录测试。

在进行登录测试时需要使用所配置的 LDAP 系统中的账户。该测试会基于以上的所有配置（待保存的 LDAP 配置）。请在测试成功后再保存配置。

（7）保存配置。

此时，UCP 会搜索 LDAP 系统，并创建能够匹配 Base DN 以及其他配置的账户。

在集成 LDAP 之前创建的账户依然存在于系统中，并且依然可用。

17.2.3 Docker 内容信任机制（DCT）

在现代 IT 世界中，信任很重要，而且会变得越来越重要。幸运的是，Docker 通过一种称为 Docker 内容信任（Docker Content Trust, DCT）的功能来实现信任机制。

总体来说，Docker 镜像的发布者可以在将镜像推送到库中时对其进行签名。使用者可以在拉取镜像时进行校验，或进行构建或运行等操作。长话短说，DCT 确保使用者能够得到他们想要的镜像。

图 17.10 展示了其总体架构。

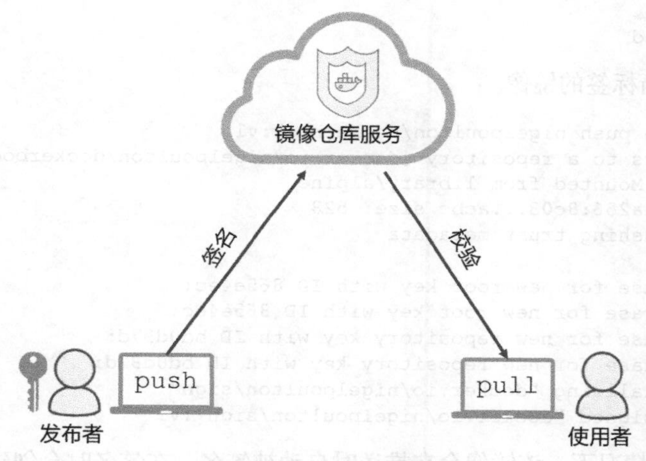

图 17.10 DCT 总体架构

DCT 实现的是客户端的签名和验证，意味着由 Docker 客户端执行它们。

显然，类似这样的密码机制，对于确保在互联网上拉取和推送的软件的可信性是非常重要的，其在整个技术栈的各个层次，以及软件交付流水线的各个环节都在发挥越来越重要的作用。在不久的将来，这种加密信任机制将有望在交付链的各个方面发挥作用。

下面通过一个简单的配置 DCT 的实战例子予以阐述。读者需要一个 Docker 客户端和一个用来推送镜像的库，Docker Hub 上的镜像库即可。

DCT 可以通过环境变量 DOCKER_CONTENT_TRUST 来启用或关闭。将该环境变量的值设置为“1”的话将会在当前会话开启 DCT；将其设置为其他值的话则会关闭 DCT。下面的命令用于在 Linux 主机的 Docker 中开启 DCT。

```
$ export DOCKER_CONTENT_TRUST=1
```

后续的 docker push 命令会在推送镜像时自动对镜像进行签名。因此，所有的 pull、build 和 run 命令只会对已签名的镜像起作用。

下面将镜像打一个新的标签（Tag）并推送到镜像库。

被推送的镜像可以是任意镜像。本例中使用的是刚刚拉取的 alpine:latest 镜像，因此并非是自己的签名。

（1）对镜像打标签，从而可以将其推送到目标镜像库。本例中，会将其推送到位于我 Docker Hub 个人账户命名空间下的镜像库。

```
$ docker image tag alpine:latest nigelpoulton/dockerbook:v1
```

（2）登录到 Docker Hub（或其他镜像库）以便推送镜像。

```
$ docker login
Login with your Docker ID to push and pull images from Docker Hub.
Username: nigelpoulton
Password:
Login Succeeded
```

（3）推送打了新标签的镜像。

```
$ docker image push nigelpoulton/dockerbook:v1
The push refers to a repository [docker.io/nigelpoulton/dockerbook]
cd7100a72410: Mounted from library/alpine
v1: digest: sha256:8c03...acbc size: 528
Signing and pushing trust metadata
<Snip>
Enter passphrase for new root key with ID 865e4ec:
Repeat passphrase for new root key with ID 865e4ec:
Enter passphrase for new repository key with ID bd0d97d:
Repeat passphrase for new repository key with ID bd0d97d:
Finished initializing "docker.io/nigelpoulton/sign"
Successfully signed "docker.io/nigelpoulton/sign":v1
```

在开启 DCT 的情况下，该镜像会在推送时自动被签名。在签名时会创建两个密钥。

- 根密钥（Root key）。
- 库密钥（Repository key）。

默认情况下，两个密钥被保存在家目录下的隐藏目录.docker 下。在 Linux 系统中为 ~/.docker/trust。

根密钥是主密钥（一定程度上）。它用于创建和签名新的库密钥，因此应该被妥善保管。这意味着，用户需要使用强密码予以保护，并且在不使用它的时候对其离线保存。一旦掉以轻心，难免会有后悔之时。正常情况下，每个用户应该仅有一个密钥，甚至一个团队或组织仅有一个密钥。并且通常情况下仅用它来创建新的库密钥。

库密钥也被称为标签密钥，用于对需要推送到指定镜像库的打标签的镜像进行签名。因此，每个镜像库配备一个**库密钥**。如果密钥遗失，相对来说容易恢复，但是仍然应该使用强密码进行保护，并妥善保存。

每次推送镜像到一个**新镜像库**，都会创建一个新的镜像库标签密钥，这需要使用**根密钥**，因此需要输入根密钥的密码。后续再推送到这个镜像库时仅需要输入镜像库标签密钥的密码。

此外，还有一个名为时间戳密钥（TimeStamp key）的密钥。它被保存在远程镜像库中，用于一些更加高级的使用场景以确保时效性。

下面看一下如何在开启 DCT 的情况下拉取镜像。

在开启 DCT 的 Docker 主机上执行以下命令，来拉取一个未打标签的镜像。

```
$ docker image pull nigelpoulton/dockerbook:unsigned
Error: trust data does not exist for docker.io/nigelpoulton/dockerbook:
notary.docker.io no trust data for docker.io/nigelpoulton/dockerbook
```

注：有时候错误新消息是 No trust data for unsigned。

可见，Docker 会因为镜像未签名而拒绝下载。同样的，如果尝试基于未签名的镜像来构建新镜像或运行容器器，也会得到类似的错误。来试一下。

在拉取镜像时使用--disable-content-trust 来覆盖 DCT 设置。

```
$ docker image pull --disable-content-trust nigelpoulton/dockerbook:unsigned
```

现在尝试基于未签名的镜像运行容器。

```
$ docker container run -d --rm nigelpoulton/dockerbook:unsigned
docker: No trust data for unsigned.
```

可见 Docker 内容信任机制会作用于 push、pull 和 run 操作，下面尝试执行 build 操作看该机制是否起作用。

Docker UCP 同样支持 DCT，从而可以在 UCP 范围内进行签名策略的设置。如果要对整个 UCP 启用 DCT，请展开 Admin 下拉菜单，然后单击 Admin Settings，选择 Docker Content Trust 选项，然后勾选 Run Only Signed Images（仅运行签名镜像）复选框。这会对整个集群落实签名策略，并且仅允许使用签名的镜像部署服务。

默认配置下，任何被 UCP 有效用户签名的镜像都是可以使用的。用户也可以选择性地配置某些团队具有为镜像签名的权限。

以上就是 Docker 内容信任机制的基础内容。下面介绍 Docker 可信镜像仓库服务（Docker Trusted Registry, DTR）的配置和使用。

17.2.4 配置 Docker 可信镜像仓库服务（DTR）

本书前面的章节介绍了如何安装 DTR、如何将其接入后端共享存储、如何配置高可用以及如何使 DCP 和 DTR 共享一个公共的单点登录子系统。但仍然有一些重要的配置未涉及，下面予以介绍。

大多数的 DTR 配置项可在 DTR Web 界面的 Settings（设置）页中进行设置。

在 General（通用）页签中可以配置以下内容。

- 自动更新设置。
- 许可。
- 负载均衡地址。
- 证书。
- 单点登录。

使用 Domains & proxies（域&代理）下的 TLS Settings（TLS 设置）可以修改 UCP 使用的证书。默认情况下，DTR 使用自签名证书，但是用户可以在该页面配置自定义的证书。

Storage（存储）页签用来配置**镜像存储**所使用的后端存储。这一点在第 16 章配置共享的 Amazon S3 后端存储用于 DTR 高可用的时候介绍过。其他存储相关的选项包括其他云服务提供商的对象存储服务，以及卷和共享 NFS 的配置。

Security（安全）页签用于开启或关闭镜像扫描（Image Scanning）——采用二进制级别的扫描来查找镜像中的缺陷。在开启镜像扫描的情况下，用户可以选择基于在线（online）或离线（offline）方式来更新缺陷库。在线方式会自动通过互联网同步数据库，而离线方式则用于无法接入互联网的 DTR 实例，通过手动更新数据库来完成。

关于镜像扫描的更多信息请见第 15 章。

最后，但同样重要的一点是 Garbage Collection（垃圾回收）页签，当镜像库中的镜像层不再被引用时，DTR 会对这些镜像层进行垃圾回收，该页签用于进行与之相关的配置。默认情况下，不被引用的镜像层不会被回收，从而会导致磁盘空间的浪费。如果启用垃圾回收，不被任何镜像引用的镜像层便会被删除，而被至少一个镜像引用的镜像层不会被删除。

关于镜像及其如何引用镜像层的更多内容，请见第 6 章。

关于 DTR 的配置就介绍这些，下面看一下如何使用 DTR。

17.2.5 使用 Docker 可信镜像仓库服务

Docker 可信镜像服务是一种安全的、自行配置和管理的私有镜像库。它被集成在 UCP 以达到良好的开箱即用的使用体验。

本节将会介绍如何从 DTR 推送和拉取镜像，以及如何使用 DTR Web 界面来查看和管理镜像库。

1．登录到 DTR 界面并创建镜像库及权限

下面登录到 DTR，并创建一个新的镜像库，该库对所有的 technology/devs 团队的成员开放推送和拉取镜像的权限。

登录到 DTR。DTR 的 URL 可以在 UCP Web 界面的 Admin > Admin Settings > Docker Trusted Registry 下找到。注意，DTR Web 界面可以通过端口 443 的 HTTPS 访问。

创建一个新的组织和团队，然后添加一个用户。本例将创建一个名为 technology 的组织、一个名为 devs 的团队和一个名为 nigelpoulton 的用户。读者请根据具体情况自行调整。

（1）单击左侧导航栏的 Organizations（组织）。

（2）单击 New Organization（新建组织）并命名为 technology。

（3）选择新创建的 technology 组织，并单击 TEAMS（组织）旁的+按钮，如图 17.11 所示。

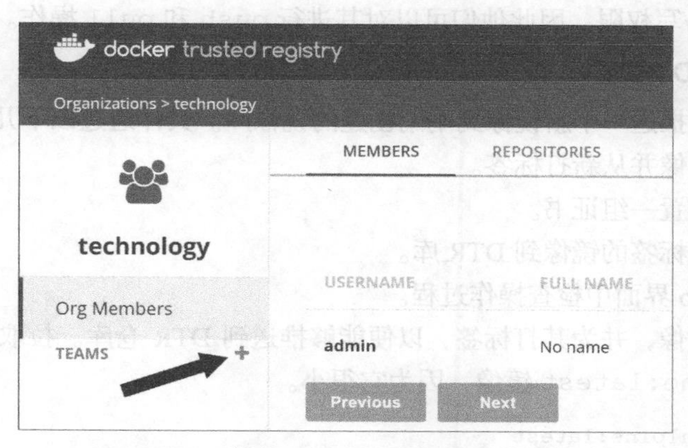

图 17.11　单击 TEAMS（组织）旁的+按钮

（4）在选择 devs 团队的情况下，添加一个用户。

本例会添加名为 nigelpoulton 的用户，读者环境中的用户名会有不同。

DTR 中对组织和团队的修改也会反映在 UCP 中，因为它们共享账号数据库。

接下来创建一个新的镜像库，并添加 technology/devs 团队的读/写权限。

在 DTR Web 界面中进行如下操作。

- 进入 Organizations > technology > devs。
- 选择 Repositories（库）页签，并创建一个新的镜像库。
- 对镜像库进行如下配置。

在 **technology** 组织下创建的新镜像库命名为 **test**。将其配置为**公开（Public）**，开启**推送时扫描（SCAN ON PUSH）**，并分配**读/写（Read-write）**权限。具体配置如图 17.12 所示。

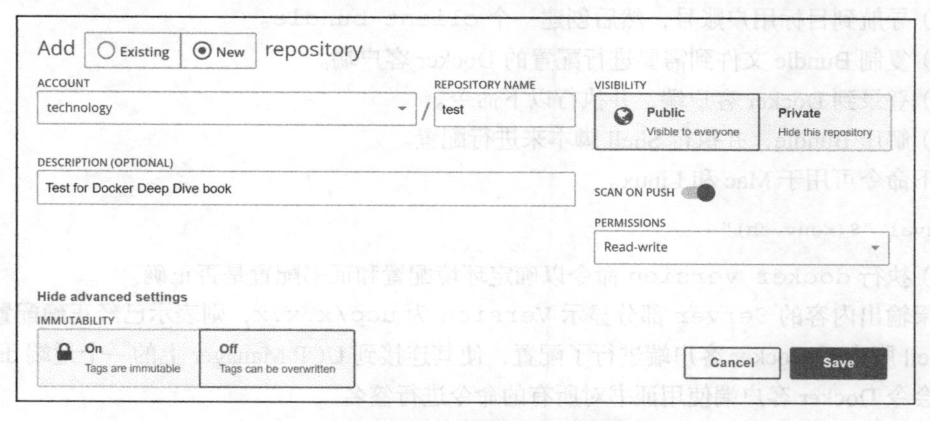

图 17.12　创建一个新的 DTR 镜像库

（4）保存修改。

恭喜！读者在 DTR 上已经有一个名为<dtr-url>/technology 的镜像库了，technology/devs 团队对其有读/写权限，因此他们可以对其进行 push 和 pull 操作。

2. 推送镜像到 DTR 库

本节将演示如何推送一个新镜像到刚刚创建的镜像库。具体通过以下几个步骤来完成。

（1）拉取一个镜像并从新打标签。

（2）为客户端配置一组证书。

（3）推送打了新标签的镜像到 DTR 库。

（4）在 DTR Web 界面中检查操作过程。

首先拉取一个镜像，并为其打标签，以便能够推送到 DTR 仓库。拉取什么镜像并不重要。本例使用的是 alpine:latest 镜像，因为它很小。

```
$ docker pull alpine:latest
latest: Pulling from library/alpine
ff3a5c916c92: Pull complete
Digest: sha256:7df6...b1c0
Status: Downloaded newer image for alpine:latest
```

为了推送一个镜像到一个具体的仓库，需要将镜像用库的名称打标签。本例中，DTR 库的全限定名为 dtr.mydns.com/technology/test。这个名字是由 DTR 的 DNS 域名与镜像库的名称组合得到的。读者的会有差异。

为该镜像打标签，以便能够推送到 DTR 库。

```
$ docker image tag alpine:latest dtr.mydns.com/technology/test:v1
```

下一步就是要配置 Docker 客户端，使其用对该库有读/写权限的组内的用户来认证。总体来说就是为该用户创建一组证书，并配置 Docker 客户端使用这些证书。

（1）以管理员身份登录 UCP，或使用有读/写权限的用户登录。

（2）导航到目标用户账号，然后创建一个 client bundle。

（3）复制 Bundle 文件到需要进行配置的 Docker 客户端。

（4）登录到 Docker 客户端，并执行以下命令。

（5）解压 Bundle，并执行 Shell 脚本来进行配置。

以下命令可用于 Mac 和 Linux。

```
$ eval "$(<env.sh)"
```

（6）执行 docker version 命令以确定环境配置和证书配置是否正确。

如果输出内容的 Server 部分显示 Version 为 ucp/x.x.x，则表示已经正确配置。这是因为 Shell 脚本对 Docker 客户端进行了配置，使其连接到 UCP Manager 上的一个远端 daemon。并且还会令 Docker 客户端使用证书对所有的命令进行签名。

接下来登录到 DTR。读者的 DTR URL 和用户名会有差异。

```
$ docker login dtr.mydns.com
Username: nigelpoulton
Password:
Login Succeeded
```

现在可以推送打标签的镜像到 DTR 了。

```
$ docker image push dtr.mydns.com/technology/test:v1
The push refers to a repository [dtr.mydns.com/technology/test]
cd7100a72410: Pushed
v1: digest: sha256:8c03...acbc size: 528
```

可见推送操作是成功的，下面在 DTR 的 Web 界面中进行确认。

（1）先登录到 DTR 的 Web 界面。

（2）单击左侧导航栏中的 Repositories。

（3）单击 technology/test 库的 View Details（查看细节）。

（4）单击 IMAGES（镜像）页签。

DTR 库中的镜像如图 17.13 所示。可见图中镜像为基于 Linux 的镜像，它有 3 个主要缺陷。缺陷信息的出现是由于之前对镜像库中新推送的镜像开启了缺陷扫描。

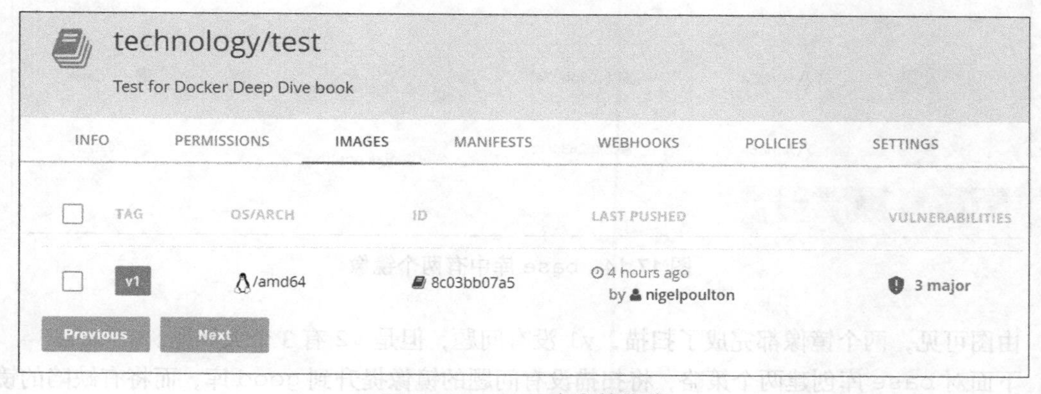

图 17.13　DTR 库中的镜像

恭喜。读者现在已经成功地将镜像推送到 DTR 上的新镜像库中。这时可以通过勾选镜像左侧的复选框来删除它。由于删除操作是不可逆的，因此一定要谨慎操作。

17.2.6　提升镜像

DTR 还有两个有意思的特性。

- 镜像提升（Image Promotion）。
- 不可变镜像库。

利用镜像提升功能可以构建一条基于一定策略的自动化流水线，它能够通过同一个 DTR 中的多个镜像库实现镜像提升。

举例说明，开发者可能会推送一些镜像到名为 base 的镜像库，但并不希望他们直接将镜像推送到生产库，因为镜像中可能会有缺陷。这种情况下，可以利用 DTR 为 base 库配置一定的策略，该策略会扫描所有推送上来的镜像，并根据扫描结果将其升级到其他库中。如果扫描出问题，就将镜像提升到隔离库；如果通过扫描检查，则提升到 QA 或生产库。镜像在流水线中转移时，甚至可以重新打标签。

下面通过实战予以介绍。

下面的例子所使用的 DTR 有 3 个镜像库：base、good 和 bad。

good 和 bad 库是空的，但是 base 库中有两个镜像，如图 17.14 所示。

图 17.14 base 库中有两个镜像

由图可见，两个镜像都完成了扫描，v1 没有问题，但是 v2 有 3 个大问题。

下面对 base 库创建两个策略，将扫描没有问题的镜像提升到 good 库，而将有缺陷的镜像则提升至 bad 库。

以下操作全部在 base 库完成。

（1）单击 Policies（策略）页签，并确保 Is source（是源镜像）为选择状态。

（2）单击 New promotion policy（新建提升策略）。

（3）在 PROMOTE TO TARGET IF...（提升到目标，如果……）下，选择 All Vulnerabilities（所有缺陷），并创建一个 equals 0（等于 0）的策略，如图 17.15 所示。

这样会创建一个针对所有无缺陷镜像的策略。在进入下一步之前不要忘了单击 Add（添加）按钮。

（4）对于 TARGET REPOSITORY（目标库）选择 technology/good，并单击 Save & Apply（保存并生效）。仅单击 Save 会使得策略对镜像库及后续推送来的新镜像生效，但不会影响库中现存的镜像。Save & Apply 可达到同样效果，**不过对于库中现存的镜像也会生效**。如果单击了 Save & Apply，该策略会立即检查库中的所有镜像，并提升无缺陷的镜像。因此 v1 镜像会被提升至 technology/good 库。

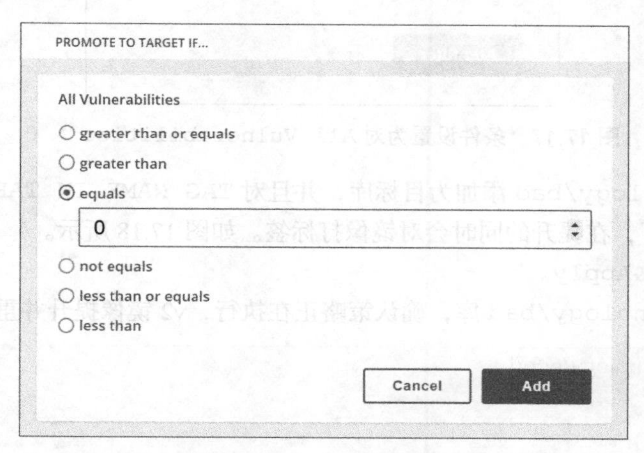

图 17.15　创建一个 equal 0（等于 0）的策略

（5）查看 techonology/good 库。如图 17.16 所示，v1 镜像已经被提升，并且在界面中显示为 PROMOTED（已提升）。

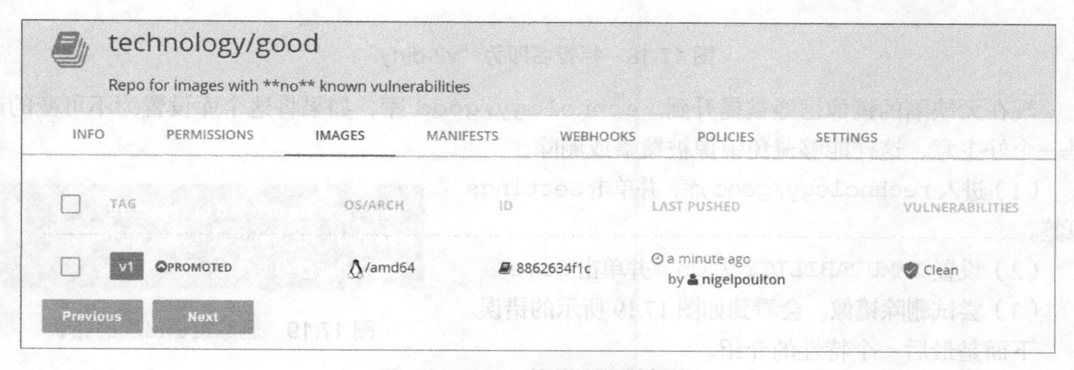

图 17.16　v1 镜像已经被提升

提升策略已经起作用。下面创建另一个策略，用于将有问题的镜像提升至 technology/bad 库。

在 technology/base 库执行如下操作。

（1）创建另一个新的提升策略。

（2）该策略的条件设置为 All Vulnerabilities greater than 0（缺陷数 >0），并单击 Add，如图 17.17 所示。

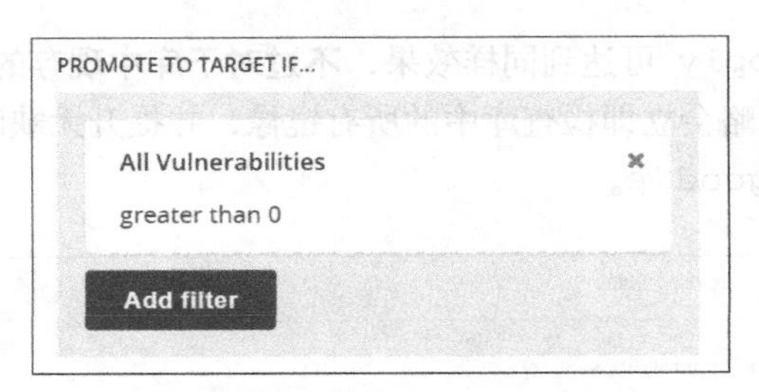

图 17.17 条件设置为对 All Vulnerabilities > 0

（3）将 technology/bad 添加为目标库，并且对 TAG NAME IN TARGET 添加“-dirty”，标签名为“%n-dirty”，在提升的同时会对镜像打标签。如图 17.18 所示。

（4）单击 Save&Apply。

（5）检查 technology/bad 库，确认策略正在执行，v2 镜像提升并重新打标签。

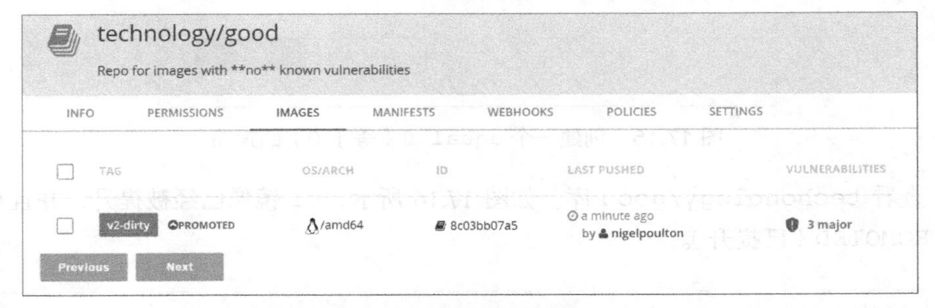

图 17.18 标签名即为“v2-dirty”

现在无缺陷的镜像已经被提升到 technology/good 库，如果将这个库设置为不可变的话是一个好主意，这样能够避免镜像被覆盖或删除。

（1）进入 technology/good 库，并单击 Settings 页签。

（2）设置 IMMUTABILITY 为 On，并单击 Save。

（3）尝试删除镜像。会看到如图 17.19 所示的错误。

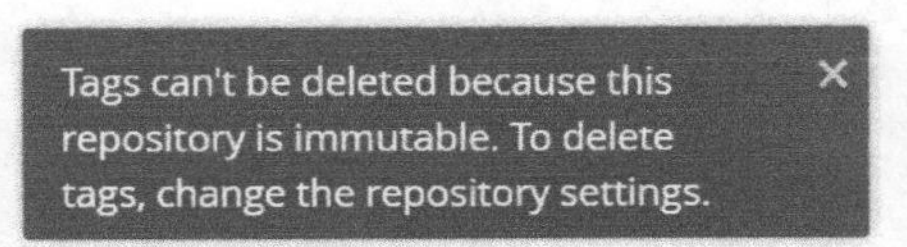

Tags can't be deleted because this repository is immutable. To delete tags, change the repository settings.

图 17.19 删除镜像出现的错误

下面是最后一个特性的介绍。

17.2.7 HTTP 路由网格（HRM）

Docker Swarm 内置有四层路由网格的功能，称为 Swarm 路由网格（Swarm Routing Mesh）。这一功能可以使 Swarm 服务暴露给集群中的所有节点，并且能够在服务的各个副本之间实现对入站流量的负载均衡。其效果就是可以基本实现流量均衡到达服务的所有副本。不过，该负载均衡并不作用于应用层。例如，它无法根据 HTTP 头部数据进行七层路由。为了弥补这一点，UCP 实现了七层路由网格，称为 HTTP 路由网格（HTTP Routing Mesh，HRM）。这一功能以 Swarm

路由网格为基础。

HRM 使得多个 Swarm 服务可以发布在同一个 Swarm 端口上，并根据 HTTP 请求头中的主机名将流量路由到正确的服务中。

图 17.20 展示的是包含两个服务的简单示例。

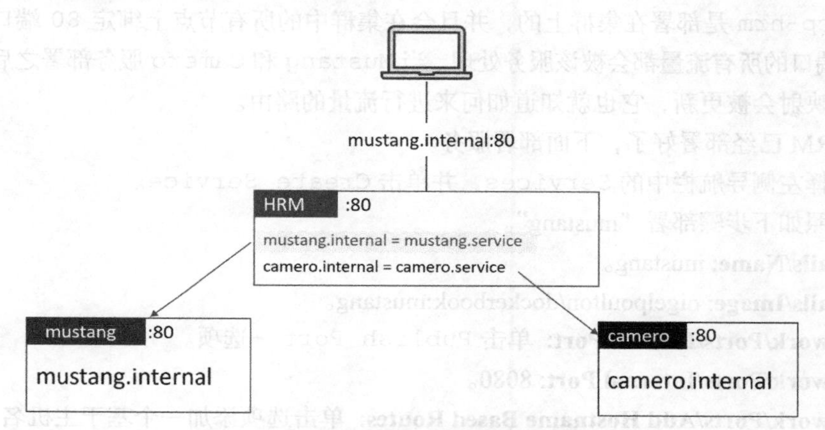

图 17.20 包含两个服务的 HRM 操作

在图 17.20 中，笔记本客户端向 mustang.internal 的 80 端口发出了一个 HTTP 请求。UCP 集群中有两个监听 80 端口的服务。mustang 服务在 80 端口监听发送给 mustang.internal 主机的流量。camero 服务也监听 80 端口，不过它被配置为接收到达 camero.internal 的流量。

其实还有第三个称为 HRM 的服务，用来维护主机名与 UCP 服务之间的映射关系。HRM 会接收所有到达 80 端口的流量，查看 HTTP 请求头，并决定将其路由到哪个服务。

下面举例予以说明，并对一些细节进行解释。

这里就采用图 17.20 所示的例子。过程为首先开启 HRM 的 80 端口。接着使用 nigelpoulton/dockerbook:mustang 镜像部署一个名为“mustang”的服务，并为该服务创建一个主机路由，从而所有对“mustang.internal”的请求都会被路由到该服务。然后使用 nigelpoulton/dockerbook:camero 镜像创建一个名为“camero”的服务，并为该服务创建一个主机路由，实现该服务与“mustang.internal”的映射。

读者也可以使用可解析的 DNS 域名，比如“mustang.mycompany.com”，只需要配置好域名解析，使得所有发向这些地址的请求都能够解析到 UCP 集群前的负载均衡器即可。如果没有负载均衡器，那么可以将流量指向集群中任一个节点的 IP。下面具体操作一下。

（1）登录到 UCP Web 界面。

（2）进入 Admin > Admin Settings > Routing Mesh（路由网格）。

（3）勾选 Enable Routing Mesh（启用路由网格）复选框，确保 HTTP Port 配置为 80。

（4）单击 Save。

这样就完成了UCP 集群开启 HRM 的配置。这一操作，其底层会部署一个名为 ucp-hrm 的系统服务，以及一个名为 ucp-hrm 的覆盖网络。

如果查看 ucp-hrm 系统服务，会发现它是以入站模式（Ingress Mode）发布在 80 端口的。也就是说 ucp-hrm 是部署在集群上的，并且会在集群中的所有节点上绑定 80 端口。因此，到达集群 80 端口的**所有流量**都会被该服务处理。当 Mustang 和 Camero 服务部署之后，ucp-hrm 服务的主机映射会被更新，它也就知道如何来进行流量的路由。

现在 HRM 已经部署好了，下面部署服务。

（1）选择左侧导航栏中的 Services，并单击 Create Service。

（2）按照如下步骤部署“mustang”。

- **Details/Name**: mustang。
- **Details/Image**: nigelpoulton/dockerbook:mustang。
- **Network/Ports/Publish Port**: 单击 Publish Port +选项。
- **Network/Ports/Internal Port**: 8080。
- **Network/Ports/Add Hostname Based Routes**: 单击选项添加一个基于主机名的路由。
- **Network/Ports/External Scheme**: Http://。
- **Network/Ports/Routing Mesh Host**: mustang.internal。
- **Network/Ports/Networks**: 确保服务接入 ucp-hrm 网络。

（3）单击 Create 来部署服务。

（4）部署“camero”服务。

部署该服务的过程与部署“mustang”服务类似，不同之处来自于以下几点。

- **Details/Name**: camero。
- **Details/Image**: nigelpoulton/dockerbook:camero。
- **Network/Ports/Routing Mesh Host**: camero.internal。

（5）单击 Create。

每个服务的部署会花费几秒时间，一旦完成，就可以在网页浏览器中进行测试了，输入 mustang.internal 可以访问 Mustang 服务（见图 17.21），而 camero.internal 可以访问 camero 服务。

注：为了使 mustang.internal 和 camero.internal 能够被解析到 UCP 集群，读者显然需要进行域名解析的配置。解析的地址即为集群前的一个负载均衡器，从而可以将流量转发到集群的 80 端口。不过如果读者手中为测试环境，并没有负载均衡器，则可以通过编辑 hosts 文件的方式，配置域名到集群中某个节点 IP 的映射。

下面回顾一下其工作过程。

HTTP 路由网格是运行于 Swarm 路由网格传输层基础之上的一个 Docker UCP 特性。具体来说，HRM 增加了基于主机名规则的应用层路由。

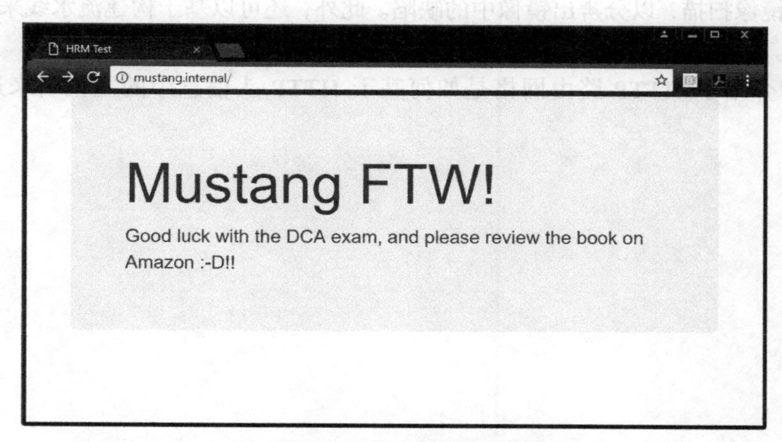

图 17.21　访问 mustang 服务

启用 HRM 的时候会部署一个名为 ucp-hrm 的 UCP 系统服务。该服务是 Swarm 范围的，监听 80 或 443 端口。这意味着所有到达集群这两个端口之一的流量都会被发送到 ucp-hrm 服务。而 ucp-hrm 服务会接收、解析，并路由所有到达集群中的流量。

到此已经完成了两个用户服务的部署。在部署服务时，需要创建基于主机名的映射，该映射会被加入 ucp-hrm 服务。“mustang”服务创建的映射，使得它能够收到所有到达 80 端口的，HTTP 头指向“mustang.internal”的流量。“camero”服务与之类似，接收所有到达 80 端口的，HTTP 头指向“camero.internal”的流量。总体来说，ucp-hrm 服务将完成如下两个任务。

- 所有发往“mustang.internal”的 80 端口的流量都会被转发至“mustang”服务。
- 所有发往“camero.internal”的 80 端口的流量都会被转发至“camero”服务。

让我们再次回顾图 17.20。希望到此已经解释清楚了！

17.3　本章小结

UCP 和 DTR 结合能够为大多数的企业级组织提供一整套有价值的功能特性。

强大的基于角色的访问控制是 UCP 的基础功能，它能对权限进行细粒度的管理——具体到某个 API 操作。此外还支持与活动目录和其他企业内 LDAP 解决方案的集成。

Docker 内容信任机制（DCT）利用加密原理来确保对镜像相关操作，包括 push、pull、build 和 run。启用 DCT 后，所有推送到远端库的镜像都会被签名，所有拉取的镜像也都会被校验。这种机制能够从密码学角度保证所需镜像的正确性。UCP 可以用来配置集群范围的策略，以要求所有镜像进行签名。

DTR 可被配置为使用自签名证书或来自可信第三方 CA 的证书。用户可以设置 DTR 来执行二进制级别的镜像扫描，以分辨出镜像中的缺陷。此外，还可以基于构建流水线来配置自动化的镜像提升策略。

本章最后介绍了 HTTP 路由网格是如何基于 HTTP 头信息中的主机名来进行应用层路由的。

附录 A　安全客户端与 daemon 的通信

附录 A 中的内容本应放在第 3 章或者第 5 章。但是因为内容实在是太长了，所以只好放在附录当中。

Docker 使用了客户端—服务端模型。客户端使用 CLI，同时服务端（daemon）实现功能，并对外提供 REST API。

客户端叫作 `docker`（在 Windows 上是 `docker.exe`），daemon 叫作 `dockerd`（在 Windows 上是 `dockerd.exe`）。默认安装方式将客户端和服务端安装在同一台主机上，并且配置通过本地安全 PIC Socket 进行通信。

- Linux：`/var/run/docker.sock`。
- Windows：`//./pipe/docker_engine`。

不过，也可以配置客户端和服务端通过网络进行通信。但是 daemon 默认网络配置使用不安全的 HTTP Socket，端口是 2375/tcp，如图 A.1 所示。

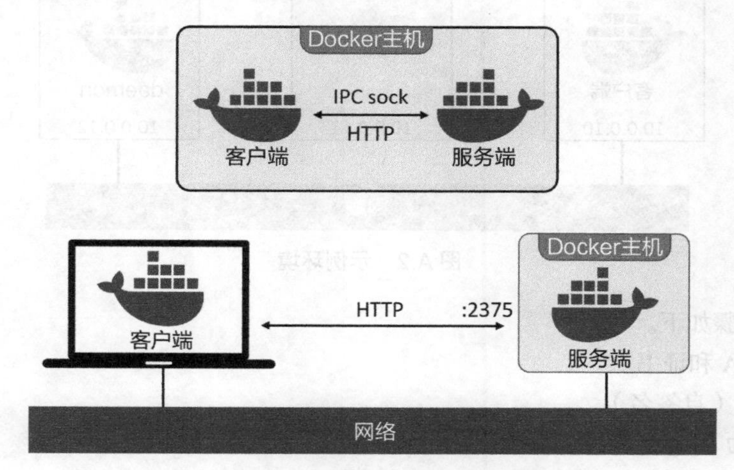

图 A.1　配置客户端和服务端通过网络进行通信

注： 默认使用 2375 作为客户端和服务端之间未加密通信方式的端口，而 2376 则用于加密通信。

在实验室这样还可以，但是生产环境却是不能接受的。

TLS 就是解决之道！

Docker 允许用户配置客户端和 daemon 间只接收安全的 TLS 方式连接。生产环境中推荐这种配置，即使在可信内部网络中，也建议如此配置！

Docker 为客户端—daemon 间使用基于 TLS 的安全通信提供了两种模式。

- **daemon 模式**：Docker daemon 只接收认证客户端的链接。
- **客户端模式**：Docker 客户端只接收拥有证书的 Docker daemon 发起的链接，其中证书需要由可信 CA 签发。

同时使用两种模式能提供最高的安全等级。

下面会使用简单的实验环境来完成 Docker 的 **daemon 模式**和**客户端模式** TLS 的配置过程。

A.1　实验环境准备

在下面的章节中会使用一个简单实验环境。环境中包括 3 个 Linux 节点，分别为 CA、Docker 客户端以及 Docker daemon。很关键的一点是，3 个主机之间可以互相通过名称解析。

node1 会配置为 Docker 客户端，node3 会配置为 Docker 安全 daemon，node2 会配置为 CA。

读者可以按照下面内容在自己的环境进行实验，但是在下面示例中用到的名称和 IP 如图 A.2 所示。

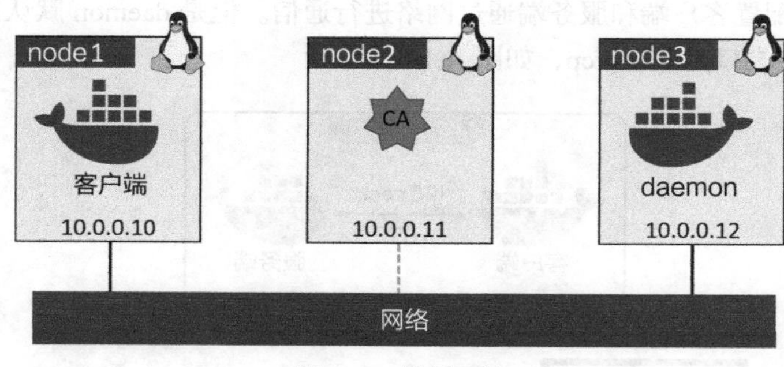

图 A.2　示例环境

总体来说步骤如下。

（1）配置 CA 和证书。

- 创建 CA（自签名）。
- 创建并为 daemon 签发密钥。
- 创建并为客户端签发密钥。
- 分发密钥。

（2）配置 Docker 使用 TLS。

- 配置 daemon 模式。

- 配置客户端模式。

A.1.1　创建 CA（自签名）

如果在实验环境操作，只需要完成下面的步骤，来搭建签名证书所需的 CA。当然，这也只是构建一个简单的 CA，方便演示如何配置 Docker，并不会尝试构建生产环境级别 PKI。

在实验环境 CA 节点运行下面的命令。

（1）为 CA 创建新的私钥。

在操作过程中需要设置密码。

```
$ openssl genrsa -aes256 -out ca-key.pem 4096

Generating RSA private key, 4096 bit long modulus
...............................................++
..++
e is 65537 (0x10001)
Enter pass phrase for ca-key.pem:
Verifying - Enter pass phrase for ca-key.pem:
```

在当前目录下会生成一个名为 ca-key.pem 的新文件，这就是 CA 私钥。

（2）使用 CA 私钥来生成公钥（证书）。

需要输入前面过程中设置的密码。

```
$ openssl req -new -x509 -days 730 -key ca-key.pem -sha256 -out ca.pem
```

工作目录下又出现第二个文件，名为 ca.pem，这是 CA 的公钥，或者说“证书”。

现在当前目录下有了两个文件：ca-key.pem 和 ca.pem，这就是 CA 的私钥和公钥，也是 CA 的身份凭证。

A.1.2　为 daemon 创建密钥对

在本步骤中，会为 node3 生成新的密钥对。该节点准备运行 Docker 安全 daemon。一共分 4 步。

（1）创建私钥。

（2）创建签名请求。

（3）添加 IP 地址，并设置为服务端认证有效。

（4）生成证书。

在 CA 节点（node2）运行全部命令。

（1）为 daemon 创建私钥。

```
$ openssl genrsa -out daemon-key.pem 4096
<Snip>
```

在当前工作目录下已经创建了名为 daemon-key.pem 的新文件，这就是 daemon 节点的私钥。

（2）创建证书签名请求（CSR）并发送到 CA，这样就可以完成 daemon 证书的创建和签名。要确保使用正确的 DNS 名称来指代想要运行 Docker 安全 daemon 的节点。示例中使用了 node3。

```
$ openssl req -subj "/CN=node3" \
  -sha256 -new -key daemon-key.pem -out daemon.csr
```

现在工作目录下有了第四个文件。该文件是 CSR，名称为 daemon.csr。

（3）为证书添加属性。

需要创建一个文件，其中包含了 CA 签发证书时需要加入到 daemon 证书的扩展属性。这些属性包括 daemon 的 DNS 名称和 IP 地址，同时配置证书使用服务端认证。

创建的新文件名为 extfile.cnf，包含下面列举的值。示例中使用了图 A.2 中 daemon 节点的 DNS 名称和 IP。读者环境中的值可能会有不同。

```
subjectAltName = DNS:node3,IP:10.0.0.12
extendedKeyUsage = serverAuth
```

（4）生成证书。

使用 CSR 文件、CA 密钥、extfile.cnf 文件完成签名以及 daemon 证书配置。命令输出中包含 daemon 的公钥（证书）和一个名为 daemon-cert.perm 的文件。

```
$ openssl x509 -req -days 730 -sha256 \
  -in daemon.csr -CA ca.pem -CAkey ca-key.pem \
  -CAcreateserial -out daemon-cert.pem -extfile extfile.cnf
```

此时，已经拥有了一个可用的 CA，同时运行 Docker 安全 daemon 的 node3 节点也有了自己的一对密钥。

继续下面内容之前，删除 CSR 和 extfile.cnf。

```
$ rm daemon.csr extfile.cnf
```

A.1.3 为客户端创建密钥对

在本节中，会将前面对于 node3 的操作在 Docker 客户端节点 node1 上重复一遍。

在 CA（node2）上运行全部命令。

（1）为 node1 创建密钥。

这会在工作目录下创建名为 client-key.pem 的新文件。

```
$ openssl genrsa -out client-key.pem 4096
```

（2）创建 CSR。确保所使用的节点 DNS 名称是正确的，该节点对应 Docker 安全客户端。示例中使用 node1。

```
$ openssl req -subj '/CN=node1' -new -key client-key.pem -out client.csr
```

该命令会在当前目录下创建名为 client.csr 的新文件。

（3）创建名为 extfile.cnf 的文件，并用下面的值填充。这样会将证书设置为客户端认证可用。

```
extendedKeyUsage = clientAuth
```

（4）使用 CSR、CA 公钥、私钥和 extfile.cnf 为 node1 创建证书。该步骤会在当前目录下创建名为 client-cert.pem 的客户端公钥。

```
$ openssl x509 -req -days 730 -sha256 \
  -in client.csr -CA ca.pem -CAkey ca-key.pem \
  -CAcreateserial -out client-cert.pem -extfile extfile.cnf
```

删除 CSR 和 extfile.cnf 文件，因为不会再用到它们了。

```
$ rm client.csr extfile.cnf
```

此时，在工作目录下应该有如下 7 个文件。

```
ca-key.pem          << CA private key
ca.pem              << CA public key (cert)
ca.srl              << Tracks serial numbers
client-cert.pem     << client public key (Cert)
client-key.pem      << client private key
daemon-cert.pem     << daemon public key (cert)
daemon-key.pem      << daemon private key
```

在继续之前，需要移除密钥文件的写权限，将密钥文件对自己以及其他属于当前组的用户变为只读。

```
$ chmod 0400 ca-key.pem client-key.pem daemon-key.pem
```

A.1.4　分发密钥

现在已经有了全部的密钥和证书，是时候将他们分发到客户端和 daemon 节点上了。复制如下文件。

- 从 CA 复制 ca.pem、daemon-cert.pem，以及 daemon-key.pem 到 node3（daemon 节点）
- 从 CA 复制 ca.pem、client-cert.pem，以及 client-key.pem 到 deno1（客户端节点）

下面会介绍如何使用 scp 完成复制操作，读者也可随意选择其他工具使用。

在 node2（CA 节点）密钥所在目录下运行下面的命令。

```
// Daemon files
$ scp ./ca.pem ubuntu@daemon:/home/ubuntu/.docker/ca.pem
$ scp ./daemon-cert.pem ubuntu@daemon:/home/ubuntu/.docker/cert.pem
$ scp ./daemon-key.pem ubuntu@daemon:/home/ubuntu/.docker/key.pem
```

```
//Client files
$ scp ./ca.pem ubuntu@client:/home/ubuntu/.docker/ca.pem
$ scp ./client-cert.pem ubuntu@client:/home/ubuntu/.docker/cert.pem
$ scp ./client-key.pem ubuntu@client:/home/ubuntu/.docker/key.pem
```

关于命令需要注意以下几点。

（1）第 2、3、5 以及第 6 条命令在复制过程中对文件进行了重命名。重命名非常重要，因为 Docker 对文件的命名规范有规定。

（2）命令假设使用的环境是 Ubuntu Linux，并且使用 `ubuntu` 作为用户账户。

（3）在执行命令前，需要分别在 daemon 和客户端所在节点上提前创建`/home/ubuntu/.docker` 这个隐藏目录。此外还需要修改`.docker` 目录的权限，允许复制操作执行。可以使用 `chmod 777.docker`，但这种方式并不安全。切记，当前只是为了快速创建一个 CA 和证书，才可以这么做。在安全的 PKI 构建中该操作决不允许。

（4）如果当前环境是 AWS，需要在每条命令之后通过`-i <key>`来指定实例的私钥。

当前环境如图 A.3 所示。

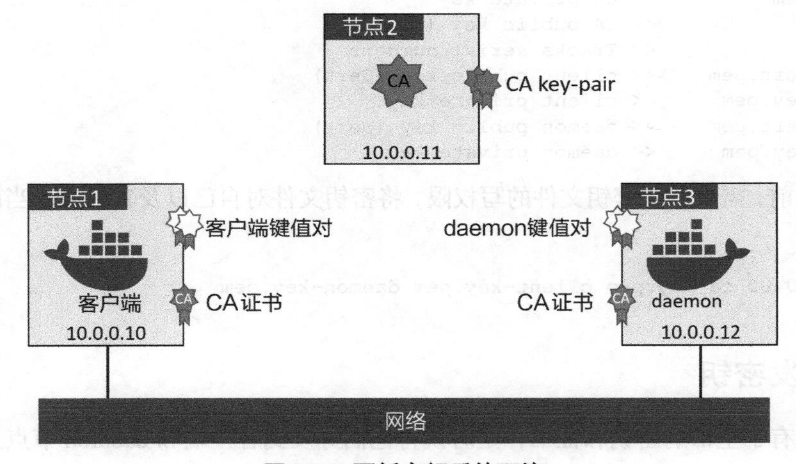

图 A.3 更新密钥后的环境

`node1` 和 `node3` 节点只会信任由其 CA 公钥签名的 CA 以及证书。

配置了正确的证书后，就可以开始配置 Docker 的客户端和 daemon 使用 TLS 了。

A.2 配置 Docker 使用 TLS

前文提到，Docker 支持两种 TLS 模式。

- daemon 模式。
- 客户端模式。

daemon 模式保证 daemon 只处理来自拥有有效证书的客户端发起的连接，客户端模式使得客户端只能连接到拥有有效证书的 daemon。

下面会将 node1 上的 daemon 配置为 daemon 模式并进行验证，然后会将 node2 节点上的客户端进程配置为客户端模式并进行验证。

A.2.1　为 Docker daemon 配置 TLS

启动 daemon 安全模式，只需在 daemon.json 配置文件中增加几个守护参数即可。

- tlsverify：开启 TLS 认证。
- tlscacert：指定 daemon 可信任的 CA。
- tlscert：向 Docker 指定 daemon 证书的位置。
- tlskey：向 Docker 指定 daemon 私钥的位置。
- hosts：向 Docker 指定需要绑定 daemon 的具体 Socket。

上述内容配置在与平台无关的 daemon.json 配置文件当中。在 Linux 上位于/etc/docker，在 Windows 上位于 C:\ProgramData\Docker\config\。

在 Docker 安全 daemon 节点上执行下面的全部操作（在示例环境中是 node3）。

编辑 daemon.json 文件，并添加如下行。

```
{
  "hosts": ["tcp://node3:2376"],
  "tls": true,
  "tlsverify": true,
  "tlscacert": "/home/ubuntu/.docker/ca.pem",
  "tlscert": "/home/ubuntu/.docker/cert.pem",
  "tlskey": "/home/ubuntu/.docker/key.pem"
}
```

警告： 运行 systemd 的 Linux 系统不允许在 daemon.json 中使用"hosts"选项。替换方案是在 systemd 配置文件中进行重写。最简单的方式是通过 sudo systemdctl edit docker 命令进行修改。该命令会在编辑器中打开名为/etc/systemd/system/docker.service.d/override.conf 的新文件。在其中加入下列 3 行内容，然后保存。

```
[Service]
ExecStart=
ExecStart=/usr/bin/dockerd -H tcp://node3:2376
```

现在 TLS 和主机选型都设置完成，是时候重启 Docker 了。

一旦 Docker 重启完成，可以使用 ps 命令，根据其输出内容检查新的 hosts 值是否生效。

```
$ ps -elf | grep dockerd
4 S root ... /usr/bin/dockerd -H tcp://node3:2376
```

输出内容中如果有"-H tcp://node3:2376"，则可以证明 daemon 正在监听网络。端口 2376 是 Docker TLS 使用的标准端口。2375 默认是非安全端口。

如果运行的是普通命令，会出现无法工作的情况，如 docker version。这是因为刚才配置了

daemon 监听网络，但是 Docker 客户端仍尝试使用本地 IPC Socket。加上-H tcp://node3:2376 参数后再次运行该命令。

```
$ docker -H tcp://node3:2376 version
Client:
 Version:       18.01.0-ce
 API version:   1.35
<Snip>
Get http://daemon:2376/v1.35/version: net/http: HTTP/1.x transport connectio\
n broken: malformed HTTP response "\x15\x03\x01\x00\x02\x02".
* Are you trying to connect to a TLS-enabled daemon without TLS?
```

命令看起来没什么问题，但是仍然不工作。这是因为 daemon 拒绝了来自未认证客户端的连接。

恭喜。Docker daemon 已经配置为监听网络，并且拒绝了来自未认证客户端的连接。

接下来配置 node1 节点上的 Docker client 使用 TLS。

A.2.2 为 Docker 客户端配置 TLS

本节将从以下两方面配置 node1 节点上的 Docker 客户端。

- 通过网络连接某个远程 daemon。
- 为所有 docker 命令进行签名。

在将要运行 Docker 安全客户端的节点上（示例环境中为 node1）执行下面的全部命令。

配置下列环境变量，使客户端可以通过网络连接到远端 daemon。

```
export DOCKER_HOST=tcp://node3:2376
```

尝试下面的命令。

```
$ docker version
Client:
 Version:       18.01.0-ce
<Snip>
Get http://daemon:2376/v1.35/version: net/http: HTTP/1.x transport connectio\
n broken: malformed HTTP response "\x15\x03\x01\x00\x02\x02".
* Are you trying to connect to a TLS-enabled daemon without TLS?
```

Docker 客户端通过网络发送命令到远端 daemon，但是 daemon 只接收受认证的连接。

设置另外一个环境变量，告知 Docker 客户端使用自己证书对全部命令进行签名。

```
export DOCKER_TLS_VERIFY=1
```

再次运行 docker version 命令。

```
$ docker version
Client:
 Version:       18.01.0-ce
<Snip>
```

```
Server:
 Engine:
  Version:       18.01.0-ce
  API version:   1.35 (minimum version 1.12)
  Go version:    go1.9.2
  Git commit:    03596f5
  Built:         Wed Jan 10 20:09:37 2018
  OS/Arch:       linux/amd64
  Experimental:  false
```

恭喜。客户端成功通过安全连接与远程 daemon 完成通信。最终配置如图 A.4 所示。

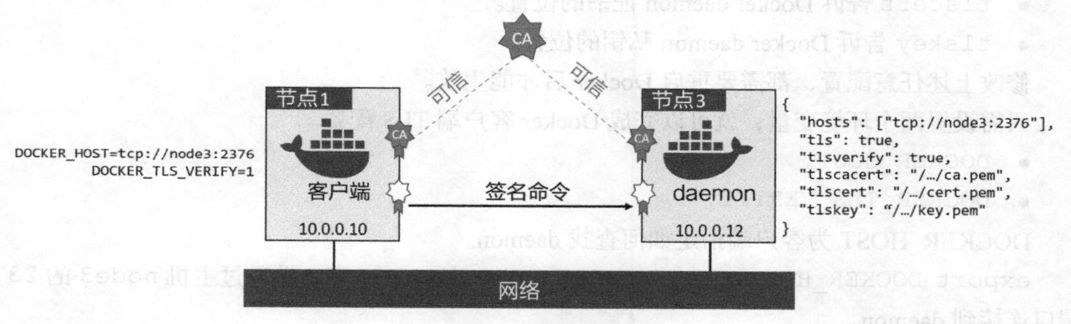

图 A.4　最终配置

在进行快速回顾前，有几点需要说明一下。

（1）最后的示例可以成功，是因为将客户端 TLS 密钥复制到了 Docker 期望的目录下。该目录位于用户 home 目录下，名为 `.docker`。同时密钥也修改为 Docker 期望的名称（`ca.pem`、`cert.pem`，以及 `key.pem`）。可以通过配置环境变量 `DOCKER_CERT_PATH` 来指定其他的目录。

（2）读者可能希望持久化环境中的变量（`DOCKER_HOST` 和 `DOCKER_TLS_VERIFY`）。

A.3　Docker TLS 回顾

daemon 模式会拒绝那些没有有效签名的客户端命令，客户端模式下客户端不会连接没有有效证书的远端 daemon。

通过 Docker daemon 配置文件完成 daemon 的 TLS 配置。文件名为 `daemon.json`，是跨平台的。

下面的 `daemon.json` 可以在大部分操作系统中使用。

```
{
    "hosts": ["tcp://node3:2376"],
    "tls": true,
    "tlsverify": true,
    "tlscacert": "/home/ubuntu/.docker/ca.pem",
```

```
    "tlscert": "/home/ubuntu/.docker/cert.pem",
    "tlskey": "/home/ubuntu/.docker/key.pem"
}
```

- hosts 告诉 Docker daemon 需要绑定的 Socket。示例中将其绑定到了某个网络的 2376 端口上。用户可以选择任意空闲端口，但按惯例 Docker 安全连接都使用 2376 端口。使用 systemd 的 Linux 系统不能配置该参数，需要使用 systemd 重写文件来实现。
- tls 和 tlsverify 强制 daemon 只使用加密和认证连接。
- tlscacert 告诉 Docker 可以信任的 CA。配置后 Docker 会信任由该 CA 签发的全部证书。
- tlscert 告诉 Docker daemon 证书的位置。
- tlskey 告诉 Docker daemon 私钥的位置。

修改上述任意配置，都需要重启 Docker 后才能生效。

只需设置两个环境变量，就可以完成 Docker 客户端 TLS 配置。

- DOCKER_HOST。
- DOCKER_TLS_VERIFY。

DOCKER_HOST 为客户端指定如何查找 daemon。

export DOCKER_HOST=tcp://node3:2376 让 Docker 客户端通过主机 node3 的 2376 端口连接到 daemon。

export DOCKER_TLS_VERIFY=1 使 Docker 客户端对其发出的全部命令都进行签名。

附录 B　DCA 考试

本附录中关于 DCA 考试的建议，可能会随时间而过时。

我在领英上创建了组织，用于分享考试经验和建议。

- 网站是 dockercerts，现在正在开发中。
- 领英上面的组叫作 Docker Certified Associate (DCA)。

B.1　其他对考试有帮助的资料

在本书编写时，**本书是唯一涵盖 DCA 认证考试全部内容的资料。**

同时还有一份教学视频涵盖了大部分考试内容，并且能帮助读者很好地复习本书所学知识。视频课程节奏很快，并且很有趣味性，同时评价很高！看一看大家的评价吧（见图 B.1）。

Jose Gomez @pipoe2h · Jan 13

@Docker Deep Dive by @nigelpoulton in @pluralsight is a master piece. Great job, IMHO your best course at the moment. #Docker #Containers #DevOps

Deepak koshal @Deepakkoshal · Jan 16

Replying to @nigelpoulton @Docker

I feel so lucky to have you as my trainer. You got me from zero to Docker in true sense and now DCA. In-between is it normal to see flying whales 🐳 in the dream?

Rubén Campos @rucamzu · Jan 18

I completed the first three @pluralsight courses in the @Docker path by @nigelpoulton, including the Deep Dive!! Tons of good stuff in there, and extra kudos to Nigel for making the courses so much the more enjoyable. Thanks!!

图 B.1　视频课程评价

Elias Valdez @sailevc · Jan 28

Just finished your Docker Deep Dive Architecture & Theory module recap. Answering to your "Is this good?" question: yeah, it's awesome. It's always good to know the how and why and you made it not boring at all. It was quite the contrary, actually. @nigelpoulton

Emmanuel Ballerini @emballerini · Feb 4

Just finished "Docker deep dive" on @pluralsight by @nigelpoulton Great course! Highly recommended to anyone who wants to learn how Docker really works!

Justin Hartman @STLJHartman · Jan 19

From zero to Proficient in a few weeks, thanks @nigelpoulton for creating amazing @pluralsight #docker courses. Keep on creating!! Your training style is excellent and enthusiasm is addictive. I'm all in and looking forward to getting an expert score in the near future.

图 B.1 视频课程评价（续）

如果对在视频课程上消费尚存疑虑的话，再看如下两点。

- 课程对通过 DCA 考试很有帮助！
- Pluralsight 一直有免费试听。可以注册并试验是否喜欢该课程，我认为你会喜欢的！

B.2 考试内容与章节的对应

下面列出了考试内容与章节的对应关系。实际考试内容对应的章节会更多，这里主要涵盖了主要章节。

第 1 部分：服务编排（考试占比 25%）

- 完成 Swarm 模式集群的安装，其中包括管理者和工作者：**第 10 章**。
- 列出运行容器与运行服务的区别：**第 10 章和第 14 章**。
- 展示锁定 Swarm 集群的步骤：**第 10 章**。
- 扩展指令来完成对 Swarm 中运行状态服务添加独立容器并运行：**第 10 章和第 14 章**。
- 解释"docker inspect"指令的输出内容：**多个章节**。
- 将应用部署过程转换为 YAML 格式的栈文件，并通过 `docker stack deploy` 部署：**第 14 章**。
- 副本扩容：**第 10 章和第 14 章**。

- 添加网络、发布端口：**第 9、11、12 以及 14 章。**
- 挂载卷：**第 9 章和第 13 章。**
- 阐述如何运行一个多副本的/全局的服务：**第 10 章。**
- 如何诊断未部署服务：**第 14 章。**
- 使用节点标签来演示任务的调度：**第 14 章。**
- 描述容器化应用如何与现存系统完成通信：**第 11 章。**
- 解释 quorum 在 Swarm 集群中的重要性：**第 10 章和第 16 章。**
- 展示模板在 Docker 服务创建中的作用：**第 10 章。**

第 2 部分：镜像创建、管理和仓库服务（考试占比 20%）

- 描述 Dockerfile 可选项（add、copy、volume、expose、entrypoint 等）：**第 8 章和第 9 章。**
- 介绍 Dockerfile 的主要内容：**第 8 章和第 9 章。**
- 举例说明如何通过 Dockerfile 创建有效镜像：**第 8 章。**
- 使用 CLI 命令来管理镜像，如 list、delete、prune、rmi 等：**第 6 章。**
- 查看镜像并使用筛选和格式化功能报告指定属性：**第 6 章。**
- 演示为镜像添加标签：**第 6 章和 17 章。**
- 利用镜像仓库服务存储镜像：**第 17 章。**
- 展示镜像分层：**第 6 章。**
- 创建包含指定文件的镜像：**第 8 章。**
- 修改镜像指定镜像层：**第 8 章。**
- 描述镜像层是如何工作的：**第 8 章。**
- 部署镜像仓库服务（非架构）：**第 16 章。**
- 配置镜像仓库服务：**第 16 章和第 17 章。**
- 登录镜像仓库服务：**第 6 章和第 17 章。**
- 在镜像仓库服务中进行检索：**第 6 章。**
- 为镜像打标签：**第 6 章和第 17 章。**
- 推送镜像到镜像仓库服务：**第 8 章和第 17 章。**
- 为镜像仓库服务中镜像签名：**第 17 章。**
- 拉取镜像仓库服务中镜像：**第 6 章。**
- 描述镜像删除的原理：**第 6 章和第 17 章。**
- 从镜像仓库服务中删除某个镜像：**第 17 章。**

第 3 部分：安装和配置（考试占比 15%）

- 演示升级 Docker 引擎：**第 3 章。**

- 完成镜像仓库安装、选择存储引擎，并且完成多平台 Docker 引擎安装：**第 3 章。**
- 安装 Swarm、配置管理者、添加节点，并且设定周期备份：**第 10 章和第 16 章。**
- 创建并管理用户和组：**第 16 章和第 17 章。**
- 安装前如何进行需求评估：**第 16 章。**
- 理解命名空间，CGroup 以及证书配置：**第 5、15、16 章以及附录 A。**
- 使用基于证书的客户端—服务端认证模式来保证 Docker daemon 对镜像仓库服务中的镜像有权限进行访问：**第 17 章。**
- 分别介绍本地化部署和在 AWS 上部署 Docker 引擎、UCP 以及 DTR 的步骤，包括高可用配置：**第 16 章和第 17 章。**
- 完成 UCP 和 DTR 的备份配置：**第 16 章。**
- 启动时配置 Docker daemon：**第 3 章。**

第 4 部分：网络（考试占比 15%）

- 创建开发者容器所用的 Docker 网桥：**第 11 章。**
- 调试容器和引擎日志来定位容器间连接问题：**第 11 章。**
- 发布端口使得应用可以在外部访问：**第 7、9、10、11、14 以及 17 章。**
- 确认当前容器可访问的 IP 和端口：**第 7、9、11、17 章。**
- 描述内置网络驱动的不同，以及对应应用场景：**第 11 章。**
- 理解容器网络模型，以及 Docker 引擎、网络与 IPAM 驱动之间是如何交互的：**第 11 章。**
- 配置 Docker 使用外部 DNS：**第 11 章。**
- 使用 Docker 实现应用的 HTTP/HTTPS 流量的负载均衡（使用 Docker EE 实现 7 层负载均衡）：**第 17 章。**
- 理解并描述 Docker 引擎、镜像仓库服务以及 UCP 控制器之间的流量类型：**第 6、17 章，以及附录 A。**
- 基于 Docker Overlay 网络部署服务：**第 10、12 以及 14 章。**
- 描述“Host”以及“Ingress”端口发布模式的区别：**第 11 章和第 14 章。**

第 5 部分：安全（考试占比 15%）

- 描述如何对镜像签名：**第 6、15 和 17 章。**
- 演示对镜像的安全扫描：**第 15 章和第 17 章。**
- 开启 Docker 内容信任：**第 15 章和第 17 章。**
- 在 UCP 中配置 RBAC：**第 17 章。**
- 在 UCP 中集成 LDAP/AD：**第 17 章。**
- 演示如何创建 UCP Client 绑定：**第 16 章和第 17 章。**

- 演示如何创建 UCP Client 绑定：**第 15 章**。
- 描述 Swarm 默认安全配置：**第 10 章和第 15 章**。
- 描述 MTLS：**第 15 章和第 17 章**。
- 角色认证：**第 17 章**。
- 描述 UCP 工作者和管理者之间的区别：**第 16 章和第 17 章**。
- 描述在 UCP 和 DTR 中使用外部证书的过程：**第 16 章和第 17 章**。

第 6 部分：存储和卷（考试占比 10%）

- 陈述不同操作系统应使用的图驱动：**第 3 章和第 13 章**。
- 演示如何配置 Device Mapper：**第 3 章**。
- 比较对象存储和块存储，并解释对应可用场景：**第 13 章**。
- 总结镜像层如何构成应用，以及如何在文件系统中存储：**第 6 章和第 13 章**。
- 描述 Docker 如何使用卷完成持久化存储：**第 13 章和第 14 章**。
- 描述清理文件系统和 DTR 中无用镜像的步骤：**第 13 章和第 17 章**。
- 演示存储如何实现跨集群应用：**第 13 章和第 17 章**。

附录C　延伸

希望读者能对Docker充满自信，并且准备好去参加DCA考试！幸运的是，开始下一步的容器之旅非常简单！

C.1　练习

搭建基础架构和运行工作负载从未如此简单。因为Mac版Docker和Windows版Docker的存在，在笔记本上运行Docker并开展相应研发工作已经非常简单。Play with Docker是一个免费的在线Docker环境，可以帮用户随时随地练习Docker，直到成长为世界级权威！

C.2　视频训练

我在Pluralsight已经创建了大量且广受好评的教学视频。如果不是Pluralsight会员，那就赶紧注册一个吧！虽然不是免费的，但是物有所值！如果还未下定决心，Pluralsight也提供了教学视频的免费版，不过有一定的时间限制。

C.3　证书

现在有官方途径能证明Docker专业技术！我已经得到认证（见图C.1），并推荐读者也进行相关认证。

C.4　社区活动

强烈推荐读者能够参加社区活动，比如DockerCon以及当地Docker聚会。如果见到我，一定要记得打招呼啊！

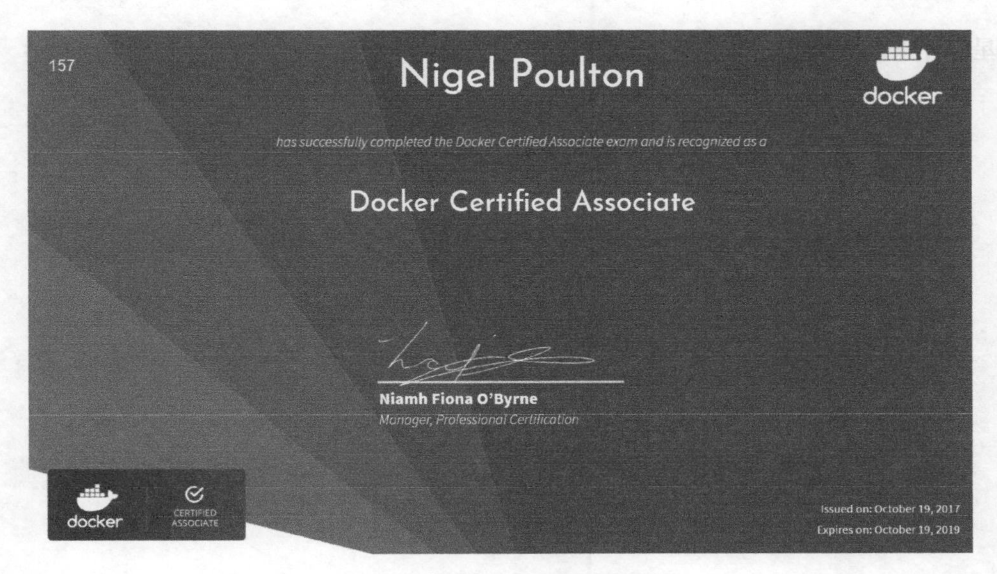

图 C.1 Docker 专业技术认证

C.5 回馈

非常感谢阅读本书。也非常希望本书能帮助到您！

现在请允许我一个小小的请求……

写作本书花费了很多精力！希望本书能为您带来更多机遇。如果喜欢的话，在 Amazon 给本书五星好评吧（见图 C.2）!

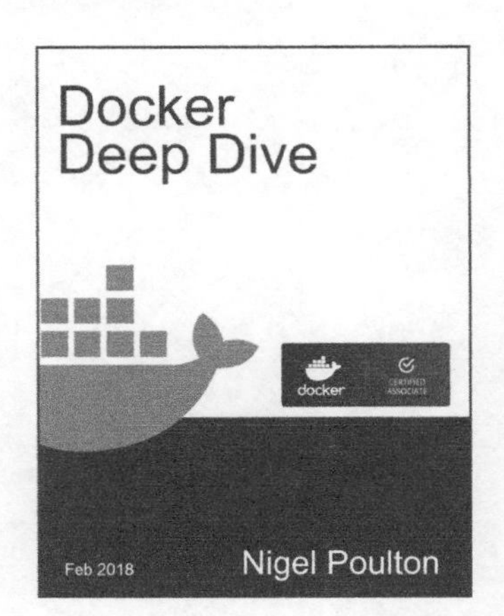

图 C.2 Amazon 上的原版图书

引用 William Shakespeare 的一句话“相爱之人应当互诉衷肠”。所以如果喜欢本书的话，就用五星好评来告诉我吧！

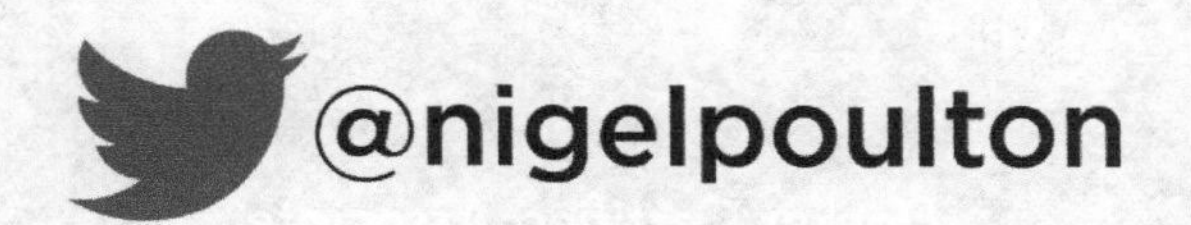

结束？这仅仅是开始……

……职业生涯的更多精彩篇章！